住房和城乡建设部防灾研究中心
Disaster Prevention Research Center, Ministry of Housing and Urban-Rural Development

30周年

U0157658

发展 历程

DEVELOPMENT HISTORY

住房和城乡建设部防灾研究中心 1990 年由建设部批准成立，机构设在中国建筑设计研究院。主要任务是：调研总结地震、火灾、风灾、雪灾、水灾、地质灾害等对工程和城镇建设造成的破坏情况和规律，提出预防措施与对策，为部的决策提供咨询建议；组织研究解决建筑工程建设、城市建设和村镇建设在防灾中的关键技术问题；推广防灾新技术、减少灾害损失；与国际及国内防灾机构建立联系开展合作交流，加强和总结新技术及信息情报；制定有关灾害方面的技术政策及规定，普及防灾知识，交流防灾经验、教训，提高人们的防灾意识。

中心成立

大阪神户地震考察

云南丽江地震考察

建筑抗震设计规范发布

北京奥运专家组成立

1990   **1995**   **1996**   **2001**   **2002**

鲁甸地震灾后调研

芦山地震灾后评估

玉树地震考察

汶川地震考察

主编建筑内部装修防火施工及验收规范

2014   **2013**   **2010**   **2008**   **2006**

哈尔滨大火现场应急评估

"莫兰蒂"风灾调研

台风"天鸽"风灾评估

参加雄安新区综合防灾规划建设

主编全文强制工程结构通用规范

2015   **2016**   **2017**   **2018**   **2020**

住房和城乡建设部防灾研究中心
Disaster Prevention Research Center, Ministry of Housing and Urban-Rural Development

30周年

综合防灾

研究领域覆盖建筑多灾种之间的耦合作用、建筑综合防灾性能评估及设计等方面，参与了国家标准《城市综合防灾规划标准》《城市社区应急避难场所建设标准》《防灾避难场所设计规范》和北京市地方标准《房屋建筑使用安全检查技术规程》《房屋建筑安全评估技术规程》等编制工作。

科学研究

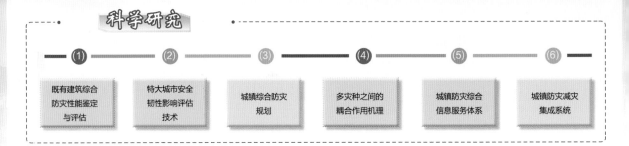

① 既有建筑综合防灾性能鉴定与评估

② 特大城市安全韧性影响评估技术

③ 城镇综合防灾规划

④ 多灾种之间的耦合作用机理

⑤ 城镇防灾综合信息服务体系

⑥ 城镇防灾减灾集成系统

工程应用

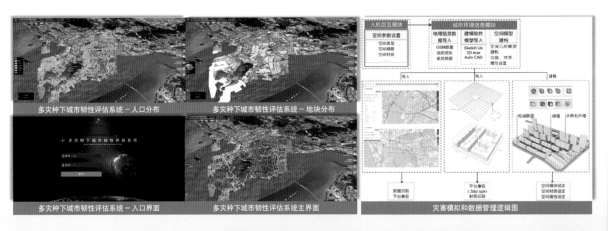

多灾种下城市韧性评估系统－人口分布

多灾种下城市韧性评估系统－地块分布

多灾种下城市韧性评估系统－入口界面

多灾种下城市韧性评估系统主界面

灾害模拟和数据管理逻辑图

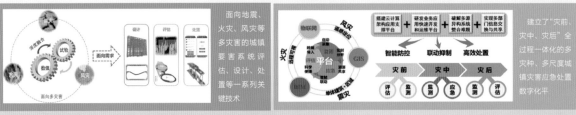

面向地震、火灾、风灾等多灾害的城镇要害系统评估、设计、处置等一系列关键技术

建立了"灾前、灾中、灾后"全过程一体化的多灾种、多尺度城镇灾害应急处置数字化平台

中国尊综合防灾性能研究

国家博物馆综合改造工程

住房和城乡建设部防灾研究中心
Disaster Prevention Research Center, Ministry of Housing and Urban-Rural Development

30周年

工程抗震

致力于解决我国工程抗震领域的关键技术问题，拥有建筑结构工程咨询与设计、超限高层建筑抗震设防审查、减震与隔震工程设计、结构安全性鉴定与抗震鉴定、现有建筑抗震加固与改造、结构抗震试验、建筑测振、建筑整体平移等国内领先水平的技术与产品，拥有门类齐全、设施完善的检测与实验设备，拥有国内最大、最先进的大型模拟地震振动台试验设备。

 ① 抗震设计理论

 ② 既有建筑抗震性能提升关键技术

 ③ 新型减隔震技术及其设计方法

 ④ 既有建筑增层改造技术标准

 ⑤ 轻钢结构在增层改造中的应用技术

 ⑥ 老旧房屋安全性排查与评估

工程案例

■ 既有房屋抗震加固

全国政协礼堂　　　　　中国革命历史博物馆（国家博物馆）

■ 复杂结构抗震性能分析

央电视台总部大楼　　　广州西塔
中国尊　　上海中心　　深圳京基金融中心

■ 历史风貌建筑鉴定与加固

北京整形医院
中国人民大学书报资料中心　　厦门美国领事馆

■ 特殊工程

厦门市人民检察院办公楼平移工程

住房和城乡建设部防灾研究中心
Disaster Prevention Research Center, Ministry of Housing and Urban-Rural Development

30周年

建筑防火

拥有国际上较先进的防火科研设备，已成为国内建筑防火领域一支重要的科技力量，形成了以"建筑材料对火反应综合特性检测评定""建筑结构抗火设计及灾后性能评估""建筑构件耐火性能检测评定""火灾后建筑损伤鉴定及加固""建筑物消防系统功能优化与综合检测评定""地铁、隧道防排烟系统性能检测评定""建筑防火性能化设计与火灾风险评估""大型及复杂建筑防火设计咨询""轨道交通防灾设计与安全评估"等技术为核心的技术服务体系，可为社会提供建筑工程等领域的全方位消防技术服务。

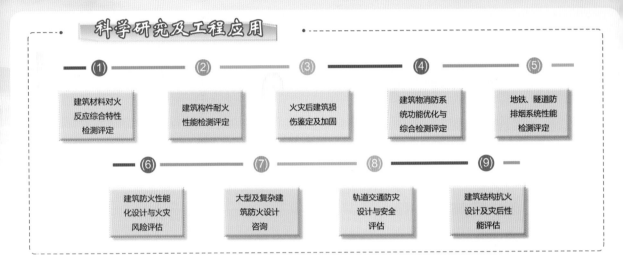

科学研究及工程应用

①建筑材料对火反应综合特性检测评定

②建筑构件耐火性能检测评定

③火灾后建筑损伤鉴定及加固

④建筑物消防系统功能优化与综合检测评定

⑤地铁、隧道防排烟系统性能检测评定

⑥建筑防火性能化设计与火灾风险评估

⑦大型及复杂建筑防火设计咨询

⑧轨道交通防灾设计与安全评估

⑨建筑结构抗火设计及灾后性能评估

工程案例

贵州黔南地区实体木结构房屋火灾蔓延试验

大跨钢结构缩尺模型火灾实验

厦门嘉庚体育馆配套商业综合体工程火灾烟气控制系统检验与试验研究

南宁地铁3号线区间隧道防排烟系统性能评价测试

T3D航站楼疫情防控期间消防安全评估和应急疏散预案更新服务项目

住房和城乡建设部防灾研究中心
Disaster Prevention Research Center, Ministry of Housing and Urban-Rural Development

建筑抗风雪

拥有国内最长的建筑风洞、最大的拖曳式水槽和同步测压点数最多的压力测量系统。完成各类风洞试验项目三百余项，为国内众多重大工程项目提供了抗风、抗雪咨询。承担并完成了国家"十一五""十二五"科技支撑计划课题、国家973计划课题、国家自然科学基金等国家级项目10余项和省部级课题20余项。主编了国家标准《建筑结构荷载规范》和《建筑工程风洞试验方法标准》。

科学研究及工程应用

① 风洞试验技术	② 数值模拟技术	③ 风环境评估	④
刚性测压试验、气动弹性模型测振试验、高层建筑的高频底座天平试验、大跨结构的雪荷载模拟试验等	风致振动有限元分析、风致环境噪声分析、高层建筑烟囱效应分析和雪荷载模拟分析	行人高度风环境评估和体育场内场风环境评估	其他工业空气动力学方面的问题研究

工程案例

■ 风压试验

阿尔及利亚国家体育场　　苏州中南中心　　重庆来福士广场

■ 水槽试验

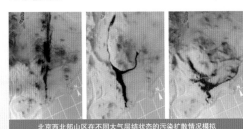

北京西北部山区在不同大气层结状态的污染扩散情况模拟

■ 雪荷载试验

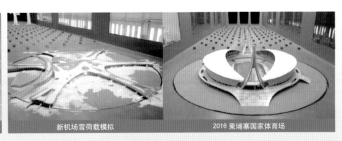

新机场雪荷载模拟　　2016柬埔寨国家体育场

■ 风洞试验

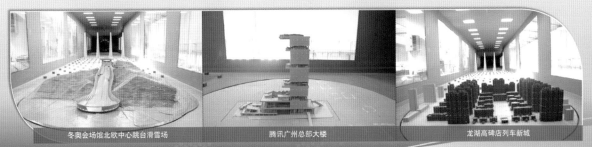

冬奥会场馆北欧中心跳台滑雪场　　腾讯广州总部大楼　　龙湖高碑店列车新城

住房和城乡建设部防灾研究中心
Disaster Prevention Research Center, Ministry of Housing and Urban-Rural Development

30 周年

地质灾害及地基灾损

在地质灾害评估与治理、既有建筑加固改造、地基处理、桩基础、高层建筑箱筏基础、深基坑支护等方面取得了高水平和系统化的研究成果。先后荣获国家科技进步奖、全国科学大会奖，国家发明奖等若干奖项。主持编制了《建筑地基基础设计规范》《膨胀土地区建筑技术规范》《高填方地基技术规范》《建筑桩基技术规范》《建筑地基处理技术规范》《高层建筑筏形与箱形基础技术规范》等标准规范。

科学研究及工程应用

① 地基基础技术　② 桩基础技术　③ 地基处理技术　④ 地下空间技术　⑤ 基坑及边坡技术

工程案例

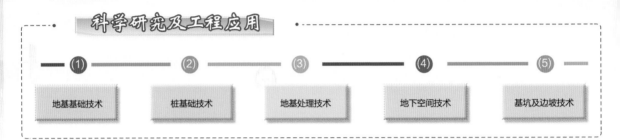

北京西直门交通枢纽工程桩基础

国家体育场桩基及后压浆工程

地质灾害治理

文县南山康家崖地质灾害治理　　古滇项目长腰山一级道路高、低加压泵站合建及水池边坡治理工程　　古滇项目七彩云南新太阳国际养老养生产业区边坡治理工程

住房和城乡建设部防灾研究中心
Disaster Prevention Research Center, Ministry of Housing and Urban-Rural Development

30周年

灾害风险评估

在城市和村镇防灾领域开展了一系列研究和应用工作，为我国城乡防灾建设提供了有力的技术支撑。主编、参编多项国家、行业标准规范，完成多项国家科技支撑计划课题和省部级课题研究，成果获北京市科学技术二等奖 1 项，公安部科技进步一等奖 1 项，华夏建设科技进步一等奖 1 项，中国建筑学会科技进步一等奖 1 项。

科学研究及工程应用

(1) 城市灾害风险评估与综合处置

(2) 城市综合防灾规划编制

(3) 城市动态风险监测系统

(4) 村镇房屋防灾、抗震、抗风、防洪技术

(5) 传统村落民居保护与利用

传统民居安全性评估及改造

泸州市抗震防灾信息管理与辅助决策系统

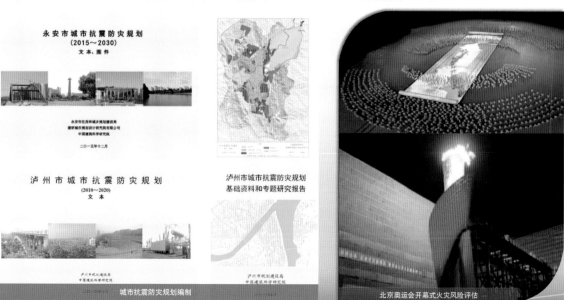

城市抗震防灾规划编制

北京奥运会开幕式火灾风险评估

从事与建筑工程和防灾减灾领域相关的信息技术研究，致力于信息化系统整体规划、关键技术研究及工程应用。先后承担了国家科技支撑计划、住房和城乡建设部科研项目、中国建研院自筹课题等多项与建筑和防灾减灾领域相关的信息化课题。目前可提供综合防灾管理平台、综合防灾知识库系统、灾害应急救援管理系统、远程可视化协同建设平台、基于 GIS 的灾害评估系统、基于物联网技术的致灾因子监测分析系统、基于 BIM 技术的建筑信息及灾害应急管理平台等一系列解决方案。

科学研究及工程应用

①	②	③	④	⑤	⑥
基于 BIM 技术的建筑防灾信息化管理系统	基于物联网技术的灾害数据监测分析系统	基于 GIS 系统的应急救援系统	城镇综合防灾信息化管理平台	基于人工智能的智慧防灾系统	多灾种下特大城市安全韧性影响评估技术

工程案例

城市抗震防灾规划信息管理与辅助决策系统

消防信息系统 FCIS 主界面

地震灾害仿真平台

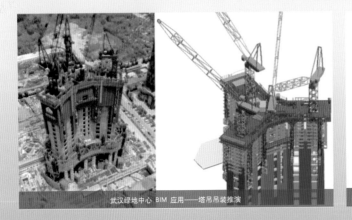

武汉绿地中心 BIM 应用——塔吊吊装推演

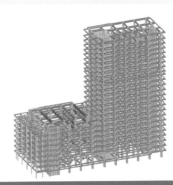

地震灾害仿真平台－建筑单体精细化模拟

住房和城乡建设部防灾研究中心
Disaster Prevention Research Center, Ministry of Housing and Urban-Rural Development

30周年

防灾标准化研究

简介

　　组织防灾中心下属单位开展防灾标准的研究、编制和管理工作，汇编整理我国防灾标准化进展。近年来，共完成标准规范制修订项目等100余项，其中国家和行业标准制修订项目70余项，为推动我国建筑防灾减灾事业的科技进步做出了应有的贡献。

研究方向

（1）建筑防灾标准体系的规划与构建

（2）建筑防灾重点领域各级标准规范（国家标准、行业标准、团体标准）的制定

（3）现有建筑防灾相关标准规范的研究、梳理与修订

（4）建筑防灾领域标准规范制修订技术支持以及社会咨询服务

工程案例

国家标准《建筑抗震设计规范》GB 50011 修订

全文强制标准《工程结构通用规范》

《建筑设计防火规范》GB 50016—201 宣贯

《混凝土结构技术规范》研编工作会议

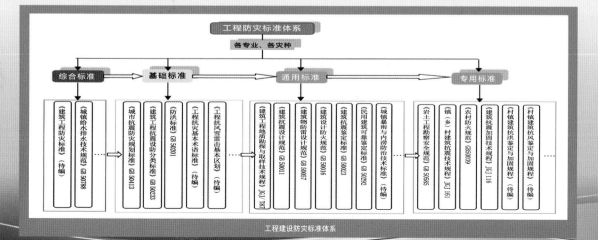

工程建设防灾标准体系

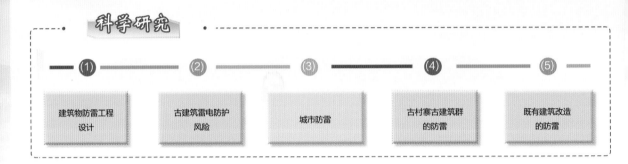

住房和城乡建设部防灾研究中心
Disaster Prevention Research Center, Ministry of Housing and Urban-Rural Development

30周年

建筑防雷

旨在以预防建筑物的雷电灾害为核心，交流雷电防护信息，总结防雷经验，为城镇建设过程中雷电防护决策提供服务。参与国家规范《古建筑防雷工程技术规范》和国家标准图集《防雷与接地》的编制工作；多次参加由国家文物局组织的文物建筑防雷工程审查工作，并参加 2017 年全国文物安全大排查的工作，为文物建筑保护提供了有力的技术支持。

科学研究

① 建筑物防雷工程设计

② 古建筑雷电防护风险

③ 城市防雷

④ 古村寨古建筑群的防雷

⑤ 既有建筑改造的防雷

■ 国家会展中心 防雷设计

■ 京东集团西南基地项目防雷设计

■ 国家博物馆防雷工程设计

■ 湖北当阳玉泉寺防雷设计

主要从事国防工程、人防工程及地下空间利用领域相关的技术研究工作。研究部紧紧围绕国家重要发展战略，着力提高创新能力，致力于防护工程技术发展规划、城市防空与防灾技术研究、防护工程关键技术研究、重要经济目标防护技术、新型防护设备装置研制、防护工程信息技术及工程应用，为在推动我国防灾减灾及防护工程领域的科技进步做贡献。

科学研究领域及应用

①	②	③	④
武器破坏效应及工程防护技术研究	城市防空防灾工程规划与防护策略研究	重要经济目标（城市生命线）防护技术研究	新型防护结构体系研究

⑤	⑥	⑦	⑧
新型防护设备装置技术研究与研发	防护工程内部空间环境精确化保障技术研究	防护设备设施质量监督与检测技术研究	基于 BIM 与 IOT 技术防护工程运维系统

■ 常规武器毁伤破坏效应及防护工程技术研究

■ 防护工程 BIM 技术研究

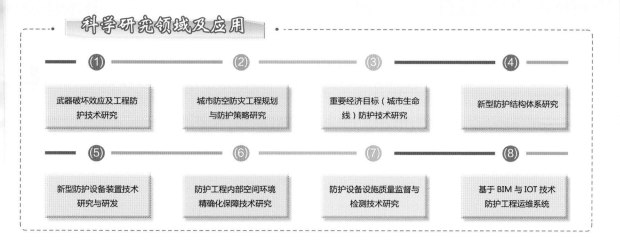

■ 防护工程内部环境精确化保障技术研究

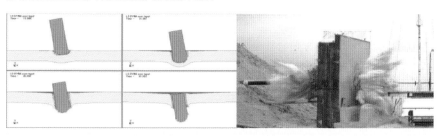

防护工程通风空调验收系统

系统登录

■ 新型防护设备装置实验研究

针对地震灾害、建筑防火、建筑抗风雪灾害、洪水灾害、地质灾害等开展了大量实验研究，中心拥有地震振动台、建筑构件耐火试验炉、风洞、大型拖曳式水槽等大型实验设备，为防灾减灾的科学研究提供了有力支撑。

■ 模拟地震振动台

大型结构试验室是我国建工行业里历史最悠久、规模最大的试验室之一。试验室建筑面积 3366m²，试验大厅面积约 1700m²，设备 100 余台套，其中用于测量的设备 70 余台套，辅助设备 30 余台套。

震动试验台

■ 建筑防火实验室

实验室于 2005 年 3 月开始筹建，2008 年 5 月投入使用，建筑面积近 2000m²，拥有各类先进的科研、检验仪器设备和技术，能够承接建筑构件耐火性能、建筑材料燃烧性能、消防设施及隧道、地铁防排烟系统性能等多方面的检验鉴定工作。

防火实验室拥有垂直构件耐火试验炉、水平构件耐火试验炉、多功能小型耐火试验炉，装配式多功能耐火试验炉，以及各种建筑材料燃烧性能试验设备，可按国标 GB，英标 BS，以及欧盟 EN 和 ISO 标准进行各种建筑构件耐火性能检测与评估、各种建筑材料燃烧性能检测与评估。

建筑构件耐火试验炉　　　　　实体家具燃烧性能实验　　　　　电梯门耐火性能测试

■ 风洞实验室

该实验室于 2007 年初筹建，2009 年 5 月通过验收并投入使用。风洞实验室建筑面积 4665m²，技术领先，设备优良，拥有大型建筑风洞、高性能工作站、电子压力测试系统、激光测振仪等精密设备。

风洞总长 96.5m，布置在长 108m、宽 27m、高 16.8m 的封闭实验大厅内，利用大厅空间作为气流循环通道。在实验大厅大门开启之后，还可使风洞以外循环方式运行，开展污染扩散等环境评估试验。风洞包含两个试验段高速试验段为主力试验段，主要进行结构抗风试验研究；低速试验段截面尺寸较大，可满足地形模拟和小区风环境评估等大尺寸模型试验的要求。

■ 地基实验室

地基基础实验室建筑面积 1613m²，主要包括室内模型实验室、土工实验室、三轴实验室、原位检测实验室等。

试验槽

SAA 测试仪（采集加速度和位移）试验槽开展的模型试验

科研概况

30 年来，防灾中心积极、认真贯彻党中央、国务院一系列方针政策，在住房和城乡建设部领导和有关部委的关心指导、大力支持下，致力于解决我国建筑防灾领域的关键技术问题，承担了国家和住建部的大量重点课题，并进行工程示范，实现了部分科研成果的转化，积累了较为丰富的成果和经验。

目前，防灾中心已参与了数十项国家科技支撑计划及重点专项课题，863、973、科技部研究开发专项，国家自然科学基金委课题和住房和城乡建设部等部委的科研开发课题等 162 项。

标准编制

随着我国建设事业的大发展，各种新型建筑材料、新结构体系、新技术和新工艺不断涌现并得到应用，相关标准规范的研究、编制与管理成为防灾中心的一项重要技术工作。自防灾中心成立以来，共完成标准规范制修订项目等 159 项，其中国家和行业标准制修订项目 83 项。这些标准的制定为提高建筑防灾设计水平，促进建筑企业的健康发展提供了技术保障，对保障建筑工程抗灾设防质量和促进防灾减灾新技术的发展具有重要意义。

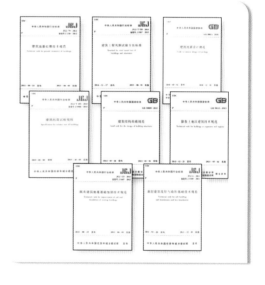

专利奖项

荣获国家科技进步奖，国家自然科学奖，全国科学大会奖等 45 项，为推动我国建筑防灾减灾事业的科技进步做出了突出贡献。

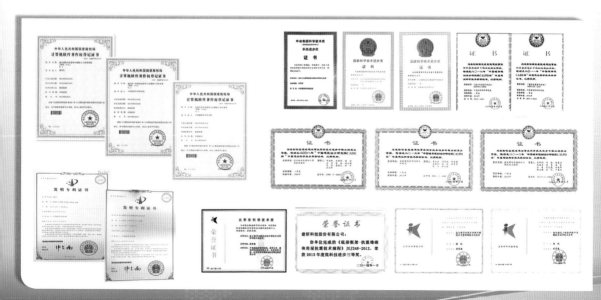

防灾中心以构建和谐社会为目标，积极参与社会公益事业，协助相关部委进行重大 灾害事故的调查、处理，并编制防灾规划以及专业咨询工作；编写建筑防灾著作、科普读物，收集与分析防灾减灾领域最新信息，编写建筑防灾年度报告；召开建筑防灾技术交流会，开展技术培训，加强国际科技合作等举措。

灾害应急

派专家组赴汶川、玉树、舟曲、雅安等灾区一线开展应急安全评估工作；

派专家组赴西藏进行农牧民安居工程抗震能力评估及加固方案的制定工作；

派专家赴河北、云南、四川、新疆、西藏、内蒙古、江西、浙江等地震灾区进行震害调研；

并为当地政府提出灾后恢复重建建议。

汶川震后应急评估

■ 火灾评估

哈尔滨大火现场调查工作

■ 抗风雪灾害

浙江"桑美"台风灾后调研评估工作

决策支持

参与编制《北京市中小学校舍安全保障长效机制年检工作指南》 — 参与编制《中国建筑技术政策》2013版 — 参与编制《汶川地震灾后农房恢复重建技术导则》（试行） — 参与编制《海南省城乡建设抗震防灾发展规划纲要》

学术交流

■ 全国建筑防灾技术交流会

防灾减灾高峰论坛

系列丛书

建筑防灾年鉴

2019—2020

住房和城乡建设部防灾研究中心
中国建筑科学研究院科技发展研究院 主编

中国建筑工业出版社

图书在版编目（CIP）数据

建筑防灾年鉴2019—2020 / 住房和城乡建设部防灾研究中心，中国建筑科学研究院科技发展研究院主编. —北京：中国建筑工业出版社，2020.11
ISBN 978-7-112-25632-7

Ⅰ.①建…　Ⅱ.①住…②中…　Ⅲ.①建筑物－防灾－中国－2019—2020－年鉴　Ⅳ.①TU89-54

中国版本图书馆CIP数据核字（2020）第235109号

责任编辑：张幼平
责任校对：李美娜

建筑防灾年鉴

2019—2020

住房和城乡建设部防灾研究中心
中国建筑科学研究院科技发展研究院　主编

*

中国建筑工业出版社出版、发行（北京海淀三里河路9号）
各地新华书店、建筑书店经销
北京光大印艺文化发展有限公司制版
北京建筑工业印刷厂印刷

*

开本：787毫米×1092毫米　1/16　印张：$18\frac{1}{4}$　插页：8　字数：480千字
2020年12月第一版　2020年12月第一次印刷
定价：88.00元
ISBN 978-7-112-25632-7
（36522）

《建筑防灾年鉴2019—2020》

编　委　会：

主　任：王清勤　住房和城乡建设部防灾研究中心　　　　　　主　任

副主任：王翠坤　住房和城乡建设部防灾研究中心　　　　　　副主任

　　　　黄世敏　住房和城乡建设部防灾研究中心　　　　　　副主任

　　　　高文生　住房和城乡建设部防灾研究中心　　　　　　副主任

　　　　孙　旋　住房和城乡建设部防灾研究中心　　　　　　副主任

　　　　李引擎　住房和城乡建设部防灾研究中心学术委员会

　　　　　　　　　　　　　　　　　　　　　　　　　　　　副主任

　　　　金新阳　住房和城乡建设部防灾研究中心学术委员会

　　　　　　　　　　　　　　　　　　　　　　　　　　　　副主任

　　　　宫剑飞　住房和城乡建设部防灾研究中心学术委员会

　　　　　　　　　　　　　　　　　　　　　　　　　　　　副主任

　　　　张靖岩　住房和城乡建设部防灾研究中心学术委员会

　　　　　　　　　　　　　　　　　　　　　　　　　　　　副主任

委　　员：（按姓氏笔画排序）

　　　　王广勇　住房和城乡建设部防灾研究中心　　　　　　研究员

　　　　王曙光　中国建筑科学研究院有限公司　　　　　　　研究员

　　　　邓云峰　中共中央党校（国家行政学院）　　　　　　研究员

　　　　朱　伟　北京城市系统工程研究中心　　　　　　　　研究员

　　　　刘　凯　北京师范大学　　　　　　　　　　　　　　副教授

　　　　许　镇　北京科技大学　　　　　　　　　　　　　　副教授

　　　　李爱群　北京建筑大学　　　　　　　　　　　　　　教授

　　　　李耀良　上海市基础工程集团有限公司　　　　　　　教授级高工

　　　　李　磊　中国建筑科学研究院有限公司　　　　　　　研究员

　　　　李宏文　中国建筑科学研究院有限公司　　　　　　　研究员

　　　　李爱平　应急管理部通信信息中心　　　　　　　　　研究员

　　　　汪　明　北京师范大学　　　　　　　　　　　　　　教授

　　　　张孝奎　北京清华同衡规划设计研究院有限公司　　　高级工程师

　　　　陆新征　清华大学　　　　　　　　　　　　　　　　教授

　　　　陈一洲　中国建筑科学研究院有限公司　　　　　　　副研究员

　　　　陈小康　海南省防汛物资储备管理中心　　　　　　　高级工程师

4

前　　言

党的十八大以来，党中央、国务院对防灾减灾救灾工作高度重视，习近平总书记先后作出重要指示批示，发表重要讲话，我国的防灾减灾救灾事业飞速发展，实现了历史性变革。2018年，中共中央办公厅、国务院办公厅印发了《关于推进城市安全发展的意见》，同时新组建了应急管理部，制定了《应急管理部国家重大自然灾害预警和Ⅳ级救灾应急响应工作组方案》，对我国的防灾减灾救灾工作作出了重大决策部署，要求新形势下，坚持以防为主、防抗救相结合，坚持常态减灾和非常态救灾相统一，从注重灾后救助向注重灾前预防转变，从应对单一灾种向综合减灾转变，从减少灾害损失向减轻灾害风险转变。

为贯彻落实党中央、国务院关于加强防灾减灾救灾工作的决策部署，提高全社会抵御自然灾害的综合防范能力，切实维护人民群众生命财产安全，住房和城乡建设部防灾研究中心（以下简称"防灾中心"）与中国建筑科学研究院科技发展研究院联合主编《建筑防灾年鉴2019—2020》，旨在全面系统地总结我国建筑防灾减灾的研究成果与实践经验，交流和借鉴各省市建筑防灾工作的成效与典型事例，增强全国建筑防灾减灾的忧患意识，推动建筑防灾减灾工作的发展与实践应用，使世人更全面了解中央和地方人民政府为防灾减灾所作出的巨大努力。

《建筑防灾年鉴2019—2020》是我国建筑防灾减灾30年的成果总结与发展报告，为系统全面地展现我国30年来建筑防灾工作发展全景，在编排结构上共分为上下两篇。

上篇　发展篇。

发展历程：回顾总结防灾中心30年来在建筑抗震、建筑防火、抗风雪、地质灾害防治等领域的发展历程。

学术科研：选录防灾中心关键科研成果。通过整理、收录以上成果，总结回顾防灾中心30年关键研究成果。

工程实践：精选部分防灾减灾典型工程案例，介绍防灾减灾实践经验，以促进防灾减灾事业稳步前进。

社会责任：综述防灾中心在灾后应急救援、政府决策支持、防灾科普培训等方面开展的工作。

下篇　综述篇。

聚焦防灾减灾综合研究成果和进展，综述防灾减灾发展研究现状，与广大科技工作者充分交流，共同发展、互相促进。

本年鉴在编纂过程中，受到住房和城乡建设部、各地科研院所及高校的大力支持，在此对他们的指导与支持表示由衷的感谢。本书引用和收录了国内大量的统计信息和研究成果，在此对他们的工作表示感谢。

本书是防灾中心专家团队共同辛勤劳动的成果。虽然在编纂过程中几易其稿，但由于建筑防灾减灾信息浩如烟海，在资料的搜集和筛选过程中难免出现纰漏与不足，悬请广大读者朋友不吝赐教，斧正批评。

住房和城乡建设部防灾研究中心

中心网址：www.dprcmoc.com

邮箱：dprcmoc@cabr.com.cn

联系电话：010-64693351

传真：010-84273077

目　　录

上篇 发展篇

1 发展历程

1.1 中心简介

住房和城乡建设部防灾研究中心（以下简称中心）1990年由建设部批准成立，机构设在中国建筑科学研究院。

中心以中国建筑科学研究院工程抗震研究所、建筑防火研究所、建筑结构研究所、地基基础研究所、建筑工程软件研究所为依托，主要任务是研究地震、火灾、风灾、雪灾、水灾、地质灾害等对工程和城镇建设造成的破坏情况和规律，解决建筑工程防灾中的关键技术问题；推广防灾新技术、新产品，与国际、国内防灾机构建立联系为政府机构行政决策提供咨询建议等。

近年来，中心在国家重点研发计划、国家科技支撑计划、863项目、973项目、国家自然科学基金、科研院所开发专项和标准规范、实验室建设等方面开展了卓有成效的工作。截至2019年年底，中心累计完成科研成果162项，完成标准规范制修订项目等159项，其中国家和行业标准制修订项目83项。荣获国家科技进步奖、国家自然科学奖、全国科学大会奖等45项，为推动我国建筑防灾减灾事业的科技进步做出了突出贡献。

图 1-1　防灾中心成立批文

1.1.1　组织架构

目前，中心下设专家委员会和综合办公室，中心设有 10 个研究部：工程抗震研究部、建筑防火研究部、建筑抗风雪研究部、地质灾害及地基灾损研究部、灾害风险评估研究部、防灾信息化研究部、防灾标准研究部、建筑综合防灾研究部、建筑防雷研究部、防护工程研究部。

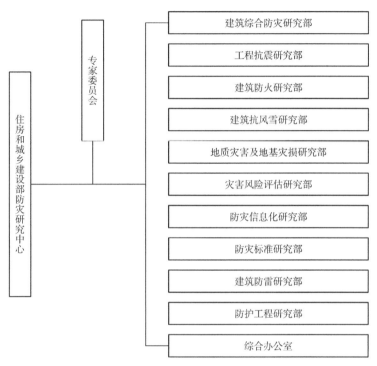

图 1-2　防灾中心组织架构图

1.1.2　部门领导

中心主任：王清勤

中国建筑科学研究院有限公司副总经理，博士生导师，教授级高工，新世纪百千万人才工程国家级人选；享受国务院政府特殊津贴专家；主持和参与制定国家、行业、地方等标准规范 20 余项,获省部级科技进步奖 18 项。

王清勤　主任

中心副主任：王翠坤、黄世敏、高文生、孙旋

博士生导师，研究员；高层建筑结构科研与设计领域知名专家；新世纪百千万人才工程国家级人选；第十三届全国政协委员；主持完成了国家及省部级课题6项，获国家科技进步二等奖1项，省部级奖8项。

王翠坤　副主任

博士生导师，研究员；享受国务院政府特殊津贴专家，我国抗震减灾领域知名专家；主持完成了国家计委、科技部、住房和城乡建设部、北京市科委等重点科研课题数十项；主持修编国家标准《建筑抗震设计规范》；科研成果获国家科技进步二等奖1项，省部级科技进步奖8项。

黄世敏　副主任

博士生导师，研究员；我国地基基础工程技术领域知名专家；国家一级注册结构工程师、国家注册土木工程师（岩土）、国家一级注册建造师；获省部级科技进步奖4项。

高文生　副主任

博士，研究员；我国建筑防火及公共安全领域知名专家；国家一级注册消防工程师、国家注册安全工程师；承担完成国家及省部级课题数十项；参编国家标准规范《汽车库、修车库、停车场设计防火规范》《建筑火灾荷载规程》；获省部级科技进步奖7项。

孙　旋

1.1.3　专家委员会
专家委员会主任：李引擎

博士生导师，研究员；我国性能化防火设计发展普及的奠基人之一；享受国务院政府特殊津贴专家；全国优秀科技工作者；"科学中国人"2013年度人物；获国家科技进步二等奖1项，省部级科技进步奖10余项；主编、参编多项国家标准。主编著作共10部，公开发表学术论文百余篇。

李引擎　主任

专家委员会副主任：金新阳、宫剑飞、张靖岩

博士生导师，研究员；我国建筑结构荷载和抗风雪灾害研究领域知名专家；PKPM软件和品牌的主要创建者之一；享受国务院政府特殊津贴专家；主编国家规范《建筑结构荷载规范》和行业标准《建筑工程风洞试验方法标准》；获国家科技进步二等奖和三等奖各1项，省部级科技进步奖5项。

金新阳　副主任

宫剑飞　副主任

研究员，工学博士，博士生导师，国务院特殊津贴专家。现任中国建筑科学研究院有限公司总经理助理、建筑机械化研究分院院长、北京建筑机械化研究院有限公司党委书记、执行董事兼经理。兼任中国工程机械工业协会副会长；中国建筑学会理事；中国建筑学会地基基础分会主任委员；中国土木工程学会土力学及岩土工程分会理事；住房和城乡建设部强制性条文协调委员会委员；住建部防灾研究中心专家委员会副主任等学术职务。在地基与基础设计理论、大跨度地下结构设计施工方面有创新性成果，茅以升科学技术奖土力学及岩土工程青年奖获得者。

张靖岩　副主任

硕士生导师，研究员，博士，一级注册消防工程师，注册安全工程师；我国建筑防灾领域知名专家；参与国家标准制修订 4 项，获省部级科技进步奖 6 项，国家发明专利 2 项。

专家委员会成员

截至 2020 年，专家委员会由来自国内重点高等院校、科研院所、企事业单位的 127 位国内行业内著名专家组成，作为全国性的防灾服务机构的综合能力不断提升。

专家委员会成员表（以姓名笔画排序）

	姓名	单位
综合防灾研究部 （11 人）	王　佳	北京建筑大学
	金　路	北京城建设计研究院
	夏令操	北京市建筑设计院
	黄晓家	中元国际工程设计研究院
	杜翠凤	北京科技大学
	苗启松	北京市建筑设计研究院
	黄友谊	中国建筑技术集团有限公司
	穆　为	华东建筑设计研究总院第一结构设计院
	吕振纲	中国建筑科学研究院有限公司
	熊　峰	四川大学
	李　进	原北京市公安消防总队

	姓名	单位
建筑防火研究部 （21人）	白孝林	四川普瑞救生设备有限公司
	李宏文	中国建筑科学研究院有限公司
	邱仓虎	中国建筑科学研究院有限公司
	张向阳	中国建筑科学研究院有限公司
	陈　南	中国人民武装警察学院
	赵克伟	原北京市消防局
	韩林海	清华大学
	王广勇	住房和城乡建设部防灾研究中心
	刘文利	中国建筑科学研究院有限公司
	孙　旋	住房和城乡建设部防灾研究中心
	纪　杰	中国科学技术大学
	沈　纹	公安部消防局
	季广其	国家建筑工程质量监督检验中心
	郑　实	北京建筑设计研究院有限公司
	仝　玉	中国建筑科学研究院有限公司
	丛北华	同济大学上海防灾救灾研究所
	史聪灵	中国安全生产科学研究院
	陈先锋	武汉理工大学
	罗明纯	奥雅纳工程咨询（上海）有限公司
	钟　委	郑州大学
	殷颖智	FM Global
工程抗震研究部 （25人）	马东辉	北京工业大学建筑工程学院
	吕西林	同济大学
	杨　沈	住房和城乡建设部防灾研究中心
	郑文忠	哈尔滨工业大学
	唐曹明	住房和城乡建设部防灾研究中心
	黄世敏	住房和城乡建设部防灾研究中心
	程绍革	中国建筑科学研究院有限公司
	曾德民	中国建筑科学研究院有限公司
	薛彦涛	中国建筑科学研究院有限公司
	朱炳寅	中国建筑设计研究院
	刘　航	北京市建筑工程研究院有限责任公司
	杨润林	北京科技大学
	曹万林	北京工业大学
	潘　鹏	清华大学土木工程系
	吴保光	北京筑福国际工程技术有限责任公司

续表

	姓名	单位
工程抗震研究部 （25人）	杨　涛	北京筑福国际工程技术有限责任公司
	冯　远	中国建筑西南设计研究院有限公司
	蒋欢军	同济大学
	王凤来	哈尔滨工业大学
	李碧雄	四川大学
	邓建辉	四川大学
	叶燎原	云南师范大学
	陶　忠	昆明理工大学
	王满生	北京市住房和城乡建设科学技术研究所
	邓明科	西安建筑科技大学
建筑抗风雪研究部 （6人）	刘庆宽	石家庄铁道大学
	杨庆山	北京交通大学
	肖从真	中国建筑科学研究院有限公司
	陈　凯	住房和城乡建设部防灾研究中心
	顾　明	同济大学
	钱基宏	中国建筑科学研究院有限公司
地质灾害及地基灾损 研究部（12人）	王曙光	中国建筑科学研究院有限公司
	孙　毅	建设综合勘察研究设计研究院有限公司
	张建青	中航勘察设计研究院有限公司
	康景文	中国建筑西南勘察院
	章伟民	中国市政工程西北设计研究院有限公司
	衡朝阳	中国建筑科学研究院有限公司
	朱　磊	黑龙江省寒地建筑科学研究院
	刘明保	中国建筑科学研究院有限公司
	殷跃平	国土资源部地质灾害应急技术指导中心
	李显忠	中国建筑科学研究院有限公司
	陈建华	黑龙江省寒地建筑科学研究院
	宋建学	郑州大学
灾害风险评估研究部 （按姓氏笔画排序） （23人）	朱立新	住房和城乡建设部防灾研究中心
	江静贝	中国建筑科学研究院有限公司
	周铁钢	西安建筑科技大学
	葛学礼	中国建筑科学研究院有限公司
	潘　文	昆明理工大学
	肖泽南	中国建筑科学研究院有限公司
	戴慎志	同济大学
	郭小东	北京工业大学
	宋　波	北京科技大学

	姓名	单位
灾害风险评估研究部 （按姓氏笔画排序） （23人）	朱　伟	北京城市系统工程研究中心
	韩　阳	河南工业大学
	孙晓乾	奥雅纳工程咨询（上海）有限公司
	李　磊	中国建筑科学研究院防火研究所
	陈长坤	中南大学防灾科学与安全技术研究所
	王茂桑	山西省建筑科学研究院
	张风亮	陕西省建筑科学研究院有限公司
	赵作周	清华大学
	王红心	河南省建筑科学研究院
	刘　辉	北京市住房和城乡建设科学技术研究所
	柏文峰	昆明理工大学
	钟　华	重庆市同欣规划设计有限公司
	肖　伟	中信建筑设计研究总院有限公司
	朱占元	四川农业大学
防灾信息化研究部 （18人）	杜劲峰	中国建筑第二工程局有限公司
	李永录	中冶建筑研究总院有限公司
	张健清	顿楷国际物流信息化公司
	周耀明	中国建筑科学研究院信息化软件研究事业部施工信息化研究室
	郭春雨	建研科技股份有限公司
	雷　娟	中国建筑科学研究院信息化软件研究事业部运维软件室
	袁宏永	清华大学公共安全研究院
	房玉东	安监总局信息中心
	翟国方	南京大学
	李　刚	天津城市规划设计研究院
	唐　海	中国建筑科学研究院有限公司
	王三明	南京安元科技股份有限公司
	李红臣	国家安全生产监督管理总局通信信息中心
	许　镇	北京科技大学
	廖光煊	中国科学技术大学
	陆新征	清华大学
	齐　际	吉林省城乡规划设计研究院
	于　文	中国建筑科学研究院有限公司
防护工程研究部 （6人）	尹　峰	北京杰防城市安全防护技术研究院
	吴　涛	中国建筑科学研究院有限公司
	黄显奎	重庆市设计院
	秦永新	中国建筑金属结构协会建筑机电抗震分会
	蔡文利	广东省民防协会
	缪小平	中国建筑科学研究院建筑设计院
建筑防雷研究部	厉守生	中国建筑科学研究院有限公司

1.1.4 管理制度

为进一步加强中心管理，完善内部管理制度，制定了《中心专家委员会章程》《中心运行管理办法》《中心考核管理办法》等。

1.2 发展大事件

1.2.1 工程抗震

1989 年 《建筑抗震设计规范》GBJ 11—89 发布。

1990 年 《中国地震烈度区划图》1990。

1995 年 《建筑抗震鉴定标准》GB 50023—95、《建筑抗震设防分类标准》GB 50023—95 发布。

1996 年 云南丽江发生 7.0 级地震，中国建研院派出抗震救灾专家组。

1998 年 国家计委"首都圈防震减灾示范区"重点国家项目。

2001 年 《建筑抗震设计规范》GB 50011—2001、《中国地震动参数区划图》GB 18306—2001 发布。

2003 年 "全国超限高层建筑工程抗震设防审查专家委员会"成立。

2003 年 受商务部委派，赴阿尔及利亚考察祖姆里（Zemmourim）6.8 级地震区考察、援助。

2003 年 新疆巴楚伽师间发生 5.8 级地震，派出抗震救灾专家组。

2004 年 主办第一届至第八届全国抗震加固改造技术学术会议。

2004 年 建成 6m×6m 三向振动台，最大载重达 80t，总体性能指标居国际先进水平行列。

2004 年 《建筑工程抗震设防分类标准》GB 50223—2004 发布。

2004 年 印度尼西亚苏门达腊岛近海里氏 9.0 级地震海啸，受商务部委派进行地震海啸灾害考察，对印度尼西亚和泰国的灾情及灾后重建工作进行了现场评估。

2005 年 巴基斯坦巴控克什米尔 7.8 级地震，受商务部委派进行地震震害考察。

2008 年 汶川 8.0 级地震，中心派出国内第 1 批专家组进行震害应急评估、震害调查，并出版《2008 年汶川地震建筑震害图片集》。

2008 年 参加北京市中小学校舍抗震加固工程。截至 2012 年 12 月底，北京市三年加固改造完成中小学校 1290 所，改造校舍总建筑面积 685 万 m²。改造后的校舍全部达到了重点设防类抗震标准。

2008 年 《建筑工程抗震设防分类标准》GB 50223—2008 发布。

2009 年 《建筑抗震鉴定标准》GB 50023—2009、《建筑抗震加固技术规程》JGJ 116—2009 发布。

2010 年 青海省玉树县发生震级 7.1 级大地震，中国建筑科学研究院派出抗震救灾专家组。

2010 年 《建筑抗震设计规范》GB 50011—2010 发布。

2013 年 四川省雅安市芦山县发生 7.0 级地震，中国建筑科学研究院派出抗震救灾专家组。

2016 年 《建筑抗震设计规范》GB 50011—2010（2016 年版）发布。

2017 年 《建筑震后应急评估和修复技术规程》JGJ/T 415—2017 发布。

2019 年 "中国建筑学会建筑改造和城市更新专业委员会"在京成立。

1.2.2 建筑防火

2002~2008 年 北京奥运工程专项工作

2002 年 成立北京奥运工程专项工作小组，研究北京奥运工程中的消防安全问题和相应解决措施。

2003 年 配合北京市有关部门组建了北京市消防安全性能化工作推进委员会技术工作组，完成了国家体育场（鸟巢）、国家游泳中心（水立方）、国家体育馆、五棵松体育中心、北京电视中心、国家会议中心等北京奥运主要工程项目的消防性能化设计工作，为奥运工程消防设计顺利开展以及消防审核快捷顺畅提供了重要的技术保障。

2008 年 研究北京奥运工程及其运营中的火灾风险评估技术，在奥运会举办前夕与市消防局共同完成了北京奥运会 31 个竞赛场馆、19 个非竞赛场馆、10 个奥运赛区，以及开闭幕式、火炬传递、马拉松比赛等赛事活动的火灾风险评估工作，提出了针对消防安全薄弱环节的应对措施，为保证奥运赛事的消防安全发挥了重要作用。同时，在时间紧、任务重的情况下，完成了奥运场馆及其配套设施的部件及材料的防火检测工作，有效保障了奥运期间的防火安全。

2008 年基地实验

2008 年定型火炬在基地的实验

2008 年 8 月 8 日奥运开幕，鸟巢屋顶监测火炬

2008 年 8 月 24 日闭幕式火炬

2003 年　人社部和全国博士后管委会批准设立一级学科土木工程博士后科研流动站，防火所设立二级学科防灾减灾工程及防护工程博士后科研流动站。

2004 年、2008 年、2014 年、2016 年、2017 年　组织召开了中国建筑学会建筑防火综合技术分会年会。

2005 年、2016 年　组织召开北京建材行业联合会防火涂料分会。

2005 年　主编《自动喷水及水喷雾灭火设施安装》国标图集修编 045206。

2006 年　主编《建筑内部装修防火施工及验收规范》GB 50354—2005。

2006 年　"火灾风险评估与性能化防火设计关键技术及工程应用"获得国家科学进步奖二等奖。

2008 年 5 月建成建筑防火实验室。

2010 年"重大活动和公众聚集场所火灾风险评估关键技术及应用研究"获得公安部科学技术奖一等奖；"大型公共建筑人员疏散模型与疏散引导系统研究"获华夏建设科学技术奖一等奖。

2011 年"2008 北京奥运会、残奥会主火炬系统关键技术研究与应用"获得北京市科学技术奖二等奖。

2012 年 11 月建筑防火研究所获得"119 消防奖"先进集体。

2015 年获得"消防安全评估"和"消防设施维护保养检测"资质。

2015 年前往哈尔滨开展北方南勋陶瓷市场大火建筑倒塌事故调查评估。

公安部科学技术奖证书

获奖项目：重大活动和公众聚集场所火灾风险评估关键技术及应用研究

获奖单位：中国建筑科学院建筑防火研究所

奖励等级：一等奖

授奖年度：二〇一〇年

证书编号：2010GA1-02-D02

北 京 市 科 学 技 术 奖

为表彰在推动科学技术进步、对首都经济建设和社会发展作出贡献的集体和个人，特颁此证，以资鼓励。

获奖项目：2008北京奥运会、残奥会主火炬系统关键技术研究与应用

获奖等级：贰等奖

获奖单位：总装备部工程设计研究总院、中国载人航天工程办公室、北京首钢建设集团有限公司、北京市燃气集团有限责任公司、中国建筑设计研究院、中国空气动力研究与发展中心、中国建筑科学研究院建筑防火研究所

荣誉证书

NO.2009工-2-001

2018 年主编《建筑内部装修设计防火规范》GB 50222—2017、《农家乐（民宿）建筑防火导则（试行）》GB 50204—2002。

2018 年协办"现代木结构建筑防火安全技术研讨会"。

2019 年建筑防火研究所成为北京消防协会的副会长单位。

2020 年获批成立"国家建筑工程技术研究中心建筑防火研究部""建筑行业生产力促进中心建筑防火研究部"。

2020 年根据新冠肺炎的疫情防控需要，为保证小汤山医院改造工程的安全性，对其战备病房工程构件和材料开展耐火性能、燃烧性能检测实验研究。

1.2.3 建筑抗风雪

2005 年 筹建风洞实验室，王俊院长、赵基达所长等带队考察国内风洞实验室建设

2008 年 风洞实验室投入使用

2009 年 完成毛里求斯机场试验，完成建研院风洞首次英标项目

2009 年　主办第十四届全国结构风工程学术会议和国际风工程协会第六届风工程高级培训班

UDC

中华人民共和国国家标准　

P　　　　　　　　　　　　　　GB 50009-2012

建筑结构荷载规范

Load code for the design of building structures

2012 - 05 - 28　发布　　　　　2012 - 10 - 01　实施

中华人民共和国住房和城乡建设部
中华人民共和国国家质量监督检验检疫总局　　联合发布

2012 年　《建筑结构荷载设计规范》GB 50009—2012 发布实施

2014 年 拖曳式水槽建成并投入使用

2016 年 承办防灾减灾高峰论坛

2016 年　主办第 11 届中日韩国际风工程学术研讨会

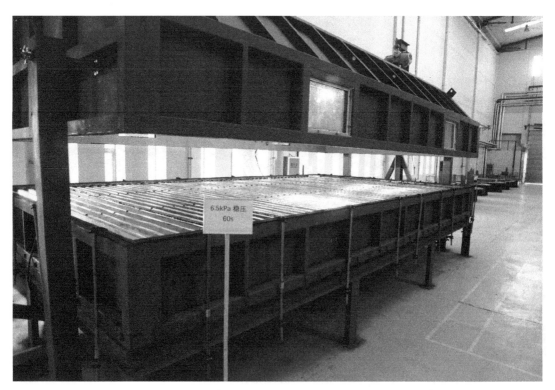

2018 年　抗风揭采集系统投入使用

2019 年　开展"风行中国"系列公益活动

2019 年 为中华人民共和国成立 70 周年联欢活动提供技术保障

2020 年 雪荷载试验降雪装置投入使用

CECS XXX：202X

中国工程建设标准化协会标准

屋面结构雪荷载设计标准

Standard of snow load for design of roof structures

（报批稿）

《屋面结构雪荷载设计标准》编制组

2020 年　编制《屋面结构雪荷载设计标准》

1.2.4　地质灾害

1995 年　黄熙龄荣获中国工程院院士终身荣誉称号

2002 年　建研地基基础工程有限责任公司成立，具备地基基础灾害防治提供全面技术服务能力。具有各类地基与基础工程设计、施工承包，基础托换、基坑支护、降水处理的设计、施工，地基基础工程事故的处理，地基基础工程设计软件开发、应用、销售，地基基础工程的技术开发、技术转让、技术咨询、技术服务，地基基础工程检测仪器仪表的研制、生产和销售等资质。

2 学术科研

2.1 综合防灾

城镇要害系统综合防灾关键技术

完成单位:

中国建筑科学研究院有限公司、北京工业大学、国家安监总局通信信息中心、河北工业大学、建研科技股份有限公司、中国人民武装警察部队学院、北京科技大学、清华大学、福州大学、南京安元科技有限公司

主要完成人:

张靖岩、郭小东、李爱平、王威、刘朝峰、朱立新、于文、孙旋、宫剑飞、唐曹明、唐意、陈凯、李显忠、刘松涛、许镇、李思成、杨润林、姜绍飞、刘明保、彭华、李宏海、袁沙沙、房玉东、王大鹏、李振平、佘笑梅、王三明、余文翟、韦雅云等

成果简介:

"十二五"国家科技支撑计划项目"城镇要害系统综合防灾关键技术研究与示范"(编号:2015BAK14B00)致力于提高城镇建筑与脆弱群体抵御灾害的能力,通过产学研用联合,进行城镇重大自然灾害条件下的要害系统灾害防御关键技术研究,采用科学的手段进行综合防灾规划,并通过应用示范推广成熟、有效、适宜的防灾减灾技术,以增强我国城镇综合防灾能力。项目主要研究成果如下:

1. 构建了包括重要功能节点、生命线、城镇区域的"点—线—面"全覆盖的城镇要害系统综合防灾减灾技术理论体系,包括:从多尺度、多维度剖析城镇脆弱区、风险区的空间差异性及变化性,提出了城镇典型灾害承载能力的多维多尺度评估方法;建立了考虑用户重要性的要害基础设施系统灾害风险评估方法、薄弱环节和关键节点的识别方法;构建了基于风险评估、点—线—面结合、多道防线的城市综合防灾规划技术。

2. 攻克了面向地震、火灾、风灾等多灾害的城镇要害系统评估、设计、处置等一系列关键技术,包括:提出了大跨度地下结构防倒塌设计结构选型优化设计方法、高层建筑群的板块化变形控制条件和各区域设计方法,为高层建筑梁板式筏基设计、大跨度地下结构设计提供了技术支撑;基于抗风性能和荷载效应,提出复杂建筑风致响应分析及风荷载计算方法,评估计算效率显著提高;提出针对既有框架结构的性能化抗震鉴定方法及基于液化势的地基液化性能评估方法,可更全面地分析结构的抗震性能及进行地基多维液化性能分析;针对高层建筑区域震害分析,提出了非线性弯剪耦合计算模型,开发了基于 GPU/CPU 协同的区域震害并行计算技术,建立了高层建筑群的震损快速模拟方法;综合考虑气象条件等因素,提出了老旧建筑密集区域的火灾蔓延模拟技术及基于智能终端的火灾应急响应技术。

3. 建立了"灾前、灾中、灾后"全过程一体化的多灾种、多尺度城镇灾害应急处置数

字化平台。采用云计算、网络、通信、多媒体等多项现代技术，搭建集灾害评估、灾害监测分析、应急救援于一身的城镇灾害防御与应急处置信息化平台，覆盖平时监测管理和灾时救援处置的全过程，形成纵向到底、横向到边、上下贯通、左右衔接的数字化集成平台，为相关部门开展城镇多灾害防御和处置工作提供了有效手段，实现了多种应急救援力量的资源共享，提高了城镇综合风险防控水平。

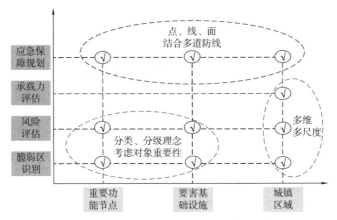

图 1　构建了包括重要功能节点、生命线、城镇区域的"点—线—面"
全覆盖的城镇要害系统综合防灾减灾技术理论体系

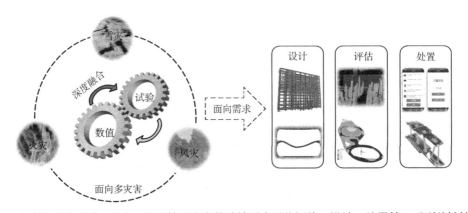

图 2　攻克了面向地震、火灾、风灾等多灾害的城镇要害系统评估、设计、处置等一系列关键技术

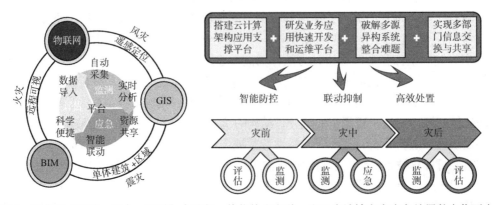

图 3　建立了"灾前、灾中、灾后"全过程一体化的多灾种、多尺度城镇灾害应急处置数字化平台

图 4 "城镇要害系统综合防灾关键技术研究与示范"项目验收会

项目立足我国国情和发展需求，借鉴国内外防灾减灾技术现状及发展趋势，全面展开城镇要害系统综合防灾关键技术研究与示范工作。通过国家科技支撑计划的实施，形成一系列城镇综合防灾减灾关键技术、标准规范、手册指南、系统软件等成果，一方面可以在灾害发生前为防灾规划、应急预案制定、公共安全整治等提供决策支持，有效提高城镇的防灾能力，做到"未雨绸缪"，将可能的灾害损失降到最低；另一方面，也可以为灾害发生后的应急管理提供关键数据支持和具体防灾应急措施，使得城镇应急管理达到准确、快速、高效的要求，为城镇安全提供重要技术保障。

项目成果成功应用于南京市江宁区、鼓楼区示范工程，在事故预防和应急保障方面发挥了重要作用。项目于 2018 年 11 月 27 日顺利完成验收，专家组认为项目组完成了立项批复规定的研究内容，实现了预期的目标，达到了考核指标要求，取得了多项预期的成果。项目示范效果明显，具有重要实用价值和示范意义。

2.2 工程抗震

村镇住宅抗震技术与防灾标准研究

完成单位：
中国建筑科学研究院有限公司
主要完成人：
葛学礼、朱立新、于文、申世元、尹宝江

成果简介：

自 1976 年唐山地震至今，我国相继发生了多次破坏性地震，震中大多位于村镇地区，地震造成了大量农村房屋破坏与倒塌，使人民生命和财产遭到了严重损失。为减轻村镇住宅地震灾害，减少地震造成的人员伤亡和经济损失，国家"十一五"科技支撑计划设立了"农村住宅规划设计与建设标准研究"项目，本课题为该项目中的一个子课题。

1. 主要研究内容

（1）地震灾区村镇住宅的结构特点和震害特征调查分析

针对不同村镇建筑的结构类型和特点，对我国村镇房屋现状和地震后发生的震害进行调研，分析村镇民房的震害原因，总结我国村镇房屋的建筑材料、结构型式、建造方式及其震害特点和存在的主要问题。

（2）村镇住宅经济实用的抗震技术措施

针对村镇住宅结构整体性差、墙体砂浆强度低、纵横墙连接弱、屋盖各构件之间无拉结措施等在抗震方面存在的不足，提出村镇住宅抗震措施。

2. 主要研究成果

（1）通过村镇住宅地震破坏现场调查研究，找出了村镇住宅抗震存在的主要问题，总结了村镇住宅的震害特点与震害原因。

（2）对空斗墙房屋模型采取适当的抗震措施，进行振动台试验研究，试验结果表明，所采取的抗震措施对提高空斗墙房屋的抗震能力非常有效，验证了空斗墙房屋在 8 度及以下烈度地区的适用性。

（3）本着"因地制宜、就地取材、简易有效、经济合理"的原则，提出了村镇房屋在加强结构整体性、加强墙体与木构架拉结措施、加强节点拉结措施、加强易倒塌部位拉结措施等方面的抗震措施。

（4）编制了《村镇住宅抗震措施技术手册》，在农民能接受的造价范围内可较大程度地提高农村房屋的抗震能力。

3. 研究成果应用

本课题研究成果主要应用如下：

（1）行业标准《镇（乡）村建筑抗震技术规程》JGJ 161 和国家标准《建筑抗震设计规范》GB 50011—2010 第 11 章"土、木、石结构房屋"在提高结构整体性、加强节点连接强度等方面吸纳了本课题的相关研究成果。

（2）课题研究成果可用于其他农村建筑相关技术规程的编制或修订。

村镇建筑抗震试验研究

完成单位：
中国建筑科学研究院有限公司
主要完成人：
葛学礼、黄世敏、朱立新、于文、毋剑平、申世元、周一航
成果简介：
我国村镇房屋在施工材料、结构型式、传统建造习惯等方面存在问题，房屋的抗震能

力差，在历次破坏性地震中，造成了严重的人员伤亡和经济损失。通过村镇建筑抗震试验研究，掌握其抗震性能，采取合理有效的抗震措施，对提高其抗震能力，逐步解决村镇房屋地震安全问题具有重要意义。

1. 课题研究内容

选取有代表性的村镇房屋作为研究原型，对抗震设防与未设防的村镇木构架土坯围护墙房屋、抗震加固与未加固的村镇单层实心砖墙房屋、抗震设防与未设防的村镇两层空斗砖墙房屋等6个房屋模型进行了振动台试验，研究房屋的抗震性能，提出提高村镇房屋抗震能力的抗震措施，并验证其有效性。

2. 关键技术与研究成果

（1）根据相似关系设计模型参数、制定试验方案，使振动台试验较好地模拟原型结构可能发生的震害。

（2）通过振动台对试验模型分级施加不同加速度值的地震波（分别与不同地震烈度对应），得到其在不同地震烈度下的破坏现象，推得原型房屋的破坏程度与地震烈度的对应关系。

（3）通过研究村镇房屋在地震作用下的破坏机理和震害特征，提出合理有效的抗震加固、改造技术措施。

课题研究本着因地制宜、简单有效、经济合理的原则，提出了以下适合我国村镇房屋抗御地震的技术措施：

加强房屋整体性措施，包括设置圈梁、设置纵横墙拉结等适用于新建房屋的设防措施和外加配筋砂浆带圈梁、外加角钢带圈梁、钢丝网水泥砂浆面层等适用于既有房屋的加固措施。加强墙体抗倒塌措施，包括设置墙揽、外加配筋砂浆带、外加角钢带等防止围护墙和山墙倒塌的措施。加强木屋架整体性措施，包括设置斜撑、竖向剪刀撑，加设纵向水平系杆等提高木屋架节点连接强度和纵向刚度的措施。防止屋盖构件塌落措施，包括屋架（木梁）与檩条之间、檩条与檩条之间、檩条与椽条之间，采用木夹板、铁件、扒钉、8号铁丝等拉结措施。

振动台试验验证表明：村镇层房屋采取抗震设防措施或抗震加固措施后，其抗震能力可有较大幅度的提高，大体可提高1~1.5度。说明这些抗震技术措施效果良好，可用于村镇新建房屋的抗震设防和现有房屋的加固改造。

3. 成果达到的技术水平

2012年5月8日，受住房和城乡建设部建筑节能与科技司的委托，中国建筑科学研究院在北京组织召开了"村镇建筑抗震试验研究"项目的验收会，主要验收意见如下：

对村镇6个房屋模型进行了振动台试验，研究了上述类型房屋的抗震性能，得到了不同地震烈度下房屋的破坏程度和破坏形态，提出了提高村镇房屋抗震能力的抗震措施。编写出版了《村镇建筑抗震、抗风评价方法》《村镇住宅灾后修复与加固技术手册》等，对村镇房屋的抗震设计与加固、改造具有指导意义。研究成果已纳入《镇（乡）村建筑抗震技术规程》JGJ 161、《建筑抗震设计规范》GB 50011以及《既有村镇住宅抗震鉴定和加固技术规程》。首次对村镇房屋进行了系统的振动台试验，总体达到国际先进水平，部分达到国际领先水平，具有广泛的推广应用价值。

4. 成果应用范围

本课题属于公共安全的公益项目，研究成果应用如下：

（1）《镇（乡）村建筑抗震技术规程》JGJ 161 的编制及其以后的修订。

（2）《建筑抗震设计规范》GB 50011—2010 第 11 章土、木、石结构房屋。

（3）《既有村镇住宅抗震鉴定与加固技术规程》的编制。

课题研究为后续村镇建筑的抗震研究积累了经验，研究成果的应用将提高我国村镇房屋的抗震能力，在未来地震中可以有效减少人员伤亡和经济损失，具有重要的社会和经济效益。

2.3　建筑防火

奥运场馆防火性能设计工程应用的研究

完成单位：

中国建筑科学研究院建筑防火研究所，北京市消防局

主要完成人：

李引擎、张向阳、史毅、李磊、唐海、赵克伟

成果简介：

本课题为国家奥运科技专项"奥运体育场馆防火系统设计技术研究"的子课题。

体育场馆是一种特殊的具有高大内敞空间的公共建筑。这类建筑要在特定的时间段内聚集数万以上的公众，一旦发生火灾且处置不当，就会出现人员恐慌并导致群死群伤。因此其消防安全性是建筑设计关注的最重要的问题之一。

2008 年北京奥运场馆建设，将是中国建设史上一次前所未有的技术革命。为此，我们也将面临许多新的困难和问题，其中防火设计是研究的重点。

本课题采用性能化的设计方法，通过火灾模化技术对奥运场馆进行了防火设计的应用研究。

所谓计算机火灾模化就是以数学分析和数理统计方法构成一系列描述火灾过程的数学模型，并利用计算机求解火灾全过程的各种物理参数，如热流、温度、烟的浓度、火灾蔓延情况以及疏散的可能性，甚至建筑结构的承载能力等，从而预言火灾所产生的各种环境条件。

奥运场馆体型大、容纳人数多，安全疏散设计是个很关键的问题，因此本课题采用计算机模拟进行安全疏散设计。

本课题首次提出了 8min 疏散原则，并在实际工程中应用。

安全疏散设计的最终要求为验证实际所需的避难时间应低于避难容许时间，所以避难安全设计时，需先分析建筑物特性（楼板面积、走道、步行距离、出口宽度、楼梯宽度、数量及分布、建筑物高度、排烟设备等）及人员特性（人数、步行速度、反应能力、分布情形、环境熟悉度等）等资料后，去设计火源及火灾场景，推算避难所需时间和避难容许时间等。

对烟气蔓延过程进行评估时，常常综合考虑烟气固有的浮力特性、体积变化、夹带作用及顶棚喷流等效应。对烟气蔓延规律模拟的目的在于从设计上提高烟层的流动高度，稀

释烟团的浓度，降低烟流的温度和阻止烟气进入特定的区域空间。烟气模拟首先要确定火源模式，同时需要估算烟流量值、温度值、烟层沉降速度等。本课题还具体研究了排烟系统的工作时机（同时考虑风机、通风口、阀门等），以及综合考虑自动灭火系统开始工作后对烟气层的影响等。

本课题通过系统研究，将性能化设计的理念成功地运用到奥运场馆的性能防火设计中。目前，本课题已完成若干个场馆的性能防火设计，为2008年奥运建设做出了应有的贡献。

城镇灾害防御与应急处置协同工作平台

主要完成单位：
应急管理部通信信息中心、中国建筑科学研究院有限公司、南京安元科技有限公司
主要完成人：
李爱平、房玉东、王三明、王大鹏、李振平
成果简介：
城镇灾害防御与应急处置协同工作平台（以下简称协同工作平台）致力于提高城镇建筑与脆弱群体抵御灾害的能力，通过城镇重大自然灾害条件下的要害系统灾害防御关键技术研究，构建应急处置协同工作平台，主要成果如下：

1. 在面向地震、火灾、风灾等多灾害的城镇要害系统评估、设计、管理等一系列关键技术研究的基础上建设了城镇灾害风险评估系统，为城镇要害系统多灾害防御提供有力的技术支持。主要包括：城市地下空间基础选型安全性评价及防倒塌设计技术、重要建筑工程抗震鉴定及加固技术、高层建筑密集区域震害综合损失快速评估技术、城镇重要功能节点防火性能设计与处置技术、老旧建筑密集区域的火灾蔓延模拟技术及基于智能终端的火灾应急响应技术、城镇重要功能节点的抗风性能分析与处置技术、城镇区域地质灾害防治与土地工程利用控制技术、城镇区域应急避难场所配置效能评估及优化技术等。

2. 建立了"灾前、灾中、灾后"全过程一体化的多灾种、多尺度城镇灾害应急处置数字化平台。采用云计算、网络、通信、多媒体等多项现代技术，搭建高出灾害评估、灾害监测分析、应急救援于一体的城镇灾害防御与应急处置信息化平台，覆盖平时监测管理和灾时救援处置的全过程，形成纵向到底、横向到边，上下贯通、左右衔接的数字化集成平台，为相关部门开展城镇多灾害预防和处置工作提供了有效手段，实现了多种应急救援力量的资源共享，提高了城镇综合风险防控水平。

协同工作平台一方面可以在灾害发生前为防灾规划、应急预案制定等提供决策支持，有效提高城镇的防灾能力，将可能的灾害损失降到最低；另一方面，也可以为灾害发生后的应急管理提供关键数据支持和具体防灾应急措施，使得城镇应急管理满足准确、快速、高效的要求，是城镇安全的重要技术保障。协同工作平台为我国城镇综合防灾减灾工作从理论到实践、从点到面的推广提供了体系性、完整性的技术支撑，对我国特大城镇的可持续发展以及城镇化进程中的中小城镇的健康发展都具有重要意义。

图 1　城镇灾害防御与应急处置协同工作平台界面

图 2　关键节点火灾评估

图 3　脆弱区火灾评估

图 4　应急决策信息支持

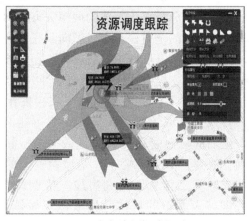

图 5　应急资源调度跟踪

多层地下综合交通枢纽安全设计技术

完成单位：

中国建筑科学研究院建筑防火研究所、北京建筑工程学院、重庆大学、北京市市政工程设计研究总院

主要完成人：

李引擎、刘栋栋、李英民、李磊、周江天、王佳、张蕊、彭华、刘立平、刘勇、李雁、赵东拂、刘松涛、孙旋、庄鹏、唐海华、高英、张雷、张向阳、王婉娣、刘文利、张亮亮、靳晓光、姬淑艳、蒋方、郭伟、曾杰、李名淦、于秋燕、杜博、王大鹏、高旭

成果简介：

多层地下综合交通枢纽安全设计技术课题于 2010 年 4 月 22 日通过了科技部组织的 2010 年国家 "863" 计划课题验收，2011 年 1 月 27 日，通过了北京市交通委员会组织的课题研究成果鉴定会。本课题结合多层地下综合交通枢纽的功能和结构特点，针对主要致灾因素，从致灾机理、防灾、抗灾和救灾等方面开展系统研究。建立了多层地下综合交通枢纽安全综合评价方法；防火、防水、抗震及抗爆的设计理论和方法；研制了疏散设计理论方法和疏散仿真系统及多功能环境监测系统。总结课题研究成果，撰写出版了《多层综合交通枢纽防灾设计》。其成果简介如下：

1. 多层地下综合交通枢纽行人特征参数调查与分析

课题组完成了北京地铁复兴门、西直门、雍和宫换乘站、国铁北京站、北京西站和北京南站的行人特征参数调查，获得视频摄像 511h，获得行人特征信息数据 12.6732 万条，是目前针对交通枢纽的数据量最大、信息最丰富的行人特征数据。经交通部科技信息研究所科研成果查新，国内外均未有样本量超过本课题的公开文献报道。为我国交通枢纽的安全疏散设计、人员安全疏散软件的研发和应用、相应设计规范的修订提供了可靠的基础数据。

2. 具有自主知识产权人员安全疏散软件的研制

研制了具有自主知识产权的人员安全疏散数值仿真计算软件 Evacuator V 1.0，采用人员疏散模拟的社会力模型，并将社会力模型的原理和提高计算效率的技巧编制成模块，已经实现了预定的功能。针对 UC-WIN/ROAD 软件开发了插件，实现了三维展示功能。软件针对地铁交通枢纽进行了仿真计算，并与其他国外同类软件进行了对比，计算分析效果良好。取得了软件版权 2 项，并申请专利 1 项。

3. 多层地下综合交通枢纽安全警示体系结构提出了基于区域安全监控中心的安全监控系统架构方法，属国内首创。实现了环境与设备监控系统(BAS)和火灾自动报警系统(FAS)的联动控制。使用城市轨道交通专用的高性能计算机网络平台，建立了与现有城市轨道交通综合监控系统具有相同性能指标的仿真实验室，开发了城市轨道交通综合监控系统可视化仿真软件，实现了多种研究成果的实验验证。

4. 提出了衬砌整体式和衬砌分离式地下结构抗震设计方法

课题组在地下结构抗震分析方法对比已有研究的基础上，采用有限元动力时程分析法，对结构—衬砌整体式和结构—衬砌分离式两类地下建筑结构的抗震性能进行了分析，提出

了衬砌整体式和衬砌分离式地下结构抗震设计方法。

5. 提出了地下结构抗内部爆炸设计方法

研究了地下结构爆炸冲击波超压峰值与自由空间爆炸冲击波超压峰值的关系，提出了地下结构内部爆炸荷载冲击波超压峰值取值方法，给出了地下结构内部爆炸荷载相关参数取值建议，初步提出了地下结构抗内部爆炸设计方法。

6. 提出了多层地下综合交通枢纽多灾种风险评价体系

建立了地下综合交通枢纽面对火灾、水灾、炸弹和生化恐怖袭击、地震灾害的风险评价指标体系。评价指标包含危险源、建筑防护特性、安全管理和抢救救援的评价单元及其影响因素，能够全面地评估地下多层综合交通枢纽的防灾救灾能力。

多层地下综合交通枢纽安全设计技术的研究是跨学科的综合性研究，涉及防灾减灾工程及在防护工程、交通工程、信息工程、燃气工程和管理工程。本课题的研究能够促进以上各学科的相互渗透与贯通，促进理论研究与工程实践的结合，促进科研团队的全面建设，发展和完善我国多层地下综合交通枢纽防灾减灾理论，提高综合防灾减灾能力。此外，随着我国城市化进程的发展，截至2009年，我国二三线城市大规模建设地铁的浪潮已经到来，全国有将近50个城市都有了地铁建设的需求和条件，22个城市已经开展了地铁和轻轨的建设。为满足城市交通的组织和运营需要，多层地下综合交通枢纽的建设方兴未艾，工程应用将越来越广泛。本课题的研究对促进我国城市安全保障技术发展等方面具有重要的理论意义和应用价值。

农村建筑防火与抗火技术研究与示范

完成单位：

中国建筑科学研究院、清华大学、北京工业大学、山西省公安消防总队、北新房屋有限公司

主要完成人：

李引擎、张靖岩、韩林海、苏经宇、刘文利、肖泽南、唐海、张新立、任爱珠、李炎锋、李彦军、杨亚君、王广勇

成果简介：

本课题以发展村镇防火与抗火技术为总体目标，联合科研院所、大专院校、消防管理部门和有实力的企业进行科技攻关，突破村镇防火若干共性关键技术，开发适用于村镇建筑的耐火材料和构件、简易灭火技术和设施，对各专题已经取得的重大科技成果进行优化集成并应用于示范工程，以促进村镇现有防火安全水平、村镇消防基础设施和火灾扑救力量的改变。

本课题针对我国村镇现有消防基础设施和传统消防管理机制薄弱的特点，重点研究开发村镇建筑建造用低成本实用型耐火材料和构件、简易灭火技术和设施；研究村镇建筑结构耐火度确定方法、防止火势蔓延的建筑分隔技术和既有村镇建筑抗火改造技术；研究建立生产、生活和消防灭火共用的供水管网系统，研究典型区域消防灭火用水量的确定方法，研究制定村镇街区与郊区的消防道路设计准则与维护方案；针对不同地区特点，建立村镇抗火性能评价体系；研究建立既有村镇防火改造总体设计原则和具体实施细则；建立村镇

防火示范工程。

通过大量实地调研得知，目前我国农村建筑防火主要是在规划、结构、基础设施三个方面缺乏，同时缺乏规范或者指南的指引，因此，本课题围绕农村建筑抗火技术与设施的研制，村镇消防布局的优化技术，村镇建筑耐火、抗火关键技术，制定既有村镇防火改造总体策略等方面进行系统研究，不仅解决了我国农村消防的实际问题，而且课题获得的多项具有自主知识产权的创新成果，填补了领域内多项研究和技术空白，对于提升我国消防产品设备的科技含量，增强国际消防产品设备的市场竞争力，都具有直接的推动作用。

课题立项以来，课题组共发表论文35篇，出版专著1部（35万字）；开发出新技术和产品8项；取得专利6项（其中发明专利2项、实用新型专利4项），编制软件3套，完成国家标准1项；培养博士后4名，研究生19名，本科生30名。目前，课题取得的部分成果已经在北京市平谷区、山东朱家峪地区、河南省遂平县以及山西省晋城市得到了成功应用，效果良好。

2010年12月，本课题通过了由教育部组织的专家委员会审查。审查会议的结论为：在对我国农村地区的消防基础设施现状充分调研的基础上，有针对性地开展了农村消防专项规划、结构抗火关键技术以及经济实用的消防基础设施研制等研究，编制了国家标准《农村防火规范》以及既有村镇防火改造总体策略。研究成果针对性强，适用性好，宣传到位。研究成果不仅解决了我国农村消防面临的实际问题，而且获得了多项具有自主知识产权的创新成果，促进了我国村镇现有防火安全水平的提升。课题成果在北京平谷新农村建设和山东朱家裕等地区得到应用，取得了良好的示范效果，具有良好的推广应用前景。

人员密集大空间公共建筑性能化防火设计应用研究

完成单位：
中国建筑科学研究院建筑防火研究所、北京市消防局
主要完成人：
李引擎、张向阳、肖泽南、刘文利、唐海、李磊、仝玉、孙旋、赵克伟
成果简介：
本课题为国家"十五"攻关课题。

近二十年来，一些国家进行了火灾物理、火灾结构、火灾化学、人和火灾的相互影响、火灾探测、火灾统计和火险分析系统以及烟的毒性、扑灭技术与消防救援方面的研究，显著推动了火灾防护和防火灭火技术工程方面的进步，并由此产生了性能化的防火设计理念和方法。

性能化设计方法是当前建筑防火领域最先进的技术，是人们关注的最前沿、最活跃的研究领域。它不是根据确定的、一成不变的模式进行设计，而是运用消防安全工程学的原理和方法首先制定整个防火系统应该达到的性能目标，并针对各类建筑物的实际状态，应用所有可能的方法去对建筑的火灾危险和将导致的后果进行定性、定量的预测与评估，以期得到最佳的防火设计方案和最好的防火保护。

根据国际发展的基本趋势和中国的实际，此次国家攻关项目的主要内容是：

（1）分析人员密集大空间公共建筑人员疏散的特点，在总结国内外有关研究成果的基础上，研究分析该类建筑人员疏散的数学模型，并编制计算机分析软件。

（2）开展人员密集大空间建筑的性能化防火设计研究，在总结国内外相关技术和方法的基础上，研究适合我国国情的人员密集大空间建筑的防火设计性能化评估技术。

（3）在人员密集大空间建筑的性能化防火设计研究的基础上，开展应用研究。

课题根据确定的疏散分析软件功能目标，深入地研究了人员密集场所人员疏散的行为模型，在此基础上建立了以精细网格和等距图为基础的人员疏散动态模拟算法，自主开发了人员疏散的动态模拟与分析软件 Evacuator。

该软件具有如下基本功能：

（1）支持四种人员集合模型：男性、女性、儿童、老者。

（2）支持八种人群类型：职员、通勤者、购物者、学生、中老年人、男性成年、女性成年以及儿童。

（3）可以进行不同疏散路径方案指定（疏散路径选择按最近化原则进行）。

（4）可以对人员类型、分布情况及疏散方向进行配置。

（5）可以单个或者成组加入人员。

（6）支持人与人、人与建筑物之间相互作用，如变速运动、避让、超越、拥挤排队等细节处理算法。

（7）可以实现疏散动态模拟计算。

（8）支持缩放功能、支持回放演示功能。

本成果提供了一种新型的防火系统设计思路，是建立在诸多理性条件上的一种新的设计方法，该方法：完整地叙述了性能化设计的理论和技术评估过程；详细地描述了火灾荷载与燃烧过程；解析了火灾中烟气的蔓延与控制机理；综合探讨了火灾中人员安全疏散的模型和计算方法；构筑了建筑结构的耐火计算体系。从而得出适合具体建筑物优化的防火设计方案，为建筑物提供足够的安全保障工程方法，总体实现建筑安全、适用和经济的有机统一。

该成果可用于解决以下方面的防火设计问题：

（1）防火规范和标准没有涵盖、按现行规范和标准实施确有困难或影响建筑物使用功能的建筑工程。

（2）由于采用新技术、新材料、新的建筑形式和新的施工方法，在实际应用中有可能产生防火安全问题的建筑工程。

（3）安全目标超出一般要求，一旦发生火灾危害严重、影响大的工程。

专家评议结论为：

该专题在人员密集大空间公共建筑性能化防火设计体系，包括设计程序、设计方法、设计工具等关键技术上有较大突破。其研究成果不仅可应用于人员密集大空间公共建筑的性能化防火设计与评估，也可应用于其他类型建筑的防火设计。该专题的研究成果具有很好的应用前景，目前已应用于十多项国家重点工程项目，为这些工程项目的防火设计提供了有力的技术支持。专题达到了任务书的各项指标，社会效益和经济效益显著。该专题出色完成攻关任务，取得了较高水平的成果，使我国在该研究领域进入世界先进行列。

《建筑内部装修防火施工及验收规范》GB 50354—2005

完成单位：

中国建筑科学研究院、公安部四川消防科研所、北京市建筑设计研究院、四川省公安消防总队、北京市公安消防总队、河南省公安消防总队、广东省公安消防总队、上海市公安消防总队、北京市华远房地产股份有限公司

主要完成人：

陈景辉、季广其、朱春玲、沈纹、刘激扬、卢国建、邵伟平、宋晓勇、王春华、邓建华、沈奕辉、周敏莉、刘康

成果简介：

随着我国经济的迅速发展和人民生活水平的提高，人们对建筑内部空间环境的装饰性要求越来越高，这就使得大量可燃易燃的装修材料充斥建筑内部。近年来因装修材料使用不当引发的火灾越来越多，因此加强对建筑内部装修防火工程施工的技术监督，规范建筑内部装修施工过程和装修材料的使用，制订建筑内部装修防火工程施工的质量要求与验收评定标准，对于保证建筑内部装修材料的防火性能是十分必要的。

为此，建设部于1999年下达了《建筑内部装修防火施工及验收规范》编制计划，由公安部消防局组织中国建筑科学研究院等单位共同编制本规范。

在规范编制过程中，编制组总结了我国建筑内部装修工程防火施工及验收的实践经验，广泛开展了调研和试验验证工作，吸取了先进的科研成果，参考了国内外有关标准规范，召开了多次学术研讨会，广泛征求了全国有关单位和专家的意见，为规范的编制奠定了良好的基础。2003年10月公安部消防局组织召开了规范审查会，与会专家一致认为本规范总结了近年来建筑内部装修工程防火施工及验收的实践经验，充分考虑了国内工程建设的现状、经济发展及管理水平，提出了建筑内部装修防火施工及验收中亟待解决问题的措施。规范章节编排基本合理，符合国家有关工程建设政策要求，与现行国家相关标准协调一致，填补了国内规范空白，达到了国际同类标准的先进水平。

本规范所制订的建筑内部装修工程或装修改造工程的防火验收标准与评定方法，以《建筑内部装修设计防火规范》《建筑设计防火规范》及《高层建筑设计防火规范》等相关建筑防火规范为基础。因此，在条文内容上，与上述规范是协调一致的。此外，根据建设部和公安部的要求，为了与《建筑工程施工质量验收统一标准》协调一致，便于今后防火验收工作的统一，采用了《建筑工程施工质量验收统一标准》的编写格式。

根据建筑内部装修防火施工与验收的特点，遵循《建筑工程施工质量验收统一标准》GB 50300的分类原则，本规范将建筑内部装修防火施工工程按装修材料种类划分为纺织织物子分部装修工程、木质材料子分部装修工程、高分子合成材料子分部装修工程、复合材料子分部装修工程及其他材料子分部装修工程，非常便于设计、施工、监理、防火监督等部门在实际工程中的操作。

同时，规范将建筑内部装修防火施工质量控制与验收的主题贯穿于施工的整个过程中，

具体体现在以下几个方面：

（1）施工开始前，首先要确认建筑内部装修的防火设计，强调建筑内部装修施工必须以防火设计文件为技术依据。在防火设计中，必须标明所有部位装修材料的燃烧性能等级；当所采用的装修材料可能影响被装修部位或建筑构件的耐火极限时，还应标明被装修部位或建筑构件的耐火极限要求。

（2）材料或产品进入施工现场后，应核查其燃烧性能或耐火极限是否符合防火设计要求，并查验防火安全性能型式检验报告、产品的合格证及说明书等技术文件，并在监理单位或建设单位监督下，由施工单位有关人员现场取样，进行见证取样检验。

（3）施工开始后，为保证施工质量符合设计要求，减少因存在不合格项返工而造成的经济损失，保证施工进度，应对各装修部位的施工过程作详细记录，并分阶段对所选用的防火装修材料进行抽样检验。对隐蔽部位的施工，应在施工过程中及完工后进行抽样检验。现场进行阻燃处理、喷涂、安装作业的施工，应在相应的施工作业完成后进行抽样检验。

（4）施工过程中，对各子分部装修工程的施工提出了详细的要求，包括施工步骤、要求、控制指标以及检验方法。其目的是保证施工的每个工序都能满足设计要求，即使出现问题，也能及时补救。

（5）施工完成后，对整个施工过程的技术资料进行审核，并实施项目抽验，形成完整的质量保障体系。竣工验收更加便于防火监督部门的操作。

本规范的颁布实施对规范和指导建筑内部装修的防火施工、确保施工质量、保证建筑内部装修工程符合防火设计规范的要求具有十分重要的意义。它在提高我国建筑消防安全水平，减少火灾隐患，保障生命和财产安全等方面都将发挥重大的作用。

《建筑内部装修设计防火规范》GB 50222—2017

完成单位：
中国建筑科学研究院

参编单位：
公安部四川消防研究所、中国建筑装饰协会、北京市公安消防总队、上海市公安消防总队、中国建筑设计研究院、苏州金螳螂建筑装饰股份有限公司、上海阿姆斯壮建筑制品有限公司

主要完成人：
李引擎、王金平、刘激扬、沈纹、张磊、马道贞、张新立、卢国建、王本明、周敏莉、李凤、谈星火、王卫东、杨安明、张健

成果简介：
由中国建筑科学研究院会同有关单位修订的国家标准《建筑内部装修设计防火规范》GB 50222—2017经住房和城乡建设部批准发布，自2018年4月1日起实施。原国家标准《建筑内部装修设计防火规范》GB 50222—1995（2001版）同时废止。

1995年10月1日颁布实施的强制性国家标准《建筑内部装修设计防火规范》GB 50222—1995（以下简称《规范》），作为我国第一部统一的建筑内部装修设计防火技术法规，是建筑防火领域技术规范体系的重要组成部分，统一规范了建筑装修设计、施工、材料生产和

消防监督等各部门的技术行为。规范实施十几年，对提高全民防火意识，提高建筑防火安全度，降低火灾发生率，促进建筑防火材料的研发、生产和使用，减少建筑火灾危害发挥了重要作用。

但随着时代的发展，特殊功能及多功能的建筑物大量涌现，并伴随着大量新型建筑装修材料、新工艺的使用，为了及时涵盖并有效地解决一些实际工程问题，根据建设部《关于印发"2007年工程建设标准规范制订、修订计划（第一批）"的通知》（建标〔2007〕125号）的要求，遵照国家的有关政策和"以防为主、防消结合"的消防工作方针，《规范》编制组深入总结近年来建筑内部装修材料的科研成果和应用经验，认真查阅发达国家相关标准与文献资料，在全国各地开展工程调研，对各类建筑装修材料进行全方面的耐火性能检测，充分考虑我国建筑内部装修设计、工程应用现状和消防工作实际需求，广泛征求国内有关科研、设计、施工、消防监督等方面的意见，修订《建筑内部装修设计防火规范》。

《规范》通过了由住建部标准定额司组织的专家委员会审查。审查会议的鉴定结论认为：该规范正确执行了"验评分离、强化验收、完善手段、过程控制"的指导方针；修订条文技术指标科学合理，创新性、可操作性和适用性强。

《建筑内部装修设计防火规范》GB 50222—2017批准实施以来，在建筑、消防领域得到普遍的关注，目前正广泛应用于工程实践当中，并经国家科学技术奖励办公室批准，荣获了"2019年度华夏建设科学技术奖"二等奖。规范不仅能指导内装修材料的使用，也将促进我国材料企业的技术改造，促进我国内装修防火行业发展，防止火灾的发生，保护人们的生命财产安全。

《自动喷水及水喷雾灭火设施安装》国标图集修编045206

完成单位：

中国建筑科学研究院建筑防火研究所

主要完成人：

王惟中、吕振纲、刘文利、冉鹏

成果简介：

国家建筑标准设计图集88SS175《室内自动喷水灭火设施安装》，由原机械电子工业部工程设计研究院主编，于1989年颁布。十几年来，自动喷水灭火系统在国内已广泛应用，该系统的产品开发、标准制定、各项应用技术均有了飞速发展，原图集已不适应国内现状。根据建设部文件《关于印发"二〇〇一年国家建筑标准设计编制计划和作废部分编制计划"的通知》（建设〔2001〕6号）的安排，受中国建筑标准设计研究院的委托，由中国建筑科学研究院建筑防火研究所担任主编单位对该图册进行修编。

修编图集对原国家建筑标准设计图集88SS175《室内自动喷水灭火设施安装》进行了较为全面的审核，在全面审核的基础上保留适用的部分，取消不适用的部分及不常用的部分。修编图集增加了国内目前急需的大空间建筑专用雨滞喷头、高架仓库ESFR喷头及安装要求，增加了水喷雾系统及典型工程实例，增加了喷淋系统主要部件安装样图。

该图集大量吸收了国内外新技术、新工艺、新产品，将国际名牌产品、国内主流产品编入图集，淘汰陈旧、落后的内容，扩展图集涵盖范围，使之更全面完整；推荐技术先进、经济合理的规范做法，将满足国内对该领域国标图集的要求，并将促进国内相关设计、安装及管理水平的提高。

2.4　建筑抗风雪

台风特性及村镇建筑抗风实验与数值模拟技术研究

完成单位：

中国建筑科学研究院有限公司

主要完成人：

陈凯、钱基宏、金新阳、唐意、李宏海、岳煜斐、严亚林、符龙彪、何连华、杨立国、武林、宋张凯

成果简介：

"台风特性及村镇建筑抗风实验与数值模拟技术研究"是"十二五"村镇建设领域国家科技支撑计划项目"村镇综合防灾减灾关键技术研究与示范"的研究子课题。该项目于2014年被批准立项，2017年结题。台风灾害是我国沿海村镇地区发生最为频繁、损失最为巨大的自然灾害，本子课题针对登陆台风的风场特性、村镇建筑的风压分布和数值模拟的非定常方法开展了研究工作，取得一系列创新成果，主要包括：

1. 系统分析了台风作用下村镇区域近地风场特性并建立了台风的随机风场模型。本项研究总结了近年来我国沿海登陆台风的主要特点和登陆路径，根据大量可靠台风观测数据，统计分析了台风特性的关键参数。基于台风路径模拟的 CE 模型方法，开发了适用于我国沿海村镇地貌的台风预测数理模型，并通过多组敏感性试验，分析了模型中各项参数对模拟风场的影响。结果表明，本项研究建立的工程台风风场模型能较好地反映台风风场的非对称结构特征，为分析我国沿海地区台风特性提供了重要的研究基础。

2. 系统研究了我国台风多发地区典型村镇建筑屋面的风荷载分布规律。按照封闭式房屋和开敞式房屋两大类型，考虑了平屋面、单坡屋面、双坡屋面和 V 字形屋面等四种屋面形式，设计了 8 种房屋类型、51 种工况的风洞模型试验，获得了详细的村镇典型房屋的平均风压和极值风压的分布规律。并根据试验获得的风荷载的分布特征，分析了风荷载对房屋结构的不同影响，给出了适于抗风的房屋类型，编制了村镇建筑的抗风设计指南，为指导村镇建筑的抗风设计提供了科学指导。

3. 开展了数值模拟村镇建筑抗风的非定常方法研究，建立了适合村镇建筑非定常风荷载计算的模型和方法。传统方法只能获取稳态村镇建筑绕流场的统计特征，不能完全反映村镇建筑风压脉动的强非高斯特性。本研究采用大涡模拟的数值方法，不仅可以准确地表征地表紊流与风压分布的瞬时特征，还获得了村镇建筑屋面分离流动的风压时程，分析了风压脉动的概率特性和极值特征。与雷诺平均方法获得的模拟结果以及风洞试验获得的试验结果进行对比表明，本研究采用的大涡模拟方法，不但平均风场与试验结果吻合良好，而且可以较好地反映屋面风压脉动特性，为快速获取村镇建筑的屋面设计风荷载取值提供了强有力的工具。

2.5 地质灾害

城市地下空间规划与地下结构设计关键技术研究

完成单位：

中国建筑科学研究院有限公司

主要完成人：

高文生、杨斌、宫剑飞等

成果简介：

在"十二五"国家科技支撑重点项目"城市地下空间开发应用技术集成与示范"的研发框架基础内，根据我国地下空间发展的现状和急需解决的问题，在"十一五"等相关研究成果的基础上，本研究成果通过工程调研、理论研究、试验测试及数值分析等手段，对城市地下空间规划、大跨无柱地铁车站的结构设计、一次扣拱暗挖逆作法地下结构设计、浅埋暗挖大直径管幕法地下结构建造技术及地下空间建造设计的地下水渗流控制等 5 项关键技术进行了深入研究，并通过实际工程对相关关键技术研究成果进行示范，促进了科技成果的转化和应用，为我国城市地下空间的开发应用提供了关键技术支撑。

本研究成果的主要研究成果包括：

1. 在城市地下空间规划方面，本研究建立了地下空间资源评估的框架体系，并分别建立各项内容的评价指标体系，落实各指标的关键因子或评价要素；建立了地下空间需求预测框架及指标体系，以适应地面城市规划开发要求为原则对地下开发规模进行综合测算；以城市地下空间的可持续发展为总目标，以资源子系统和功能子系统的可持续发展为分目标构建了城市地下空间规划指标体系；通过分析我国城市地下空间开发实践中存在的问题，提出完善规划体系、公共政策和创新运营模式等建议。

2. 以乌鲁木齐 1 号线南湖广场站为依托工程，利用内张拉预应力密排框架箱形新结构和一套可用于地下箱形结构的内张拉预应力技术，完成了大跨度无柱地铁车站结构选型设计研究，完成了预应力设计、施工成套技术研究，完成了地震反应分析及振动台模型试验研究，对于可能遭受的偶然作用进行防连续倒塌设计，并进行了耐久性设计研究。

3. 针对地下工程修建的特点和难点，在对传统暗挖法进行深入分析的基础上，研究并应用了"一次扣拱暗挖逆作法"新技术。采用理论分析、数值模拟、室内模型试验及现场测试等手段，探讨隧道开挖地层变形和结构力学转换机理，提出了一种新的隧道分离式开挖和桩柱式支护理论；首次对导洞内条形基础地基承载力进行了研究，并给出了导洞内条形基础承载能力设计的方法和关键指标；全面研究并应用了多种形式的暗挖隧道进洞技术，极大地提高施工工效、降低暗挖进洞难度和风险；结合示范工程应用，针对大型暗挖地下工程施工所面临的诸多关键技术问题，集成研发并实施了多项新技术，有效控制了地表沉降，提高了工效和作业的安全性。

4. 开展了浅埋暗挖大直径管幕法地下结构建造技术研究，解决了机场跑道不停航条件下超长管幕顶进、超浅埋大断面隧道施工沉降控制及地下洞室结构物沉降位移与收敛视频监测。

5. 总结了国内外地下水渗流控制技术中的经验和存在的问题，给出了解决地下空间开发的渗流场分析、地面沉降计算、渗透破坏控制等问题的方法，本研究成果可指导基坑止水帷幕、降水等地下水控制技术的合理应用，对防止基坑工程事故的发生具有重要意义。具体研究成果包括：提出一定条件下基坑地下水渗流控制的设计计算方法，根据土中渗流的初始水力机理，结合试验测得土中渗流的初始水力梯度，提出了一种基坑降水引起地面沉降的计算方法，研制了气囊式帷幕堵漏装置，开发了一种可以实现定向和定点注浆的新型真空注浆施工工艺。

本研究成果取得专利 17 项，软件著作权 2 项，新工艺 5 项，编制技术指南 1 部，示范工程 5 项。培养学术带头人 5 名，工程技术人员 30 名，培养研究生 3 名，发表论文 16 篇。

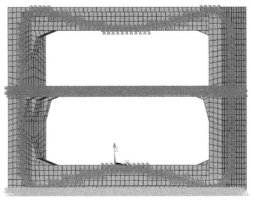

图 1　大跨无柱地铁车站模型试验和有限元计算

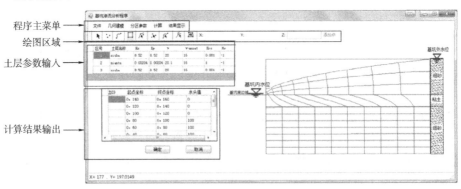

图 2　层状含水层渗流设计计算

城市地下空间建造技术研究

完成单位：

中国建筑科学研究院有限公司

主要完成人：

高文生、杨斌、宫剑飞等

成果简介：

城市地下空间开发建设符合我国《国家中长期科学和技术发展规划纲要》的战略要求，是纲要重点发展领域"城镇化与城市发展"中"城市功能提升与空间节约利用"优先主题的重要研究内容。为了合理有效地开发利用城市地下空间，急需先进的技术支撑体系，而地下空间建造技术是这一技术支撑体系中的重要方面和关键内容。

主要研究成果如下：

1. 提出城市地下空间建设对周边环境影响的预测与控制方法。

建立了一种与支护结构变形形态相关的预测基坑开挖影响区地面沉降的经验公式，与国内外现有地面沉降预测公式相比，地面沉降的预测更准确。提出了基坑开挖影响区建筑物地基不均匀变形自调节原理。采用自调节原理和方法能反映周边建筑物沉降与地面沉降的区别，并可有效控制周边建筑物的沉降。

2. 系统研究了建筑物下地铁车站穿越施工技术。

揭示了柱洞法、侧洞法、中洞法三种施工方法的施工力学响应机制，对比分析了三种工法对地面沉降、建筑物变形、围岩应力、建筑物附加应力的影响，提出了建筑物下地铁车站穿越施工的最优工法。

3. 形成系统的地下结构数字化监测技术。

提出了地下结构健康监测系统设计方法、地下结构健康监测数据采集与传输系统设计方法和数据分析与预警系统设计方法，形成了系统的传感器布设、数值采集及分析预警技术，并发了相应的结构监测及预警软件平台。

4. 提出复杂地下空间结构体系地基评价方法与设计施工技术。

提出了荷载及刚度差异较大的大跨度地下结构的变刚度设计、施工技术，提出了大跨度地下结构的环向预应力设计、施工技术，实现了无柱大空间地铁隧道的实施目标，部分成果已经列入《建筑桩基技术规范》JGJ 94、《高层建筑筏形与箱形基础技术规范》JGJ 6—2001 和《建筑地基基础设计规范》GB 50007。

5. 提出既有车站改扩建、地下室向下加层技术。

首次在运营地铁线路旁实践了既有地下室的托换和向下加层的施工，成功地避免了在繁华地区建设轨道交通换乘通道对地面交通和地下管线的影响。

6. 研发浅埋大断面异型管幕施工工法及设备。

创新性地提出了对周边环境影响小、适合道路交通的暗挖浅埋大断面异形管幕法隧道的设计与施工成套新技术。

7. 研发大深度智能化气压沉箱施工技术。

研发建立了整套具有自主知识产权的智能化气压沉箱技术体系，打破了国外在这一技术领域的垄断。

8. 开发新工艺2项。

开发了浅埋大断面异形管幕法与大深度地下工程智能化压气沉箱两项新的施工工艺。

研究成果经济效益和社会效益显著，有利于进一步提升城市地下空间建造中的勘察、监测、设计和施工技术，提高地下空间工程设计施工的安全性和合理性，节约地下空间建设投资和运营维护成本，节约能源和保护环境，促进城市地下空间的可持续发展。研究成果已应用于工程实践，如中华全国总工会中国职工对外交流中心工程和北京三里屯SOHO工程，采用本成果提出的荷载及刚度差异较大的大跨度地下结构的筏板变刚度设计、施工技术及整体连接施工技术，为投资方节约直接经济效益人民币2600余万元，节约工期达6个月；北京地铁亦庄线宋家庄站—肖村桥站明挖区间隧道工程采用本成果的环向预应力技术，实现了无柱大跨度（15m净跨）地铁隧道的实施目标，解决了地铁地下结构长期因为没有张拉条件而无法采用预应力技术的难题；上海徐家汇枢纽站9号线车站改建工程采用本成果提出的既有车站改扩建与地下结构向下加层技术；上海地铁七号线耀华路压气沉箱风井工程采用了我国自主研发的压气沉箱无人化遥控施工系统。

经行业内知名专家组成的专家组鉴定，该研究成果为我国城市地下空间的建设与发展提供了有力的技术支撑，具有较大的推广应用价值，社会、经济和环境效益大，可以用于指导工程设计、施工。

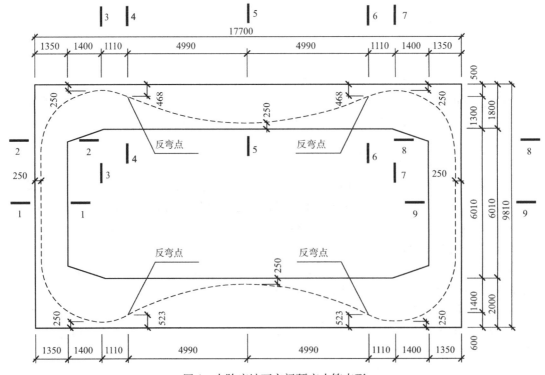

图1　大跨度地下空间预应力筋束形

图 2 大跨度地下空间预应力施工现场

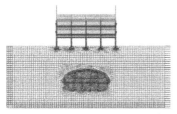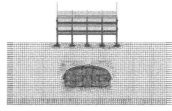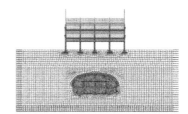

柱洞法 侧洞法 中洞法

图 3 大跨度地下隧道计算模型

大底盘高层建筑基础设计施工技术及灾害防治

完成单位:

中国建筑科学研究院有限公司

主要完成人:

黄熙龄、滕延京、王曙光等

成果简介:

大底盘多塔楼高层建筑、地下商场、地下车库建筑以及大跨空间、多层地下结构的出现,在目前住宅小区建设以及大型公建项目中都占有非常重要的地位,其面积可达总竣工建筑面积的10%。这些新型建筑形式的出现,给地基基础设计与施工带来诸多问题:

(1) 不同上部结构体型的地基反力分布及变形特征;

(2) 主裙楼一体结构的荷载传递及其变形特征;

(3) 高层建筑与地下结构的连接及其灾害防治;

(4) 大底盘高层建筑变形控制及其施工技术;

(5) "施工后浇带"设置技术及可取消的条件;

(6) 已建小区修建地下车库的可行性及其施工技术。

2002 年,中国建筑科学研究院在前期工作的基础上,根据当前大底盘高层建筑基础设计施工技术及灾害防治存在的急需研究的问题申请了科技部科研院所技术开发研究经费,重点从大底盘高层建筑荷载传递、地基反力、变形特征、变形控制及其施工措施以及

"施工后浇带"设置技术及可取消的条件等方面的关键技术进行了系统研究。

本课题研究通过理论分析、模型试验、工程实践、计算分析，对大底盘高层建筑设计施工关键技术进行了较为系统的研究，得到了具有工程实际意义的成果如下：

1. 大底盘高层建筑由于外挑裙楼和地下结构的存在，使高层建筑地基基础变形由刚性、半刚性向柔性转化，基础挠曲度增加，设计时应加以控制。

2. 大底盘高层建筑地基变形仍呈"盆形"，沿裙楼连续扩散、减小；高层建筑基底反力向裙楼扩散，中部反力与单体高层建筑反力一致。

3. 大底盘高层建筑结构和基础刚度可使上部结构荷载扩散到高层以外的裙楼地基，影响范围可达3跨，主楼外1跨的地基反力明显增大，接近主楼基底平均压力。

4. 采用规范地基变形计算方法，按上部结构—基础—地基共同作用分析，地基变形与试验、工程实测结果规律一致，基础挠曲度控制在0.5‰，可满足地下结构正常使用。

5. 采用"施工后浇带"技术控制基础差异沉降时，"后浇带"封闭前的沉降分析可按规范方法，裙房沉降分析时应考虑主楼荷载的影响。"后浇带"封闭后应按共同作用分析。"后浇带"连接时间应按连接后基础挠曲度控制。

6. 调整基础刚度、地下结构顶板刚度可有效减小大底盘结构基础的挠曲度，必要时也可采用地基处理，桩基础，增大地基刚度，减小基础差异变形。

7. 在已建小区修建地下车库、地下商场时，应根据拟建地下建筑物与原建筑物的位置、基底标高、土质和地下水情况进行综合分析，对已建建筑物地基承载力、稳定性和施工引起的变形进行复核。

本课题对大底盘高层建筑设计施工关键技术进行了深入研究，得到了具有工程实际意义的成果，在三十余项工程实践中应用，实测结果与研究的成果相符合，解决了工程设计施工的关键问题，应用前景广阔。课题成果作为规范编制的依据，可产生良好的社会和经济效益。

2006年12月23日，中国建筑科学研究院受建设部科技司委托主持召开了"大底盘高层建筑基础设计施工技术及灾害防治"课题验收会。与会专家听取了课题组的汇报，审查了课题组提供的验收材料，经过认真讨论，与会专家一致认为：课题成果可大大提高我国地下空间开发利用的建筑设计、施工技术水平，减少裂缝灾害发生，降低地下结构维护费用，经济效益、环境效益和社会效益很大。课题成果达到了国际先进水平。课题经费使用合理，组织管理规范。

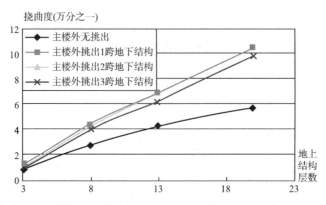

图1　大底盘高层建筑与单体高层建筑的整体挠曲（框架结构，2层地下结构）

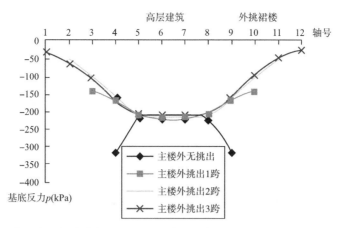

图 2 大底盘高层建筑与单体高层建筑的地基反力（内筒外框结构 20 层，2 层地下结构）

2.6 防洪减灾

《洪泛区和蓄滞洪区建筑工程技术标准》GB/T 50181—2018

完成单位：
中国建筑科学研究院有限公司
主要完成人：
于文、葛学礼、宋波、朱立新、李娜、肖诗云、韩冰、申世元、尹小波、杨威、冷涛
成果简介：
《洪泛区和蓄滞洪区建筑工程技术标准》GB/T 50181—2018（以下简称本标准）在原《蓄滞洪区建筑工程技术规范》GB 50181—93（以下简称 93《规范》）的基础上增加部分内容后修订而成。原 93《规范》适用范围仅限于蓄滞洪区，对同样易受洪水灾害的洪泛区未有涉及，本次修订增加了洪泛区房屋抗水流荷载的设计计算等内容，同时加强了抗洪构造措施要求，适用范围有所扩大，故进行了标准更名，经住建部和水利部协商，将 93《规范》名称改为《洪泛区和蓄滞洪区建筑工程技术标准》。

本次修订密切结合我国洪泛区和蓄滞洪区经济发展状况和建筑的地域特点，与我国村镇经济近年来的发展水平相适应，与时俱进，提出"因地制宜、技术合理、适用经济"的修订编制原则，在对 93《规范》进行扩展的同时，充分考虑基层设计单位和村镇建筑工匠等使用对象的技术水平，在修订工作中力求简洁、明确、适用，保持良好的可操作性和实用性，以便更好地推广和应用。

本标准的主要技术内容包括：1 总则，2 术语和符号，3 建筑工程规划，4 建筑抗洪设计基本规定，5 地基基础，6 砖、石砌体房屋，7 钢筋混凝土房屋，8 单层空旷房屋，9 附录 A 至附录 J。

本标准修订的主要内容包括：(1) 修改了适用范围；(2) 增加了洪泛区房屋抗水流荷载的设计计算与施工；(3) 增加了石砌体承重房屋在墙体厚度、抗洪柱和圈梁设置、抗洪构造措施等规定与要求；(4) 增加了洪泛区在村镇段河流上游村口处设置导流墙以及导流墙结构和构造的规定与要求；(5) 增加了附录 E 洪水水流荷载计算方法；(6) 增加了洪泛区有檩屋盖构件连接规定与要求。

修订后的标准内容全面完整、结构合理、层次清楚、技术措施安全适用，对我国洪泛区和蓄滞洪区建筑抗洪能力建设具有重要的技术指导意义。

2017年6月，标准通过了由住建部标准定额司组织的专家委员会审查。审查会议的鉴定结论认为：该标准在编制过程中，进行了广泛调研，开展了多项专题研究和试验研究工作，借鉴了国内外相关标准和工程实践经验，具备充足的科学依据。标准的实施将显著提高我国洪泛区和蓄滞洪区建筑工程的抗洪能力。标准技术内容科学合理、可操作性强，与现行相关标准相协调，达到了国际先进水平。

本标准对洪泛区和蓄滞洪区建筑工程提出技术要求，有利于国家蓄滞洪计划的实施；在山区汛期洪水发生时，通过工程和非工程措施保障村镇房屋不致遭受严重损坏，减少洪水中的人员伤亡，减轻经济损失，同时可大大减轻救灾资源调配和灾后重建的压力，减灾经济效益显著。

《洪泛区和蓄滞洪区建筑工程技术标准》GB/T 50181—2018批准实施以来，引起了相关地方和部门的普遍关注，将为我国洪泛区和蓄滞洪区防洪建设、灾后重建、村镇危房改造等国家惠民政策的顺利实施提供技术支撑，通过提升村镇建筑的抗洪能力减轻灾害损失，在稳定民心、保障社会稳定等方面发挥重要的作用。

山区乡村建筑抗洪设计方法研究

完成单位：

中国建筑科学研究院有限公司、大连理工大学、北京交通大学、中国水利水电科学研究院

主要完成人：

葛学礼、朱立新、于文、韩冰、肖诗云、王元丰、李娜等

1. 主要研究内容

（1）山区乡村建筑在水流作用下的破坏机理研究

为了了解山洪对山区乡村房屋的作用机理，掌握水头冲击和水流力等对房屋的作用强度，在大连理工大学水工试验室的波流槽中，对山区乡村广泛采用的既有房屋模型做了水头冲击和水流力对房屋模型作用的试验研究。

（2）山区乡村建筑抗水流设计方法研究

进行了几十条河流坡降调查，得到坡度与流速的关系；根据试验归纳总结获得的水流阻力综合影响系数 K_w，给出了墙体开洞率与作用在墙体表面上水流力的计算公式 F_w。同时给出了墙体截面抗水流力受剪验算、孤立墙体平面外抗弯验算、洞口侧面墙体平面外沿齿缝抗弯验算方法。

（3）既有山区乡村建筑抗洪评价方法研究

主要在房屋抗洪评价内容、评价原则、外观和内在质量、材料强度、结构体系、整体性连接构造、易引起局部倒塌的部件及其连接构造等方面提出了抗洪评价方法。

（4）既有山区乡村建筑抗洪加固技术措施研究。

主要对房屋在加强结构整体性、加强墙体自身的整体性和强度、加强墙体与木构架的连接、加强屋盖系统的整体性（节点连接）等方面提出了抗洪加固技术措施。

2. 关键技术

（1）山区乡村建筑抗水流作用设计方法；

（2）既有山区乡村建筑抗洪评价方法；

（3）既有山区乡村建筑抗洪加固技术措施。

3. 成果达到的技术水平

2011 年 4 月 12 日，中国建筑科学研究院组织召开了"十一五"国家科技支撑计划子课题"山区乡村建筑抗洪设计方法研究"专家验收会，会议认为：

通过对山区乡村建筑模型的 108 种工况水流力作用的试验研究，经过计算分析，提出了建筑水流力作用计算、建筑抗洪设计方法以及相应的技术措施。为山区乡村新建建筑的抗洪设计、既有建筑的抗洪评价和加固设计提供了依据。

该项目在建筑水流力作用计算方法、山洪防御对策、抗洪构造措施和抗洪加固措施等方面具有创新性，填补了国内空白，达到国内领先水平。

建议根据研究成果，尽快编制相应的技术标准，以服务于山区乡村的抗洪防灾建设。

2.7 灾后修复

住宅灾后恢复重建关键技术研究

完成单位：

中国建筑科学研究院有限公司

主要完成人：

葛学礼、朱立新、于文、江静贝、申世元、周一航

成果简介：

实践表明，我国自然灾害的受灾地区主要集中在广大农村和乡镇。在缺乏有效防御措施的情况下，村镇低层房屋一旦遭受破坏性地震、风暴等自然灾害的袭击，将会造成严重的人员伤亡和经济损失。因此，分析其在抗震、抗风方面存在的问题和原因，并采取相应的抗御措施，对提高村镇房屋的安全性具有重要意义。

1. 课题主要研究内容

（1）通过对台风灾区房屋灾害的现场调查，分析乡村低层房屋在建筑材料、结构型式、传统建造习惯等方面存在的问题，研究低层房屋在结构整体性、节点连接等方面存在的抗风不足。

（2）通过房屋风灾的现场调查，分析乡村低层房屋台风破坏原因，总结已有的抗风设计与建造经验。

（3）提出新建低层房屋的抗风技术措施和现有低层房屋的抗风加固措施。

（4）通过总结地震对乡村低层房屋破坏的原因和以往试验研究成果，提出乡村现有低层房屋抗震加固措施。

2. 主要研究成果

课题本着"因地制宜、简单有效、经济合理"的原则，得到以下成果：

（1）提出了村镇房屋抗御地震、风暴技术措施，包括加强房屋结构整体性措施、加强墙体抗倒塌措施、防止屋盖及其构件塌落措施，以及裂缝墙体修补措施等。可用于村镇新建房屋的抗震、抗风设防和现有房屋的修复与加固。

（2）提出了风暴荷载作用下低层房屋水平荷载标准值计算公式，可用于验算墙体截面抗风受剪极限承载力。

风暴荷载作用下低层房屋水平荷载标准值计算公式如下：

$$w_k=\beta\mu_s\mu_z w_0$$
$$w_0=6.25\times10^{-4}v_0^2$$

式中　w_k——风荷载标准值（kN/m²）；

　　　β——低层房屋风振系数，9~11级取1.51，12~13级取1.52，14~15级取1.53，16~17级取1.54；

　　　μ_s——风荷载体型系数，按国标《建筑结构荷载规范》GB 50009取值；

　　　μ_z——风压高度变化系数，按国标《建筑结构荷载规范》GB 50009取值；

　　　w_0——基本风压（kN/m²）；

　　　v_0——基本风速（m/s），可按表1取值。

风级与风速平均值对应关系　　　　　　　　　　　　　　　　　　　　　　表1

风级	9	10	11	12	13	14	15	16	17
风速（m/s）	22.60	26.45	30.55	34.80	39.20	43.80	48.55	53.50	58.65

（3）编制了低层房屋抗风技术导则。适用于抗风防御级别为9~17级地区村镇中层数为一、二层，采用木楼（屋）盖或圆孔板楼（屋）盖的一般低层民用房屋。

3. 成果达到的技术水平

2012年5月8日，受住房和城乡建设部工程质量安全监管司的委托，中国建筑科学研究院组织召开了"低层房屋抗灾技术研究"项目的验收会，主要验收意见：

通过房屋地震和台风灾害现场调查和试验研究，提出了乡村低层房屋加强抗震和抗风能力的技术措施；提出了乡村低层房屋风力计算、抗风设计方法以及相应的构造措施，编制了低层房屋抗风技术导则。在低层房屋风力计算方法、抗震、抗风技术措施等方面具有创新性，研究成果达到国内领先水平，具有广泛的推广应用价值。

4. 研究成果应用

本课题属于公共安全的公益项目，研究成果应用如下：

（1）《低层房屋抗风技术导则》的编制。

（2）《既有村镇住宅抗震鉴定与加固技术规程》CECS 325—2012的编制。

（3）《镇（乡）村建筑抗震技术规程》JGJ 161—2008以后的修订。

随着规范、标准的实施，研究成果将在村镇低层房屋抗震、抗御台风，减轻灾害人员伤亡和经济损失方面发挥重要作用。

2.8　防灾信息化

基于数字化技术的城市建设多灾害防御技术与应用

完成单位：

中国建筑科学研究院有限公司、清华大学、建研科技股份有限公司、北京科技大学、

50

北京清华同衡规划设计研究院有限公司

主要完成人：

李引擎、张靖岩、许镇、于文、孙旋、王大鹏、陈凯、郭春雨、张孝奎、郭浩、朱立新、任爱珠、刘松涛、李显忠、万汉斌

成果简介：

随着我国经济和社会的快速发展，城市化进程迅猛，城市规模不断扩张，人口日益密集，基础设施错综复杂，建筑物（构筑物）形式多样。与此同时，我国城市建设面临的灾害形势也愈发严峻，灾害防御能力明显落后于经济发展已成为制约我国城市发展的主要矛盾之一。切实提高城市建设多灾害防御能力对于实现城市的可持续发展具有重大的现实意义。

近年来，我国城市建设的防灾减灾工作虽取得了很大的进步，但是现阶段灾害信息和数据共享水平低，灾害监测、灾害评估及防灾辅助决策管理等技术仍跟不上社会的发展及防灾的需求，特别是在无法满足足量实体试验条件下，缺乏对重大建筑工程及城市区域的防灾机理认识及有效防治手段。基于以上现状，中国建筑科学研究院有限公司联合清华大学、建研科技股份有限公司、北京科技大学和北京清华同衡规划设计研究院有限公司，充分发挥各自优势，历时十余年，系统地开展了城市建设多灾害防御技术的研究与应用。从单体建筑的防火、抗风、抗震出发，提出了基于数字化技术及实体试验相结合的建筑单体多灾害防御技术，为区域灾害防御提供单点分析依据；以火灾、地震、地质灾害和地震次生火灾为主要研究对象，提出基于单体分析结果的城市区域多灾害风险评估、规划、防御方法，有效识别城市高风险脆弱区，为脆弱区和单体建筑的防灾改造对策提供重要指导；基于以上理论研究成果，搭建基于 GIS 技术的城市建设灾害防御系统，实现灾害数据联通与共享，形成系统化的灾害防御体系。

"基于数字化技术的城市建设多灾害防御技术与应用"项目旨在深化传统防灾减灾理念与技术，利用现代数字化技术手段，提高建筑工程和城市区域的多灾害防御水平。项目成果实现了从应对单一灾种向综合防灾的转变，为全面增强国家综合防灾减灾能力提供了有力的技术支撑。项目获 2017 年度北京市科学技术奖二等奖。

1. 项目创新点与科学成就

（1）单体建筑灾害防御技术与应用。融合了数字化技术与实体实验理论的单体建筑多灾害防御技术，从根本上解决了现阶段大型及重要单体建筑复杂防灾机理与有效应对难题。

针对建筑单体影响最大的典型灾害——火灾、风灾和地震，分别提出了建筑火灾条件下结构安全与人员安全耦合分析方法、抗风设计方法与动力响应仿真分析技术以及抗震性能评估方法，创新性地引入数字化手段，共同解决建筑单体的多灾害防御问题。本项目的灾害防御技术不仅对普通建筑单体具有适用性，而且在重要、特殊建筑单体（如北京"中国尊"、工人体育馆等）中有过成功应用，覆盖了城市单体建筑的不同类型，为城市工程建设以及既有建筑的多灾害防御提供了重要的技术方法。

（2）区域多灾害防御技术与应用。利用信息化手段，顺利实现了区域防灾技术由单一文本到数字化的无缝过渡，保障了区域建设的可持续发展。

以火灾、地震、地质灾害和地震次生火灾为主要研究对象，在单体建筑多灾害防御研究的基础上，结合区域工程建设灾害防御的特点，提出了基于 GIS 技术和成本效益理论的

城市消防规划方法与技术，研发了城市抗震防灾规划信息管理与辅助决策系统，提出了城市地质灾害分析与土地工程能力评价技术，以及地震次生火灾蔓延评估预测方法。研究成果既为城市脆弱区或单体建筑的防灾改造对策提供了指导，更为城市区域防灾规划提供了重要的技术支撑。

（3）城市建设灾害防御系统开发与应用。城市建设灾害防御系统为防灾数据与资源共享搭建了一个信息化开放平台，并在国内率先从城市尺度提出了灾害整体防御规划的解决方案。

基于以上建筑单体和区域多灾害防御研究成果，并遵循信息化处理和数据共享理念，搭建基于GIS的城市灾害防御系统，包括灾害基础数据库（知识库、专家库等）、灾害风险评估、致灾因子远程监控等模块，并成功应用于北京2008年奥运会风险监控以及重点单位防灾协同工作平台，为城市建设灾害整体规划、防御、决策提供了可借鉴的解决方案。

2. 社会效益及对推动行业科技进步的作用

（1）促进了城市建设防灾减灾理念从单一向综合转变

项目提出了一系列针对城市工程建设领域的综合防灾减灾关键技术，打破了将单灾种独立处理的常规，符合《国家综合防灾减灾规划（2016—2020年）》中"从应对单一灾种向综合减灾转变"的指导思想，为加快我国城市建设防灾减灾事业的进一步发展发挥了重要作用。

（2）提升了重点区域、重大工程、重大活动的综合防灾能力

项目开展了北京市部分行政区和福州市、杭州市等省会城市的综合防灾规划，完成了我国地震8度设防区第一高楼"中国尊"等重大超限建筑的多灾害防御设计，承担了2008年北京奥运风险评估及监控部分工作，为确保我国重点区域、重大工程、重大活动的安全性贡献了力量。

（3）降低了城市灾害风险，提高了城市安全水平

项目构建了城市工程建设领域的多灾害防御体系，有效降低城市综合灾害风险，也为我国灾害保险产业的发展奠定了重要的技术基础，逐步实现灾害风险转移，完善国家综合灾害风险防范结构体系。项目成果有力提升了全社会抵御灾害的综合防范能力，切实维护人民群众生命财产安全，为全面建成小康社会提供了坚实保障。

（4）带动了我国城市工程建设防灾产业的发展

项目充分发挥数字化技术的优势，提出了多灾害防御技术，并在城市和重大建筑防灾中进行了大量典型应用，展现了工程建设防灾领域全过程—多维度—数字化技术手段的先进性和实用性，进而带动了我国城市建设防灾产业的发展，为提高国家综合减灾能力提供有力的技术支撑，使我国城市建设灾害防御工作向实用化、信息化、系统化发展迈出了坚实的一步。

图1　"中国尊"效果图

图 2 城市抗震防灾规划信息管理与辅助决策系统

图 3 2017 年度北京市科学技术奖二等奖获奖证书

城镇综合防灾信息管理与决策系统

完成单位：

中国建筑科学研究院有限公司

主要完成人：

张靖岩、于文、朱立新、王大鹏、杨国威、李显忠、刘文利、葛学礼、江静贝、刘松涛、韦雅云等

成果简介：

信息化技术正在成为国家综合防灾减灾工作中不可缺少的重要手段。《国家综合防灾减灾规划（2016—2020年）》以"预防为主，综合减灾"为基本原则，要求"推进'互联网+'、大数据、物联网、云计算、地理信息、移动通信等新理念、新技术、新方法的应用，提高灾害模拟仿真、分析预测、信息获取、应急通信与保障能力"。由此可见，切实提高城市防灾技术信息化水平对于实现城市的可持续发展具有重大的现实意义。

项目组以由点至面的"单体建筑—建筑群—城镇局部区域—城镇整体—城镇群"为研究对象，以现有抗震防灾为主体，适当考虑火灾与地质灾害，通过应用BIM、GIS等信息化手段，开发集灾害风险评估功能、防御与处置功能于一体的城镇综合防灾信息管理与决策系统（以下简称综合防灾信息管理系统）。结合系统开发需求，项目组完成了以下研究内容：

1. 单体建筑防灾信息管理：结合BIM等信息化手段，对单体建筑的抗震、防火性能相关信息进行采集整理，并采用性能化手段进行综合评估。

2. 城镇建筑群综合防灾性能评估：对建筑密集区域地震灾害、老旧建筑密集区域火灾的承载能力进行评估。

3. 城镇局部区域应急空间保障、处置规划决策：对应急避难空间布局、救灾资源配置合理性进行评估，并进行优化。

4. 城市整体防灾对策及预案制定：进行城市灾害总体损失评估、制定提升城市防灾能力的对策以及整体应急预案。

5. 城镇群防灾规划与土地利用：包括城镇群所在地域的地质灾害预测与评估、地质灾害技术经济分析、地质灾害防治规划与土地工程利用控制等。

综合防灾信息管理系统的运用，可解决城市防灾在单一性、现时性和实用性方面存在的缺陷，改变以往防灾信息和成果资料仅停留在纸质文件，或虽采用了计算机技术存储管理但成果更新困难的缺点，能更好地适应现代城市发展的需求。当城市基础地理信息随城市发展更新变化后，系统可及时更新相关专业基础信息，从而最大限度地保证城市防灾管理的实时性，实现动态管理，切实起到减轻城市灾害损失的作用。

综合防灾信息管理系统既可用于防灾决策，也可用于城市规划的日常管理：一方面为政府编制防灾规划、进行灾害预防提供科学的依据，另一方面可为城市规划、土地利用、工程设计等有关工作提供信息，直接为国民经济服务。

经专家鉴定，研究成果将有助于提高地震、火灾等灾害的信息采集、快速评估和防灾规划决策水平，有效应对各类城镇灾害事件，提高城镇综合防灾减灾能力，具有广阔的应

用前景和显著的社会效益。

城镇化进程中典型灾害防治及信息化对策

完成单位：

中国建筑科学研究院有限公司

主要完成人：

李引擎、王清勤、张靖岩、陈凯、宫剑飞、康景文、杨润林、朱伟、王广勇、朱立新、于文、李显忠、许镇、王大鹏

成果简介：

项目采用已有先进成熟技术和研发新技术相结合的方式，通过实验研究、数值模拟和理论分析，分别针对城市、村镇、城乡接合部的特点，研究开发了城镇化进程中典型灾害防治集成技术，提出典型灾害防治应用对策，构建了防灾减灾信息化平台，并利用研究成果进行了实际工程应用。

随着社会发展速度的加快，环境变异导致灾害因子日趋复杂、多样化，旧灾新害与新型灾害的出现更使社会风险进一步扩大。在中国21世纪的经济发展过程中，要实现从二元经济结构向现代经济结构的转变，必须正视现阶段城乡建设面临的灾害新风险，针对不同环境下的灾害演变特点，采用现代信息手段和传统防治对策相结合的方式，制定有效的防灾减灾策略。项目组针对城镇化进程中的防灾需求，开展了多方面的研究，取得的一系列成果如下：

1. 城市建设典型灾害防治对策研究

提出了超高层建筑与大跨度空间抗风设计方法，实现了结构风振的快速计算；研究了整体大面积筏板基础沉降特征、变形控制指标、基础反力分布特征，提出了整体大面积筏板基础设计方法；提出了城市地下综合管网运行防灾能力评价技术，可分析复杂环境下地下管线运行的风险；研究了火灾下及火灾后大跨网架结构力学性能，为大跨网架结构的抗火设计及火灾后的力学性能评估及修复加固提供了系统的理论和方法。相关研究成果为提升城市建设工程的防灾减灾能力提供了技术保障。

2. 村镇建设典型灾害防治对策研究

提出了适用于我国山区乡村建筑抗洪设计方法及鉴定、加固技术，可有效减轻山区乡村洪水造成的房屋破坏和经济损失；提出了城镇地质灾害分析与土地工程能力评价技术，为科学合理地进行土地利用规划提供依据；针对村镇建筑火灾评估技术提升、生态材料更新、防灭火设施研发以及消防信息化建设五个方面，建立了村镇火灾一体化防治成套关键技术；提出村镇住宅抗震、抗风能力评估方法，以及灾后受损住宅快速评估、修复与加固技术。相关研究成果为村镇建设领域的灾害防治和绿色发展提供了强有力的技术支持。

3. 城乡接合部典型灾害防治对策研究

研发了多层建筑群震害模拟技术，提出了适用于多层钢筋混凝土框架结构的结构损伤判别方法，建议了设防砌体结构和未设防砌体结构的参数标定方法与损伤判别方法；提出了老旧建筑密集区域的火灾承载能力评估与灭火救援技术，提供了针对老旧建筑密集区火

灾的模拟方法，研发了基于智能手机的建筑火灾应急响应技术。相关研究成果为城乡接合部进行经济有效的"点"式改造提供了可能性。

4. 现代信息技术在防灾减灾中的应用研究

基于传统灾害防御知识，建立了一整套完备的防灾知识管理体系，使得用户在需要的时候能够通过各种终端方式便捷、快速、准确地检索到所需要的知识，实现灾害数据的共享；面向政府相关防灾部门或专家，以及时和即时的视频指挥、灾害数据分析、灾害预警、应急救援为主要功能，研发了防灾减灾信息化平台。相关研究成果可有效提高社会成员的防灾抗灾能力，推动我国防灾救灾信息化技术发展。

项目研究成果为相关防灾减灾技术的拓展打下了坚实基础，提出的一系列实用性关键技术可在城镇防灾工作中加以应用，提升综合防灾水平，对于大幅降低灾害发生时的人员伤亡与财产损失，减少国家处理灾害时资金投入，保障国民经济持久稳定发展，具有非常重要的战略意义和巨大的社会效益。

城市消防信息管理与辅助灭火决策系统（FCIS）

完成单位：

中国建筑科学研究院有限公司

主要完成人：

蒉学礼、于文、申世元、朱立新

成果简介：

"城市消防信息管理与辅助灭火决策系统（FCIS）"软件（以下简称"消防信息系统FCIS"）具有独立图形平台，可建立图形与城市工程设施的档案信息关系。能够运用该软件对城市（镇）现有房屋、道路、桥梁、水库（水塘）、消防栓等工程设施图形及其档案信息进行数字化和动态管理，并可给出辅助灭火决策方案。

1. 消防信息

消防信息系统FCIS可给出的消防信息主要包括：到达失火建筑用时，沿途路况信息，沿途桥梁信息、失火建筑信息，失火建筑附近的水源信息，失火建筑周围的环境信息等。

2. 辅助灭火决策

消防信息系统FCIS对灭火决策主要有如下辅助功能：

（1）由房屋内部易燃易爆物品种类及存放位置情况，确定应携带的主要灭火剂种类（水、泡沫、干粉等化学灭火剂）。

（2）各消防站根据消防信息系统FCIS给出的最短路径，利用系统"查询沿途信息"功能，查看沿途的道路和桥梁状况，包括路面、桥面的宽度、平整度、桥梁的结构类型和载重量等。当这些信息数据满足消防车通行条件时，由于路径最短，可沿着该路径前往；当其中有不满足消防车通行的条件时，可人为选择另外路径前往。

（3）根据消防栓供水量、供水压力、失火楼层的高度等信息，当消防栓供水量不足时，可确定是否到附近的河流或水塘取水，对压力不足情况下，确定应采取的增压措施。

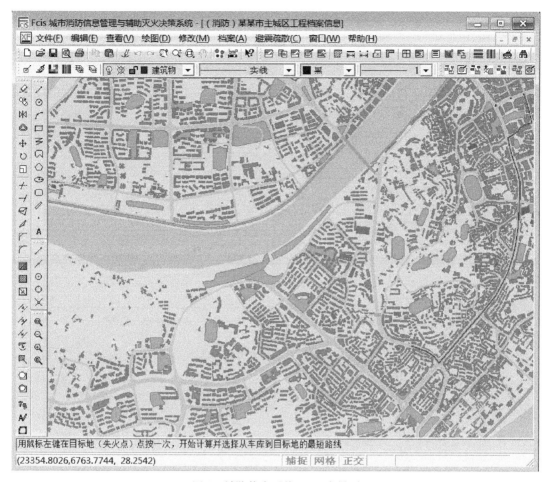

图 1　消防信息系统 FCIS 主界面

（4）根据失火建筑环境信息，可确定消防车进出火场的路线、摆放位置、群众疏散场地、取水位置等。

3. 系统的建立

一座城市，图形与其档案信息量很大，以地级市为例，在计算机屏幕上显示的图形及其附带的标示文字大约为 20 万，每个图形基本都带有档案信息。如此大量的图形和信息数据，建立一套完整的系统一般需要 6 个月到一年左右的时间。系统一旦建立完成，管理和应用非常方便，每个消防中队可指派一名经过培训的队员管理。当城市某处的地面工程有变化时，可随时对图形和档案信息采用本系统对话框的形式进行修改、更新操作，进行动态管理。

（1）城市现状图的建立

将城市电子版 CAD 现状图转换成消防信息系统 FCIS 用图，即将 CAD 的线状图进行人工矢量化，形成消防信息系统 FCIS 用的面状图，可进行图形的档案信息的输入。

（2）图形档案信息的录入

图形档案信息采取一行档案数据对应一个图形的方式录入方式，录入速度快，需要事先按要求的格式将档案信息数据准备好，并存储为电子版表格。

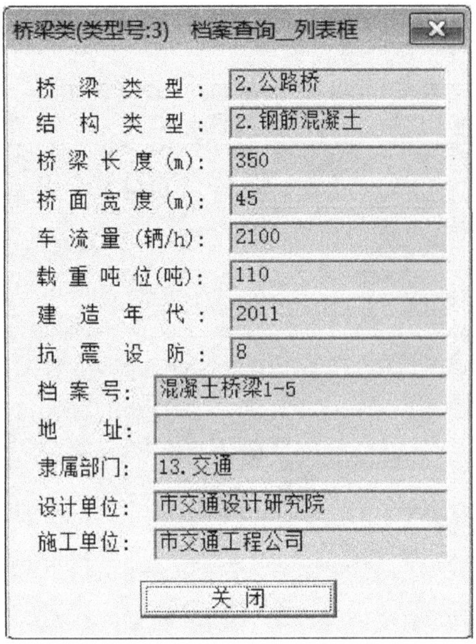

图2　道路档案信息表

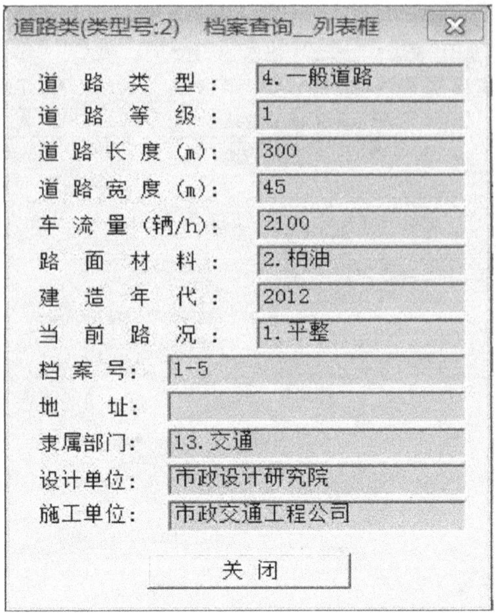

图3　桥梁档案信息表

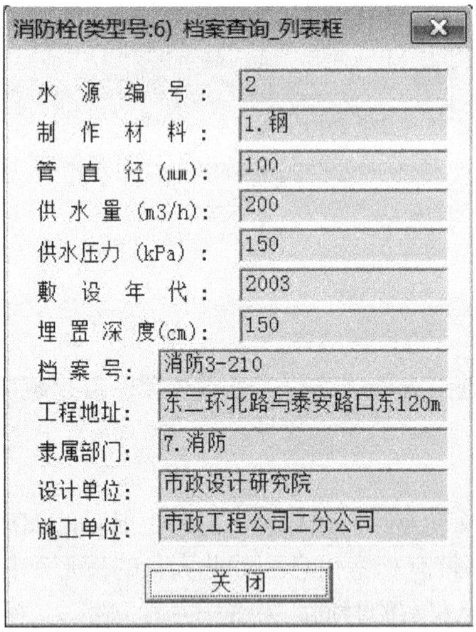

图4　消防栓档案信息表

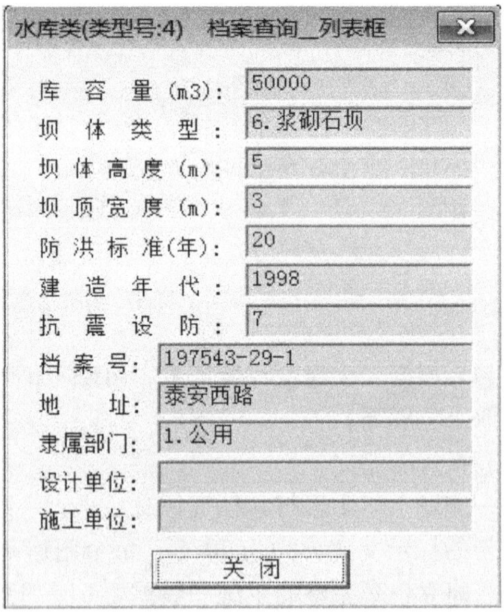

图5　水库（塘）档案信息表

（3）建立消防安全重点单位的灭火预案

灭火预案包括两个方面：

①在建筑档案信息表的"房屋名称与简历"栏中记录建筑中易燃易爆物品存放的楼层和具体位置，以及各楼层都存放什么物品，应采用的灭火剂等。宜简单扼要，一目了然，该项信息可采用指派填表。

②在建筑档案信息表的"图件名称"栏中记录所做灭火预案的图形文件名，用消防信息系统FCIS查询状态下在灭火预案的文件名上用鼠标双击，即可打开此灭火预案图。图

件名称也可以是建筑的立面照片等 .bmp 光栅文件。

灭火预案图可在城市图的基础上复制，复制消防安全重点单位及其周围的建筑、道路、场地、河流、水塘、消防栓等，再按不同风向布置消防车、画出进出场指示路线等，进一步标示、完善灭火预案信息。灭火预案图应考虑各种可能风向情况下消防车的布置方案。

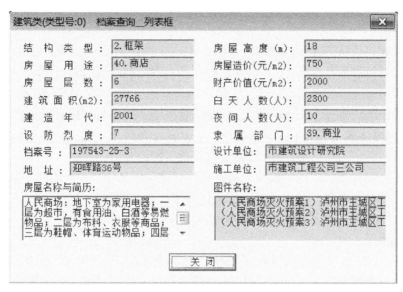

图 6　建筑档案信息表

4. 结论

消防信息系统 FCIS 可在消防部门得到实际应用，并在以下方面提高消防工作的信息化水平：

（1）给出失火建筑的结构类型、用途、层数、总高度、白天和夜间人数，室内易燃易爆物品种类及其存放位置与熄灭方法、消防安全重点单位的多套灭火预案等信息数据。

（2）找到并显示从车库到失火点的最短路径，给出距离数值。

（3）给出沿途道路的状况：道路的类型、等级、路宽、设计车流量、路面材料、当前路况（平整、较平整、颠簸等）等数据。

（4）给出沿途桥梁的状况：桥梁的结构类型（钢结构、混凝土结构、石结构、木结构）、桥面宽度、设计车流量、载重吨位等信息数据。

（5）可了解或查取失火建筑的周围环境情况，如建筑密度，有无易燃易爆物品堆场，有无河流或水塘，有无消防栓等信息。

（6）可查取水塘储水量、到失火点的距离等。

（7）可查取消防栓的供水量和供水压力、到失火点的距离等。

应用消防信息系统 FCIS，有利于快速扑灭火灾，减少人员伤亡和经济损失，同时也可大大减少消防队员在灭火过程中的安全隐患。

基于 BIM 的建筑消防数字化技术及其示范应用研究

完成单位：

北京市公安局消防局、中国建筑科学研究院、北京建筑大学

主要完成人

李磊、詹子娜、蔡娜、顾广悦

成果简介：

本课题从建筑消防的实际需求出发，结合 BIM 技术所带来的机遇与挑战，以提升北京市整体的消防科技水平为目标，主要研究内容有：1. 三维建筑消防设计图纸审查系统；2. 数字化智能建筑防火监督检查系统；3. 建筑消防灭火救援演练系统；4. BIM 云系统。

本课题取得的成果有：获得首都警务系统"金点子"成果奖，获 BuildingSMART 2015 年香港国际 BIM 大奖赛"最佳应急应用奖"，公开发表学术论文 14 篇，发表著作 1 部，软件系统 3 套，示范工程应用 1 项，形成标准草案 1 份。

本课题结合建筑及信息技术领域、利用 BIM（建筑信息模型）为消防安全及其应用提供充分、有效的信息基础，一方面契合国家消防安全及其管理的规划；另一方面，也切合了建筑信息化的总体发展目标。研究成果推动了行业 BIM 化，节约了社会成本，提升了消防应急安全水平。

2017 年 2 月 28 日组织专家进行了验收，验收意见为：1. 课题提供的验收资料齐全，符合验收要求。2. 课题完成了基于 BIM 的建筑消防设计图纸审查系统、数字化智能建筑防火监督检查系统和建筑消防灭火救援演练系统，并在北京建筑大学大兴校区图书馆进行了示范应用，完成了课题任务书的所有要求。3. 课题创新性地融合 BIM 和建筑消防，所研制的基于 BIM 的建筑消防图纸审查系统能为建筑消防 BIM 设计图纸审查提供解决方案；所研制的智能建筑防火监督检查系统实现对建筑消防设施设备的精细化管理，达到国际先进水平；课题成果低成本、低投入、低门槛，便捷性好，可快速进行推广应用。该课题完成了任务书所规定的研究目标和任务，专家一致同意该课题通过验收。

3 工程实践

3.1 工程抗震
1. 重要建筑物鉴定与加固设计

全国政协礼堂

中国革命历史博物馆（国家博物馆）

全国农业展览馆

中国人民革命军事博物馆

北京饭店贵宾楼

北京火车站

北京展览馆

北京京西宾馆

住房和城乡建设部办公大楼

民族文化宫

北京市委办公大楼

北京天坛宾馆

北京建国门外交公寓

广电部办公大楼

北京凯宾斯基酒店

2. 历史风貌建筑鉴定与加固

天宁寺塔

郑王府古建筑

国家图书馆分馆

北京整形医院

原段祺瑞执政府

中国人民大学书报资料中心

厦门南音宫

厦门郑成功纪念馆

厦门美国领事馆

北京动物园鬯春堂

山海关田中玉公馆

3. 特殊建筑
厦门市人民检察院办公楼平移工程

平移前

平移中

平移到位

3.2 建筑防火

国家速滑馆消防设计方案咨询

亚投行总部大厦特殊消防设计

大昭寺文物消防安全评估和消防改造工程设计

孔府、孔庙、孔林火灾风险评估与消防设施改造设计

北京新机场航站区工程消防安全性能化设计第三方复核评估

浙江佛学院二期（弥勒圣坛）工程特殊消防设计

中国红岛国际会议展览中心消防设计

上海中心消防安全评估

陕西青木川古建筑群消防规划编制及消防改造设计

江西瑶里古建筑群消防规划编制及消防改造设计

保利国际广场 T1 消防性能化设计及双层幕墙全尺寸火灾试验

门头沟体育文化中心特殊消防设计

地铁 8 号线二期平西府车辆段消防性能化设计分析

地铁 7 号线环球影城站特殊消防设计

北京华贸中心商贸广场消防性能化设计

北京天桥演艺区南区公建项目消防性能化评估

北京五棵松体育馆消防咨询

北京将台商务中心项目（颐堤港）消防性能化设计

海口体育场消防安全评估

武汉天河机场三期扩建工程消防性能化设计

湖南长沙滨江金融中心消防安全评估

中国国家博物馆改扩建工程消防性能化设计

西安北站站房工程消防性能化设计

贵阳北站站房工程消防性能化设计

安哥拉新罗安达国际机场航站楼工程消防性能化设计

北京航天城学校新建项目地下体育场馆防火设计咨询和评估

国家大剧院壳体钢结构防火安全性能评估

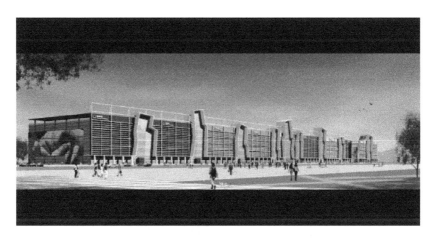

金源时代购物中心消防设计安全性能评估

中央电视台新台址工程消防设计咨询

"中国尊"消防性能化设计复核评估

成都万达文化旅游城冰雪综合体特殊消防设计评估

横琴口岸及综合交通枢纽开发工程消防设计咨询与特殊消防设计评估

丽泽SOHO防火设计咨询评估

3.3　建筑抗风雪

成都来福士大厦风洞测压试验

青岛会展中心风洞测压试验

阿尔及利亚体育场风洞测压试验

海上嘉年华风洞测压试验

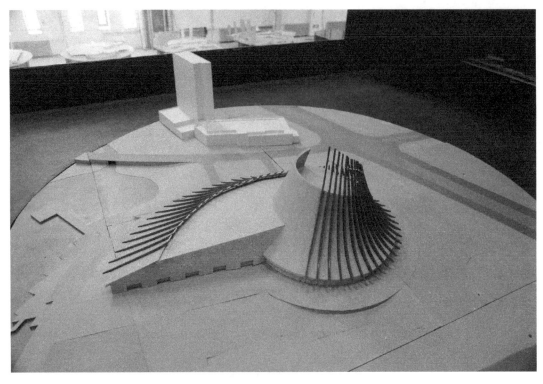

神农大剧院风洞测压试验

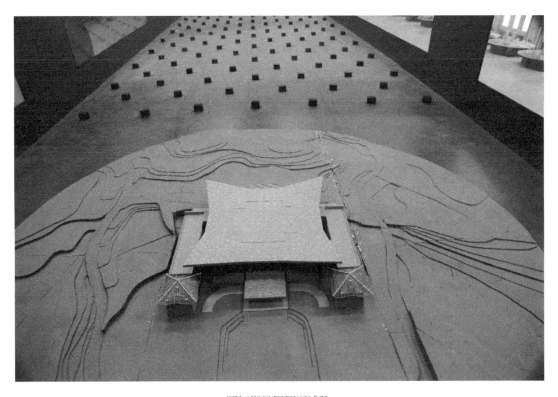

雁栖湖风洞测压试验

北京 Z15 地块"中国尊"超高层建筑风洞测力试验

丽泽 SOHO 风洞测压试验

长沙远大天空城市风洞测压试验

内蒙古文体中心风洞测压试验

柬埔寨国家体育场风洞测压试验

冬奥会跳台滑雪场风洞测压试验

3.4 地质灾害防治

青海钾肥 CFG 桩工程

地铁 9 号线白石桥南站工程大断面竖井型深基坑，钢支撑复合支护技术

北京中国银行大厦工程多幢塔楼作用下大底盘框架，厚筏整体基础设计技术

北京中石油大厦工程多幢塔楼作用下大底盘框架，厚筏整体基础设计技术

北京西直门交通枢纽工程桩基础

国家体育场桩基及后压浆工程

61606 部队生活区边坡支护
山坡边坡高度 6-15m，采用格构梁加锚杆永久性边坡护坡结构

文县南山康家崖地质灾害治理

　　工程治理包括削坡减重、系统锚杆锚固和预应力锚固、砌体条带护坡和坡面生物防护、重力式坡脚支挡、边缘和平台内置排水、坡面防护、绿化等治理内容。

西南某固体废弃物卫生处置场二期大坝稳定安全性评估

公司承担大坝安全稳定性评估工作。主要进行了各种工况的抗滑移稳定和坝基应力的计算分析，提出了相关建议。

贵州省遵义市 S303 线正安县庙塘镇至绥阳县黄杨镇段地质灾害防治工程

滑坡在治理前处于活动状态，采用抗滑桩进行治理，抗滑桩断面为 2m×3m，最大桩长为 26m，采用人工挖孔桩，基岩部分采用人工爆破。

古滇项目长腰山一级道路高、低加压泵站合建及水池边坡治理工程

项目位于古滇名城别墅区内，治理长度约 144m，坡高最高约 20m，主要治理型式为框格梁＋锚索＋仰斜式挡墙。

包钢白云铁矿 2016 年边坡治理工程

项目位于包头市白云鄂博铁矿主矿及东矿区、主矿 E 区，采用肋板式预应力锚索挡墙加固。

古滇项目七彩云南新太阳国际养老养生产业区边坡治理工程

　　项目位于古滇名城湿地公园内，治理长度约 80m，坡高约 60m，主要治理型式为框格梁＋锚索。

4　社会责任

防灾中心以构建和谐社会为目标，积极参与社会公益事业，协助相关部委进行重大灾害事故的调查、处理，并编制防灾规划以及提供专业咨询；编写建筑防灾著作、科普读物，收集与分析防灾减灾领域最新信息，编写建筑防灾年度报告；召开建筑防灾技术交流会，开展技术培训，加强国际科技合作等举措。

4.1　灾后应急救援

1. 地震灾害应急

（1）派专家组赴汶川、玉树、舟曲、雅安等灾区一线开展应急安全评估工作

（2）派专家组赴西藏进行农牧民安居工程抗震能力评估及加固方案的制定工作

（3）派专家赴河北、云南、四川、新疆、西藏、内蒙古、江西、浙江等地震灾区进行震害调研，并为当地政府提出灾后恢复重建建议

云南鲁甸震后现场调研

四川雅安震后现场调研

汶川震后应急评估

迎接舟曲应急评估的专家归来

（4）尼泊尔震后考察

评估组与尼泊尔经济发展和改革委员会、财政部交流

2. 火灾评估

（1）派专家参与哈尔滨"1·2"重大火灾事故现场调查工作

（2）派专家参与中央电视台新台址火灾后现场检测及评估工作

（3）担任北京奥运会及上海世博会消防安全顾问

哈尔滨大火现场调查工作

中央电视台新台址火灾后现场检测及评估

上海世博会主要建筑的消防设计评审与现场检查工作

3. 抗风雪灾害

（1）派出专家参加 2006 年浙江"桑美"台风建筑灾害调研工作并提出恢复重建建议

（2）派出专家赴江西参加 2008 年特大雪灾建筑灾害调研工作并提出重建建议

（3）派出专家参加 2016 年厦门"莫兰蒂"台风建筑灾害调研工作并提出恢复重建建议

厦门"莫兰蒂"台风灾后调研评估工作

浙江"桑美"台风灾后调研评估工作

4.2 决策支持

防灾中心在致力于相关领域研究和推广应用的同时，以雄厚的专业知识为支撑，为国家、地方的防灾减灾工作提供了积极的决策支持。积极地开展行业技术政策研究，为各级政府的科学决策出谋划策，指导和促进行业的健康发展，承担了住建部、科技部、财政部、国家发改委、北京市、厦门市、深圳市等国家部委和省市的技术政策研究和发展规划编制任务。

参与编制《北京市中小学校舍安全保障
长效机制年检工作指南》

参与编制《中国建筑技术政策》2013 版

参与编制《汶川地震灾后农房恢复
重建技术导则（试行)》

参与编制《海南省城乡建设抗
震防灾发展规划纲要》

4.3　防灾科普

举办全国建筑防灾技术交流会

北京科技交流学术月活动

防灾减灾高峰论坛

组织《建筑设计防火规范》GB 50016—2014 编制情况介绍讲座

建筑工程减隔震技术应用讲座

系列丛书

下篇　综述篇

1 隔震、消能减震与结构控制体系

周福霖

(广州大学工程抗震研究中心 广州 510006)

一、中国不断重复的地震灾难

我国地处世界两大地震带——环太平洋地震带和地中海南亚地震带的交汇区域，是世界上地震活动最频繁的国家之一。自从我国有地震记录以来，死亡人数在 20 万以上的灾难性大地震有 1303 年的山西洪洞大地震、1556 年的陕西华县大地震、1920 年的宁夏海原大地震、1927 年的甘南古浪大地震、1976 年的唐山大地震等。20 世纪，全世界由于地震死亡的人数中，中国约占 60%。近几十年来，我国高烈度地震频发，如邢台地震、海城地震、唐山地震、汶川地震、玉树地震、芦山地震、鲁甸地震等，都造成了大量人员伤亡和巨大经济损失。

我国陆地面积约占全世界的 1/14，而大陆破坏性地震却占了全世界的 1/3。我国是世界上地震风险最高的国家，平均每 5 年发生 1 次 7.5 级以上地震，每 10 年发生 1 次 8 级以上地震。历史上，我国各省区均发生过 5 级以上的破坏性地震。我国地震主要有以下几个方面的特点：(1) 多数是浅源地震，烈度高、破坏性大。(2) 震级和烈度远高于原预期的震级和烈度，造成大灾难。(3) 我国城镇人口集中，房屋密集，地震时死伤惨重。(4) 地震时人员伤亡有 90% 是由于房屋破坏倒塌以及伴随的次生灾害造成的，而我国城乡大量房屋设防标准偏低，房屋抗震能力普遍不足，小震大灾、中震巨灾的现象在我国频频出现，给人民生命财产带来巨大损失，也给国家社会稳定造成巨大影响。一次 6~7 级地震，在发达国家仅造成几人至几十人死亡，而在我国会造成数千人乃至数万、数十万人伤亡，导致地震大灾难。这迫使我们从一次次地震灾难中吸取教训，对原有的抗震设防要求和抗震技术体系，进行反思和创新。我国正在建设小康社会、步入以人为本的年代，我们这一代人有责任，在中国这片国土上，终止地震造成的一次次重复的大灾难！

二、传统抗震技术体系及其存在的问题

世界在 18 世纪发生工业革命，以英国为中心，发展了现代科学技术。但英国等欧洲国家处于非地震区域，致使防震技术在第一次工业革命未被启动。至 19~20 世纪，技术革命向有地震危险性的美国、日本等国家扩展，防震技术有了长足发展，先建立了强度抗震体系 (20 世纪 30 年代)，后又建立了强度—延性抗震体系 (20 世纪 70 年代)，即现在的传统抗震体系。我国近二百年闭关自守，内忧外患，贫穷落后，近代防震技术几乎处于空白，直至中华人民共和国成立，先后从苏联、美国、日本等引进防震技术，经过不断发展完善，建立了与世界各国类似的强度—延性抗震体系，即传统抗震技术体系。这个抗震体系，为我国减轻地震灾害作出了重要贡献。但由于我国国情，这个抗震体系仍未能终止一次次重

复的地震大灾难。

1. 传统抗震技术体系

一般建筑结构在地震发生时，地面的震动引起结构物的地震反应，结构固结于地下基础的建筑结构，犹如一个地面地震反应"放大器"，结构物的地震反应沿着高度将逐级放大至 2 倍以上（图 1-1a）。中小地震发生时，虽然主体结构可能还未破坏，但建筑饰面、装修、吊顶等非结构构件可能破坏而造成严重损失，室内的贵重仪器、设备可能毁坏而使用功能中断，导致发生更严重的次生灾害。大地震发生时，主体结构可能破坏乃至倒塌，导致地震灾难。为了减轻地震灾害，人们先后发展了下述抗震技术体系：

（1）抗震"强度"体系：通过加大结构断面和配筋，增大结构的强度和刚度，把结构做得很"刚强"，以此来抵抗地震，即"硬抗"地震（图 1-1b）。这种体系，由于结构刚度增大，也将引起地震作用的增大，从而可能在结构件薄弱部位发生破坏而导致整体破坏。在很多情况下，这样"硬抗"地震很不经济，有时也较难实现。

（2）抗震"延性"体系：容许结构构件在地震时损坏，利用结构构件损坏后的延性，结构进入非弹性状态，出现"塑性铰"，降低地震作用，使结构物"裂而不倒"（图 1-1c）。对比"强度"体系，结构"延性"体系仅需要较小的断面和配筋，更为经济。"延性"体系从 20 世纪 70 年代建立，已成为我国和世界很多国家采用的"传统抗震体系"。它的设计水准是：在限定设计地震烈度下，小地震时不坏，中等地震时可能损坏但可修复，大地震时明显破坏但还不致倒塌。超大地震时就无法控制了。

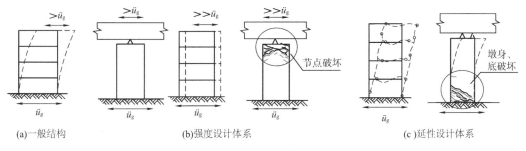

(a)一般结构　　　　　　　　(b)强度设计体系　　　　　　　　(c)延性设计体系

图 1-1　传统抗震体系

2. 传统抗震技术体系存在的问题及对策

传统抗震技术体系长期存在下述难以解决的问题：

（1）结构安全性问题。在设计烈度内，这种传统抗震体系能避免结构倒塌，但当遭遇超过设计烈度的地震时，将可能导致成片建筑结构倒塌，引发地震灾难。2008 年我国 5·12 汶川地震，地震前的汶川是一个美丽的县城，地震后成为一片废墟。

（2）建筑破坏问题。在地震作用下，传统抗震结构钢筋屈服和混凝土裂缝，结构出现延性，国内外专家早就指出"延性就是破坏"，导致建筑物结构在震后难以修复，虽未倒塌但又不能使用，成为"站立着的废墟"。2008 年汶川地震后，由香港红十字会援建的隆兴乡博爱学校，使用仅 4 年，在 2013 年芦山地震中破坏严重，其塔楼及结构底层柱有明显破坏，震后修复非常困难（图 1-2）。

（3）建筑功能丧失问题。在地震作用下，传统抗震结构的非弹性变形和强烈震动，引起建筑中的非结构构件及装修、吊顶等的破坏，以及室内设备、仪器、瓶罐等的掉落破坏，必然导致建筑使用功能甚至城市功能的丧失，引起直接或间接的人员伤亡或灾难。例如，地震中医院、学校、指挥中心、网络、试验室、电台、机场、车站、电站等的破坏，会导致现代城市瘫痪或社会灾难，后果是难以想象的！

图 1-2　2009 年新建的隆兴乡博爱学校在 2013 年芦山地震中塔楼及结构柱破坏情况

上述传统抗震技术体系存在的问题，在我国凸显严重，原因是：

（1）我国的建筑物地震设防标准偏低。除少部分地区外，我国大部分地区的设计地震动加速度为 0.10g；而日本、智利为 0.30g，土耳其为 0.20~0.40g，伊朗也已提高为 0.35g。也即我国建筑物地震设防标准（地震动加速度）仅为世界其他多地震国家设防标准的 1/4~1/2。如果同样的地震发生在我国，建筑物的破坏和人员伤亡，要比其他国家严重得多！

（2）我国灾难性地震，很多发生在中、低烈度区，或频繁发生超基准烈度大地震，引发大灾难。唐山的设计烈度为 6 度（地震动加速度 0.05g），1976 年唐山大地震烈度达 11 度（地震动加速度估计为 0.90g）；汶川的设计烈度为 7 度（地震动加速度 0.10g），2008 年 5·12 地震烈度达 11 度（地震动加速度 0.90g）；青海玉树的设计烈度为 7 度（地震动加速度 0.10g），2010 年玉树地震烈度达 9~10 度（地震动加速度 0.50~0.80g）；四川芦山的设计烈度为 7 度（地震动加速度 0.10g），2013 年芦山大地震破坏烈度达 9~10 度（地震动加速度 0.60~0.90g）；云南鲁甸的设计烈度为 7 度（地震动加速度 0.10g），2014 年 8·3 鲁甸大地震破坏烈度为 9~10 度（地震动加速度 0.60~0.80g）。即实际地震的地震动加速度值为设计值的 6~18 倍！按照传统抗震技术建造的结构，哪能防御这种超级大地震？大灾难不可避免！

目前，我国大面积、大幅度提高设计标准还不现实，再加上传统抗震技术体系长期存在难以解决的问题，在中国这片国土上，要终止地震造成的一次次重复的大灾难，必须在原来采用传统抗震技术体系的基础上，大力推广采用创新的防震技术新体系——隔震、消能减震、结构控制技术体系，这是四十年来世界地震工程最重要的创新成果之一！

三、隔震技术及其应用

1.隔震技术体系

隔震体系是指在结构物底部或某层间设置由柔性隔震装置（如叠层橡胶隔震支座）组成的隔震层，形成水平刚度很小的"柔性结构"体系（图 1-3a）。地震时，上部结构"悬浮"在柔性的隔震层上，只做缓慢的水平整体运动，"隔离"从地面传至上部结构的震动，使上部结构的震动反应大幅降低，从而保护建筑结构、室内装修和非结构构件、室内设备、仪器等，使隔震结构在大地震中成为"安全岛"，不受任何损坏。隔震体系把传统抗震体系通过加大结构断面和配筋的"硬抗"概念和途径，改为"以柔克刚"的减震概念和途径，是中华文化"以柔克刚"哲学思想在结构防震工程中的成功运用。从结构动力学分析，隔震结构是把结构的自振周期大大延长（即"柔性结构"），从 T_{S1} 延长至 T_{S2}，则结构加速度反应将从 S_1 降为 S_2，约降为原来传统抗震结构加速度反应的 1/8~1/4（图 1-3b），结构抗震安全性大幅提高（图 1-4）。

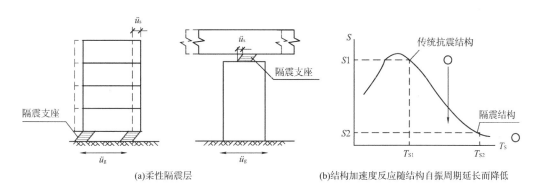

(a)柔性隔震层　　　　　(b)结构加速度反应随结构自振周期延长而降低

图 1-3　建筑结构、桥梁隔震原理

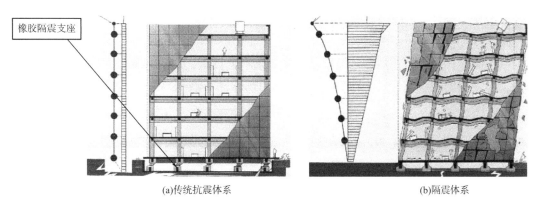

(a)传统抗震体系　　　　　　　　(b)隔震体系

图 1-4　隔震体系与传统抗震体系的对比

早在一二千年前，我们的祖先就成功地应用隔震减震的概念和技术建成了遍布全国各地的宫殿、寺庙、楼塔等建筑，有些经历多次地震而成功保留下来。现代隔震技术是 20 世纪 80 年代出现的一项新技术，多年来，世界各国学者对此项技术开展了广泛、深入的研究，并已在工程上推广应用。

我国近代隔震技术与国际基本同时起步，但发展较快。我国首幢砂垫层隔震建筑由李立教授主持于 1980 年建成；由刘德馨、曾国林主持的石墨砂浆滑移层隔震房屋于 1986 年建成；我国最初建成的这几幢隔震房屋至今尚未经历地震考验，而由于砂垫层或砂浆滑移层在地震后没有复位功能，故未能推广应用。由本文作者主持，于 1989~1993 年在汕头市建成的我国第一幢夹层橡胶垫隔震房屋，在 1994 年 9 月 6 日台湾海峡 7.3 级地震中经受了考验。之后，相继在云南、河南、新疆、四川、山西、北京、福建等地建成了多幢夹层橡胶支座隔震房屋，有些还成功经历地震考验。目前，隔震房屋已逐渐在我国推广应用，至2015年底，已建成隔震建筑超过6000栋。

与传统抗震结构相比，隔震结构有下述的优越性：

（1）确保建筑结构在大地震时的安全。隔震体系可使结构的地震反应降为传统结构震动反应的1/8~1/4，使隔震结构有很宽的"防巨震安全极限边界"，在超烈度大地震中成为"安全岛"，保护几代人生命和财产安全！

（2）上部结构在地震中保持弹性，结构在地震中不损坏，免致震后修复困难。

（3）可实现性能化防震设计，实现地震设防的"双保护"，即既保护结构安全，也保护非结构构件、室内设备仪器等的使用功能不中断。这对于医院、学校、指挥中心、网络、试验室、电台、机场、车站、电站、各种生命线工程等尤为重要，能避免大地震发生时城市功能陷于瘫痪，避免大地震发生时的直接灾害或次生灾害。

（4）适用于规则建筑结构，也适用于非规则建筑结构。隔震后的结构地震反应大幅降低，结构的水平变形（层间变形或扭转变形等）都集中在柔软的隔震层而不发生在建筑结构本身，从而保护功能要求较高的复杂建筑结构在地震中不损坏。这适合于对学校、医院、高档住宅、办公大楼、影剧院、机场、交通枢纽等的地震保护。

（5）采用隔震技术，投资增加不多。当隔震技术应用于防震安全要求较高或设防烈度较高的项目时，还能降低建筑结构造价。

（6）隔震技术不仅可用于新建建筑，也可用于对旧有结构进行隔震加固，能大幅提高地震安全性。在基本相同的要求下，造价比传统方法更低。

2. 隔震技术的工程应用

中、美、日、意、新西兰等国家已较多采用隔震技术，表1-1列出了中、美、日三国隔震工程应用的情况。经过40来年的发展，中国的隔震技术已迈入了国际先进行列，应用领域广泛。

中、美、日三国隔震结构应用统计表（至2015年）　　表1-1

应用领域	国别	数量	最大层位
建筑结构	中国	已建近6000幢	31层
	美国	已建近180幢	29层
	日本	已建近5000幢	54层
桥梁结构	中国	已建近350座	—
	美国	已建近110座	—
	日本	已建近1800座	—

隔震技术主要应用于住宅、学校、医院、高层建筑、复杂或大跨建筑、桥梁结构、核电站、重要设备、历史文物古迹保护、乡镇民房等，有些隔震工程还成功经历地震考验。举例如下：

（1）住宅建筑及学校、医院等公共建筑

【实例1】我国第一栋橡胶支座隔震房屋为钢筋混凝土框架隔震结构，8层住宅（图1-5），位于广东省汕头市，是联合国工发组织（UNIDO）隔震技术国际示范项目，1989

年立项，1993 年建成使用，是当年世界最高的隔震住宅楼。1994 年 9 月 16 日，发生台湾海峡地震（7.3 级），传统抗震房屋晃动激烈，人站不稳，青少年跳窗逃难，学校孩子逃跑踩踏，死亡及受伤共 126 人。但隔震房屋内的人毫无震感。震后，从窗外看到马路上挤满惊恐逃跑的人们，才知道刚才发生了地震，但隔震房屋内的人感到很安全，安心住在隔震屋里，不必外逃。

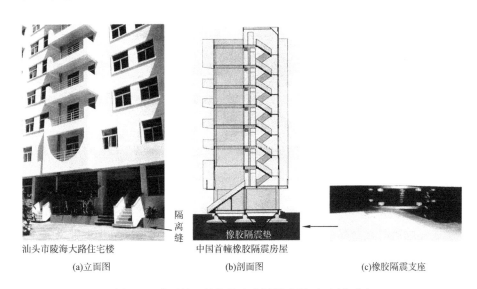

图 1-5 我国第一栋橡胶支座隔震房屋（8 层住宅）

【实例 2】乌鲁木齐石化厂隔震住宅楼群，共 38 栋 18 万 m²，2000 年建成，为当年全世界面积最大的隔震住宅群，采用了基础隔震形式，结构地震反应降为 1/7。在 7~8 级大地震时可保证安全。

【实例 3】北京地铁地面枢纽站大面积平台上隔震住宅楼（通惠家园），隔震建筑面积 48 万 m²，是当年世界面积最大的层间隔震建筑群，隔震层设在二层平台顶部（图 1-6），采用三维隔减振体系，结构地震反应降为 1/6，火车引起的振动降为 1/10，既确保地震安全，也避免地铁振动干扰。

图 1-6 北京地铁地面枢纽站大面积平台上隔震住宅楼

【实例 4】芦山县人民医院隔震楼。2008 年汶川地震后澳门援建的医院建筑（图 1-7），包括采用了橡胶支座隔震技术的门诊楼 1 栋，采用抗震（未隔震）的住院楼 2 栋。2013 年芦山地震中，抗震的 2 栋住院楼破坏严重，功能中断和瘫痪，而隔震的 1 栋门诊楼，结构和室内设备仪器完好无损，震后马上投入紧张繁重的医疗抢救工作，隔震门诊楼成为震后全县急救医院。医院曾院长说："地震后全县所有医院都瘫痪了，就剩这栋隔震楼，成为全县唯一的急救中心，如果没有这栋隔震楼，灾后就无地方对重伤员进行抢救了，后果真是不堪设想……"

(a)医院3栋建筑　　　　　　　(b)抗震住院楼震后破坏瘫痪　　　　　(c)隔震门诊楼震后完好无损

图1-7　芦山县人民医院隔震与抗震楼

【实例5】汶川第二小学，钢筋混凝土多层教学楼共7栋，全部隔震，2010年建成。老师对学生说："地震时，千万不要往外跑！我们待在隔震楼里，屋里比屋外更安全。"2013年4月20日发生芦山7级地震，从装在几个建筑物（隔震和抗震）中的仪器得到的地震反应记录看，隔震楼的地震反应，只有相邻的抗震房屋地震反应的1/8~1/6，所有隔震楼完好无损，隔震楼就像"安全岛"。

（2）复杂建筑

【实例6】昆明新机场隔震航站楼，隔震建筑面积50万 m²，是目前世界最大的单体隔震建筑（图1-8）。因为靠近地震断层，地震危险性较大。采用隔震技术，能够在大地震时保护结构安全，保护上部曲线彩带钢柱不损坏，保护特大玻璃不破坏，保护大面积顶棚不掉落，还要在大地震时保护内部设备仪器不晃倒、掉落损坏，确保地震后航运功能不中断等。2015年3月9日，云南嵩明县发生4.5级地震，昆明新机场隔震航站楼的仪器记录如下：地震时，楼面加速度反应降为地面加速度反应的1/4，隔震效果非常明显。

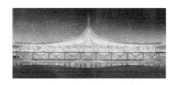

图1-8　昆明新机场隔震航站楼

2015年开工建设的北京新机场，航站楼约70万 m²，采用全隔震技术，建成后是全球最大的单体隔震建筑，将会是隔震技术在全球范围内的新范例。

即将建设的海南海口美兰国际机场（二期），新航站楼约30万 m²，也采用全隔震技术。

我国地震区的新建机场，有采用全隔震技术的趋势。这将大大提高我国机场的防震安全性，确保大地震发生时机场航运功能不中断，大大提高我国城市防震减灾能力，造福子孙后代!

(3) 长大桥梁结构

【实例7】港珠澳大桥长约26km，桥梁采用隔震技术，是目前世界最长的隔震桥梁。隔震支座设置在桥墩顶部。地震时，把可能在桥墩底部出现变形裂缝的抗震桥，转变为在桥墩顶部的隔震支座的水平变形，使桥墩保持弹性状态，避免浸在海水中的桥墩底部出现难以修复的损坏（图1-9a），并把桥梁的地震反应大幅降低。广州大学对港珠澳大桥分别做了隔震和抗震的振动台对比试验研究（图1-9b），试验结果表明，隔震与非隔震的地震反应比为1/5，防震安全性大幅提高，能确保桥梁在大地震时的安全。

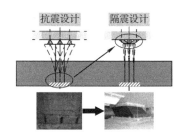

(a)抗震桥与隔震桥(桥墩顶隔震)　　　　　　　　　　　　　　(b)振动台试验模型

图1-9　港珠澳大桥隔震体系及振动台试验

(4) 核电站地震保护

2007年日本新潟地震引发了核事件。2011年3月11日日本东海大地震，引发福岛核电站（建于20世纪70年代）第一核电站三号机组爆炸，震惊了日本和整个世界。但新建的福岛核电站指挥部大楼采用隔震技术，在这次地震中表现极为出色，结构及装修无任何损坏，内部设备仪器无一掉落，完好无损，保证了指挥系统功能照常运行，成为地震后的指挥中心。

利用核能，有人称之为"人与魔鬼打交道"，必须做到万无一失。采用隔震技术，被国内外认为是保护核电站地震安全的最有效途径之一。经深入研究分析和部分应用得知，核电站采用整体隔震体系，可使核电站结构和内部设备仪器的地震反应降为原来的1/8~1/6，可使核电站场地的容许地震动加速度从0.20g提高至0.80g，即意味着，可在高烈度地震区建设核电站。隔震技术也有利于核电站结构与设备设计的标准化，为保证核电站地震安全展现了光辉的前景！

目前，世界已建成3座隔震核电站，有多个采用隔震技术的核电站正在施工或设计中。

(5) 乡镇农村房屋隔震技术

我国广大乡镇农村地区农民住房，抗震问题非常严重。农村建房缺技术，无正规设计和施工，材料多为砖、石、木等，抗震性能很差。小震大灾、中震巨灾的现象在我国乡镇农村地区频频发生，广大乡镇农村农民并未能分享现代科学技术进步的成果。如何把隔震技术应用于我国广大乡镇农村地区，保护广大农民生命和财产，是我们这一代人的重要任务。

广州大学和相关单位部门合作，对我国乡镇农村房屋隔震技术进行了多年的研究、试验和应用，取得了可喜的进展。已开发了适合我国广大乡镇农村地区应用的"弹性隔震砖"技术体系。

【实例8】适合农村地区应用的"弹性隔震砖"技术体系（图1-10）。该体系设计施工简单，免大型建筑机械，农民工匠就能自建，造价很低。地震振动台实验表明，应用"弹性隔震砖"的简易砖房，能经受7~8级地震而完好无损。

可以预期，"弹性隔震砖"技术的推广应用，将为我国广大乡镇农村房屋的地震安全、建设美丽并安全的新农村、保护广大农民生命和财产、终止我国地震造成的一次次重复的大灾难作出重大贡献。

(a) "弹性隔震砖"技术体系　　　　　　　(b) "弹性隔震砖"铺设

(c) "弹性隔震砖"房屋施工　　　　　　　(d) "弹性隔震砖"房屋建成

图1-10　乡镇农村"弹性隔震砖"隔震房屋

四、消能减震技术及其应用

1. 消能减震体系

结构消能减震体系，是把结构物的某些非承重构件（如支撑、剪力墙等）设计成消能构件，或在结构的某些部位（节点或联结处）安装耗能装置（阻尼器等），在风荷载或小地震时，这些消能杆或阻尼器仍处于弹性状态，结构物仍具有足够的侧向刚度，以满足正常使用要求。在中强地震发生时，随着结构受力和变形的增大，这些消能构件和阻尼器率先进入非弹性变形状态，产生较大阻尼，消耗输入结构的地震能量，使主体结构避免进入明显的破坏并迅速衰减结构地震反应，从而保护主体结构在强地震中免遭过度破坏。

传统抗震结构是通过梁、柱、节点等承重构件产生裂缝、非线性变形来消耗地震能量的，而消能减震结构是通过耗能支撑、阻尼装置等产生阻尼，先于承重构件损坏而进行耗能，衰减结构震动，从而起到保护主体结构的作用（图1-11）。

与传统的抗震体系相比较，消能减震体系有如下的优越性：

（1）传统抗震结构体系把结构的主要承重构件（梁、柱、节点）作为消能构件，地震中受损坏的是这些承重构件，甚至导致房屋倒塌。而消能减震体系则是以非承重构件作为消能构件或另设耗能装置，它们的损坏过程是保护主体结构的过程，所以是安全可靠的。

（2）消能构件在震后易于修复或更换，使建筑结构物迅速恢复使用。

（3）可利用结构的抗侧力构件（支撑、剪力墙等）作为消能构件，无须专设。

（4）有效地衰减结构的地震反应 20%～50%。

由于上述的优越性，消能减震体系已被广泛用于高层建筑、大跨度桥梁等结构的地震保护中。

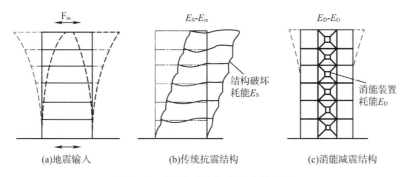

图 1-11　消能减震体系的减震机理

2. 消能减震体系的工程应用

消能减震结构体系按照所采用的减震装置，可以分为"速度相关型"和"位移相关型"。速度相关型阻尼器，主要有黏滞型阻尼器（其耗能能力与速度大小相关），包括油阻尼器、黏弹性阻尼器等。位移相关型阻尼器（其耗能能力与位移大小相关），包括金属屈服型阻尼器（包括软钢阻尼器、铅阻尼器、屈曲约束支撑 BRB、形状记忆合金 SMA 等）、摩擦阻尼器等。近年来，以陈政清为代表的团队研发了高灵敏、高效能、高耐久性的电涡流阻尼减震装置，是耗能减震领域的革命性突破。

美国是开展消能减震技术研究较早的国家之一。早在 1972 年竣工的纽约世界贸易中心大厦的双塔楼就安装了黏弹性阻尼器，有效地控制了结构的风振动反应，提高了风载作用下的舒适度。日本也是应用消能减震技术较多的国家。31 层的 Sonic 办公大楼共安装了 240 个摩擦阻尼器；日本航空公司大楼使用了高阻尼性能阻尼器。加拿大也较早研究了摩擦消能减震支撑并大量应用。世界各国应用消能减震的工程案例不胜枚举。

本文作者通过多方面的试验研究，提出了在高层建筑中设置"钢方框消能支撑"进行消能减震，并完成了足尺模型的试验，于 1980 年在洛阳市建成我国第一栋设置有钢方框消能支撑的厂房结构。

我国自 20 世纪 80 年代起一直致力于消能减震技术的研究工作和工程实践应用，目前已自行研发出了一些消能减震装置，并提出了与之适应的新型消能减震结构体系，完成了多项消能装置的力学性能试验和减震结构的模拟振动台试验研究，获得了大量有学术价值的研究成果。

消能减震技术在我国工程结构中的应用范围和应用形式越来越广泛，在各种重要建筑及大跨桥梁中均有较多的应用。目前全世界建成的消能减震房屋和桥梁约有 20000 余座。

【实例9】消能减震支撑在房屋结构减震中的应用（图1-12）。

(a)油阻尼器消能减震支撑　　　　　　　　　　　　(b)屈曲约束支撑
（BRB消能支撑）

图1-12　房屋结构中的消能减震支撑

【实例10】黏滞阻尼器应用于控制斜拉桥位移量和控制桥梁纵飘反应（图1-13）。

(a)Maysville斜拉桥　　　　　　　　　　(b)Maysville斜拉桥的阻尼器

图1-13　斜拉桥中的油阻尼器

五、控制技术的发展和应用

　　随着高强轻质材料的采用，高层、超高层等高柔结构及特大跨度桥梁不断涌现，如果采用传统的"硬抗"途径（加强结构断面、加强刚度等）来解决风振和地震安全问题，不仅很不经济，而且效果差，常常难以解决问题。而巧妙的结构控制技术，为解决超高、超长结构的风振和地震安全问题提供了一条崭新的途径。

　　结构控制是指在结构某个部位设置一些控制装置，当结构振动时，被动或主动地施加与结构振动方向相反的质量惯性力或控制力，迅速减小结构振动反应，以满足结构安全性和舒适性的要求。其研究和应用已有40多年的历史。

　　结构振动控制，主要是为了满足高层建筑、超高层建筑、电视塔等高耸建筑结构的抗风、抗震性能。按照是否需要外部能量输入，结构控制可分为被动控制（免外部能量输入）、主动控制（需外部能量输入）、半主动控制（改变结构刚度或阻尼）和混合控制（被动控制加主动控制）等4类：被动控制系统主要有调谐质量阻尼器（TMD）、调谐液体阻尼器

（TLD）等；主动控制系统主要有主动质量阻尼系统（AMD）、混合质量阻尼器（HMD）等；半主动控制系统主要有主动变刚度系统（AVS）、主动变阻尼系统（AVD）等；混合控制是将主动控制和被动控制同时施加在同一结构上的控制形式。

全世界首次将控制技术应用到建筑结构的，是 1989 年建成于日本东京的 Kyobashi Center，采用了 AMD 控制系统。之后，控制技术在全世界得到了广泛的发展和应用。

【实例 11】2009 年建成的广州塔是我国在超高层建筑中成功应用混合控制技术的典范（图 1-14）。由广州大学、哈工大、广州市设计院和 ARUP 等单位合作，为该塔的风振和地震安全控制研发了新型主动加被动的混合控制系统（HTMD）。

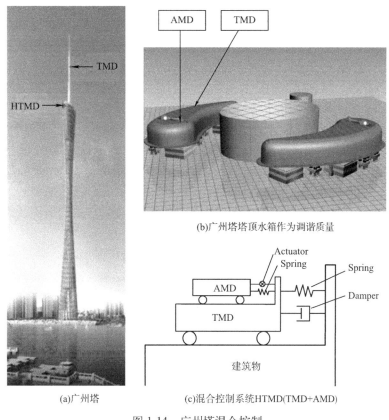

(a)广州塔 (b)广州塔塔顶水箱作为调谐质量 (c)混合控制系统HTMD(TMD+AMD)

图 1-14　广州塔混合控制

广州塔采用混合控制体系，是经过多方比较分析的。如果采用被动控制（免外部能量输入）的调谐质量阻尼器（TMD）体系，技术成熟可靠，造价低，但只能减震 10% ~30%，桅杆是满足要求的，但主体结构达不到减震要求。如果采用主动控制（需外部能量输入）的主动质量阻尼系统（AMD），能减震 30% ~60%，但技术成熟性和可靠性较差，造价也高。经过深入分析和试验研究，采用混合控制体系（HTMD），即在被动调谐质量装置（TMD）上再设置一小质量的主动调谐系统（AMD），技术成熟性和可靠，减震效果达到要求，能减震 20% ~50%，造价也不高。该体系还巧妙地利用塔顶 2 个消防水箱（各 600t）作为调谐质量，不必额外专门制设钢制质量球，更加经济。

广州塔利用塔顶水箱作为调谐质量的混合控制系统 HTMD（TMD+AMD），从形式上看是双层调谐质量在运动。通过小质量块的快速运动产生惯性力来驱动大质量块的运动，从而抑制主体结构的振动。当主动调谐控制系统失效时，就变为被动调谐质量阻尼器（TMD），因此具有 fail-safe（失效仍安全）的功能。这保证该系统在很不利的条件下，都能正常运行，可靠性很高。

通过结构分析和振动台试验表明，广州塔在用了 HTMD 系统后可有效减震 20%~50%。该塔建成后，经历了多次大台风的考验，实测有效减震 30%~50%。这进一步实际验证了 HTMD 应用在高耸结构上的有效性、可靠性和经济性。

六、抗震、隔震、减震的技术比较和未来的技术选择

1. 抗震、隔震、减震技术比较

抗震：结构自振周期很难远离地面卓越周期，地震时容易发生一定程度的共振，结构的震动反应可放大至 200% 以上，大地震时会严重威胁结构和内部设施的安全。

消能减震：通过增大结构阻尼来消耗能量以减轻结构地震反应，可减震 20%~50%（即降低至 80%~50%），但结构震动放大系数仍大于 1，约为 1.20~1.80。能实现降低结构位移（地震变形）反应的目标，减少结构的破坏程度，提高结构的抗倒塌安全性。

隔震：通过延长结构自振周期，避开振动共震区，有效隔离地震。可减震 75%~90%（即降至 25%~10% 或约 1/4-1/8），大幅提高结构安全性。震动放大系数远小于 1，约为 0.10~0.30。能大幅减低结构加速度反应（地震作用），既能在大地震中保护结构安全，也能保护内部设施完好无损，使用功能不中断。

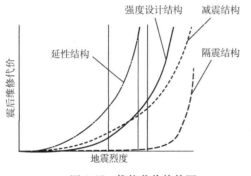

图 1-15　维修代价趋势图

2. 抗震、隔震、减震结构地震损坏维修代价比较

图 1-15 为日本 Yusuke WADA 教授绘制的日本传统抗震结构与减震、隔震结构在震后维修代价随地震烈度变化的趋势图。可以看出：

在发生烈度较小地震时，抗震结构尤其是延性设计的结构就会发生损坏，包括非结构构件或室内设备仪器，震后维修代价较大；而减震结构的损坏较轻微，震后维修费用较低；而隔震结构完好无损。

当发生烈度较大地震时，延性设计的结构破坏程度就会加剧甚至倒塌，直到失去维修价值；而减震结构在较大烈度地震时的破坏主要还是减震装置的破坏，在经历地震后，只需更换、维修损坏的减震装置，而隔震结构完好无损。

在发生烈度特大地震时，延性设计的抗震结构已经倒塌；减震结构比强度设计的抗震结构破坏程度轻些，维修代价低于抗震结构；而隔震结构仍然完好，仅在隔震层（隔震支座或柔性管线连接等）有轻微损坏，稍加维修即可恢复正常。

3. 减轻或终止我国地震灾难的技术选择

近年来，世界各地及我国已呈现地震频发的趋势。目前，我国要在全国范围内大幅度提高城乡抗震设防标准仍有难度，但对于有可能出现的巨灾不可不防。传统强度设计和延性设计已不能满足我国大规模城乡建设发展对抗震的要求，而隔震、减震及控制技术正好弥补了传统抗震技术所不能满足的技术要求。

隔震、减震及结构控制技术是四十年来地震工程领域的重大创新成果，是城乡建筑大幅提高地震安全性、防止地震破坏的最有效途径，是终止我国城乡地震灾难的必然技术选择。在 2015 年第 14 届国际隔震减震与控制大会上，国内外专家一致认为："工程结构，包括旧有结构，广泛采用隔震减震技术的时代来临了！"

本文原载于《城市与减灾》2016 年第 5 期

参考文献

[1] 赵荣国，李卫平，陈锦标.世界地震灾害损失的统计 [J]. 国际地震动态，1996（12）.

[2] 周福霖.工程结构减震控制 [M]. 北京：地震出版社，1997.

[3] 周福霖.隔震消能减震和结构控制技术的发展和应用 [J]. 世界地震工程，1989（4）–1990（1）.

[4] 谢礼立，马玉宏.现代抗震设计理论的发展过程 [J]. 国际地震动态，2003（10）.

[5] 周福霖.建筑结构减震控制新体系：减轻城市地震灾害的有效途径 [J]. 自然灾害学报，1995（4 卷增刊）.

[6] 周福霖，俞公骅等.结构减震控制体系的研究、应用与发展 [J]. 钢结构，1993（1）.

[7] Zhou Fu lin, Tan Ping, Yan Weiming and Wei Lushun.Theoretical and experimental research on a new system of semi-active structural control with variable stiffness and damping. Earthquake Engineering and Engineering Vibration，Vol.1 No.1.2002.

[8] 刘彦辉，谭平，周福霖等.广州电视塔直线电机驱动的主动质量阻尼器动力特性研究 [J]. 建筑结构学报，2015（4）.

[9] 欧进萍.结构振动控制：主动、半主动和智能控制 [M]. 北京：科学出版社，2003.

2 安全韧性城市发展趋势

范维澄

(中国工程院院士)

一、形势与背景

城镇化是我国实现现代化的重大战略选择。从 1978 年到 2017 年，我国城镇化率年均提高 1 个百分点，城镇常住人口由 1.7 亿人增加到 8.1 亿人，城市化率从 17.9% 上升到了 58.52%。

中国正经历着世界最大规模的城镇化进程。目前，我国城市达到 658 个，其中 100 万人口以上的城市 140 个，500 万人口以上的城市 16 个，全国建制镇达到 20113 个。与国外对比发现，我国 20 世纪 80 年代以来，城市数量和人口迅速增长，远超其他国家。

城市化与灾害事故有一定的联系。随着城镇化率的迅速提升，城市发生事故的总量、强度也在提升。

"十三五"时期，是我国深入推进"五化"（工业化、城镇化、市场化、信息化和国际化）的关键点。然而，城市人口、建筑、财富、生产等要素高度集中，一旦发生突发事件，极易产生连锁效应，影响巨大。我国面临着严峻复杂的城市公共安全形势。

我们党和国家高度重视公共安全。习近平总书记指出：公共安全建设对于构建和谐社会，推动全面小康建设，乃至于中华民族的伟大复兴都具有非常现实和深远的意义。

2014 年 4 月，习近平总书记在国家安全委员会第一次会议上强调：要坚持总体国家安全观，坚持统筹发展和安全两件大事。安全提升到了与发展同等重要的国家战略的位置。

2015 年 6 月，习近平总书记在中共中央政治局第二十三次集体学习时强调，要编织全方位、立体化的公共安全网。

2015 年 12 月，习近平总书记在中央城市工作会议上强调，城市发展要把安全放在第一位。

2017 年 10 月，习近平总书记在党的十九大报告中指出，要加快推进国家治理体系和治理能力现代化，使人民获得感、幸福感、安全感更加充实、更有保障、更可持续。

2019 年 1 月，习近平总书记在省部级主要领导干部坚持底线思维着力防范化解重大风险专题研讨班上强调，要提高防控能力，着力防范化解重大风险。

2019 年 10 月 31 日，党的十九届四中全会公报指出："要完善正确处理新形势下人民内部矛盾有效机制，完善社会治安防控体系，健全公共安全体制机制，构建基层社会治理新格局，完善国家安全体系。"

2019 年 11 月 1 日，应急管理部党组书记黄明主持召开应急管理部传达党的十九届四中全会精神党组专题会讲话时强调："新时代应急管理制度是推进国家治理体系和治理能力现代化的创新性制度安排，要坚持和完善、巩固和发展。"

2019 年 11 月 29 日，中共中央政治局就我国应急管理体系和能力建设进行第十九次集体学习时，习近平总书记对应急管理工作提出了一些具体要求："要健全风险防范化解机制，坚持从源头上防范化解重大安全风险，真正把问题解决在萌芽之时、成灾之前。""要适应科技信息化发展大势，以信息化推进应急管理现代化，提高监测预警能力、监管执法能力、辅助指挥决策能力、救援实战能力和社会动员能力。"

二、国外发展趋势

应对各种自然灾害和事故灾难是人类共同的使命。因为造成人员伤亡、各种损失的自然灾害和事故灾难，是人类共同的敌人。而要应对自然灾害和事故灾难，单靠任何一个国家的努力是不够的。

2015 年 3 月，国际标准化组织（ISO）新组建了安全标准化技术委员会（ISO-TC292），原来的名称叫安全（Security）。2015 年 3 月，将其名称由"安全"拓展为"安全与韧性"（Security and Resilience）。

2015 年 3 月 14~18 日，在日本仙台召开的第三届联合国减灾大会（WCDRR）的重要主题就是韧性（Resilience）。当时提出了"韧性"的概念，即："一个暴露于危害之下的系统、社区或社会，通过保护和恢复重要基本结构和功能等办法，及时有效地抗御、吸收、适应灾害影响和灾后复原的能力"。

伦敦提出要构建"韧性伦敦"（London Resilience）。"韧性伦敦"的构建也是从风险评估来做起，主要评估伦敦可能发生的重大灾害事故风险及应对能力和措施。当重大灾害事故发生时，城市可以快速决策响应减小损失。对于"韧性"，伦敦强调个人在应对突发事件的时候应该如何做，企业应该如何做，社区应该如何做，乃至整个城市应该如何做。

纽约在"桑迪"飓风对其生命线系统造成重大破坏以后，纽约市长提出要建设一个更加强大、更具韧性的纽约（A Stronger，More Resilient New York），旨在保护城市建筑、地铁、交通、道路等城市生命线关键基础设施。

美国国土安全部对城市基础设施的保护和灾害管理有一个相当全面的规划，包括了持续监测、数据融合、巨灾预警，而且通过推演和研判进行实时决策，对常态化进行安全规划和重点管理。

新加坡也提出了构建"韧性城市"（Resilient City）。新加坡的韧性城市一方面是强调政府领导的作用，包括对长远趋势的预测、政府决策等，另一方面是强调个人和社区的共同参与，包括协同合作调动多方资源、社区自我恢复、联合网络联动、多样性及创新性、监督与平衡等内容。这里的网络联动不是狭义的网络，而是指社会治理的网络。

日本提出了城市公共安全架构，包括应急响应系统、多部门协同系统、关键基础设施管理系统、市民服务和移民控制系统、公共管理服务系统、警务执法系统和信息管理系统。对城市重点区域进行全面的监测、监控，并进行实时的安全评价和预警。日本做这些工作相当细致。东京大学教授介绍，假定日本东京发生一次 9 级地震，会有多大的损失？要评估在不同的时段，还要评估震中是在东京的什么位置，因为同样的 9 级地震带来的损失和应对的方式会有很大的差异。

墨西哥是一个发展中国家，城市安全项目旨在应对犯罪、恐怖袭击、自然灾害等风险，保障城市的安全。该项目使用了大量的监控设备，并整合了交通管理、紧急呼叫、事件管理和危机模拟等功能。墨西哥的安全城市，建设了 1 个国家控制中心、5 个区域控制中心、2 个移动控制单元以及联合预警等。

另外，建立城市的多灾种的试验设施，研究城市复合灾害机理与规律也是目前国外的发展趋势。

三、安全韧性城市发展研究

1. 什么是韧性

韧性（resilience）源自拉丁文 resilio（re=back，silio=to leap），即跳回的动作。韧性首先被物理学家用来表示弹簧的特性，阐述物质抵抗外来冲击的稳定性。

韧性的概念原来一直是在物理学领域，到 20 世纪 70 年代才进入了生态领域。1973 年，加拿大生态学家 Buzz Holling 首次将韧性概念引入生态系统研究中，将其定义为"生态系统受到扰动后恢复到稳定状态的能力"。从 20 世纪 70 年代开始，对韧性的研究领域从生态系统扩展到多学科领域，韧性内涵不断得到深化。

2. 安全韧性城市

安全韧性城市是具备在逆变环境中承受、适应和迅速恢复能力的城市，其强调城市适应不确定性的能力。即受到较小强度冲击时，城市可以将冲击吸收；受到中等强度冲击时，城市可以将冲击消减；受到较大强度冲击时，城市能够承受并可以迅速恢复（如图 2-1）。

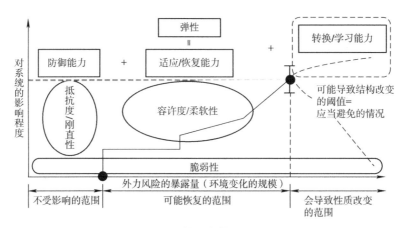

图 2-1 韧性城市的三个阶段

3. 城市公共安全三要素

城市由人、物、运行系统三要素构成。城市本身的系统是开放复杂的巨系统，如果子系统发生了突变，就会导致城市整个复杂系统的紊乱，也就是会发生灾害事故。但是城市还可能受到外界的影响，外界的影响对自然来讲就是自然灾害。自然灾害和城市三要素相互作用，导致城市出现比较大的问题。外界的作用不仅仅是自然灾害，也可能来自于恐怖袭击。保障人、物、城市运行系统的安全，需要"智慧"的技术、管理和文化。

4. 城市安全韧性三角形模型

清华大学对城市安全的研究，提出了安全韧性三角形模型（如图 2-2），研究事件、承载载体、安全韧性管理，只有把这几个部分都统筹起来，制定规划并实施，才能全面提升城市韧性。

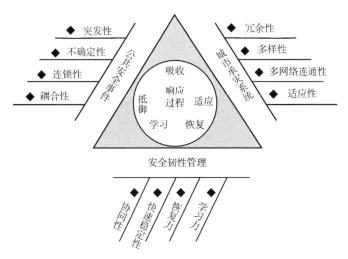

图 2-2 城市安全韧性三角形模型图

5. 安全韧性城市科技支撑能力亟待提高

国家从科技角度对安全韧性城市非常重视，"十三五"期间，科技部设置了重点专项，着力于社会安全和生产安全的突发事件，承担载体包括城镇和重大基础设施，应急管理主要是综合平台和应急的技术装备。

目前，国家支持城镇公共安全保障的项目比"十二五"时期大幅提升，前沿科学问题基础研究包括城市综合风险预测、脆弱性分析与韧性提升理论。

另外，国家重大基础设施、城市地下空间、轨道交通、大型活动场所等事故时有发生，国家重大基础设施和城镇安全风险评估与应急保障技术亟待突破，安全韧性城市科技支撑能力亟待提高。

6. 智慧安全韧性城市构建

智慧安全韧性城市构建有三大要素：一是科技的创新引领；二是管理水平的提升；三是安全文化。这三个方面结合起来，整体上为构建安全韧性城市服务。智慧安全韧性城市创新驱动包括智慧、韧性技术装备发展，智能化、强韧化管理能力水平提升，群智化安全文化发展。

构建智慧安全韧性城市，要利用先进的公共安全管理理念与技术，结合大数据、云计算等新兴信息技术，开展城市的全方位物联网监测、评估与精细化管理，提升城市对公共安全事件的抵御、吸收、适应、恢复、学习的能力。按照习近平总书记的指示，打造全方位、立体化的城市公共安全网。构建智慧安全城市，涉及点、线、面，整体上利用物联网、大数据、人工智能等。

原来关注安全事件只关注物理特征，如倒塌了多少间房屋、伤亡了多少人等。现代社会单描述物理情景是不够的，还要密切关注网络的反应——就是所谓的舆情，还要关注人受到网络报道的影响。多数人跟突发事件现场距离很远，完全没有直接的利害关系，但是他们关注这些突发事件，结果可能会引起一部分人的心理和行为发生变化。因此，关注一个突发事件，要从三元社会视角去认识，对突发事件进行情景构建、情景推演，做好全面应对的准备。

7. 安全韧性城市的复杂性需要智慧应对

安全韧性城市包括城市综合风险评估技术、次生衍生事件预测预警技术、预警信息发布技术、物联网监测与快速预警技术、智慧应急一张图技术、大数据＋云平台体系架构。

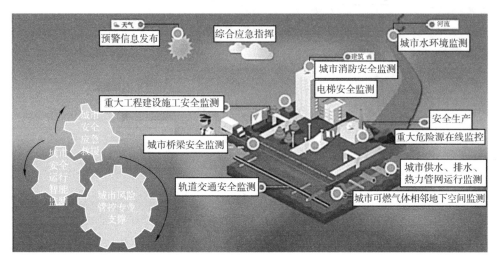

图 2-3　N 项专项系统支撑智慧安全韧性城市三大能力展示

如图 2-3，对城市安全工程来讲，有很多专项，通常针对具体专项有专项指挥部。做城市安全专项工作必须沉下去，沉到基层和社区，对各个专项要有相应的措施。这些专项做好能够提升安全韧性城市三大能力，即城市风险管控能力、城市安全运行能力和城市安全应急能力。图 2-3 中涉及的专项非常多，而且对城市来说，任何一个专项发生问题，都会造成很大的影响。

四、案例应用

我们参与了雄安新区的安全规划和城市安全韧性构建的专题研究，承担了其中全面感知、高效预测、智能决策和主动保障。安全韧性城市创新集成，由强韧化技术装备发展、精细化管理水平提升、群智化安全文化发展组成。我们把科技、管理、文化一一细化，为雄安新区的安全规划提供了科技支撑。在安徽省合肥市，我们从城市的生命线工程切入，成立合肥市城市生命线工程安全运行监测中心，与建委、供水、燃气等相关部门和机构建立互联互通对接机制，构建系统性、现代化的城市安全保障体系。

在浙江省杭州市，我们从应急平台系统切入，融合多部门数据，重点实现多部门、多平台的数据交换、共享。在 G20 峰会安保期间，为峰会医疗保障及城市安全提供全方位监控及流程化管理。在杭州，还进行了"两合三图四化"的模式创新，即基础数据与专业数据融合，应急服务和专业服务融合；采取日常监管一张图，应急指挥一张图，资源管理一张图；建立数据可视化，监测智能化，指挥流程化，管理精细化。2016 年 9 月杭州非常成功地举办了 G20 峰会，受到国内外高度的评价，杭州的应急联动指挥平台和杭州 G20 峰会医疗保障应急指挥平台也实实在在发挥着作用。杭州在安全发展城市方面已走在了全国前列。

五、结语

安全韧性城市涵盖了科技、管理、文化三大要素，覆盖事前、事中、事后应急管理的全流程，强调城市对公共安全事件的抵御、吸收、适应、恢复和学习的能力，对于有效应对城市突发事件和可持续发展具有重要的意义。

以公共安全技术为支撑，以安全韧性前沿理念为先导，以三元社会的视角充分利用物联网、大数据、云计算、移动互联、区块链、人工智能等新兴信息技术，编织全方位、立体化公共安全网，将构建出智慧安全韧性城市，保障城市安全发展。

注：2019 年 12 月 12~13 日，首届中国国际城市安全发展研讨会在浙江省杭州市举行。本文是公共安全领域专家、中国工程院院士、清华大学公共安全研究院院长范维澄在研讨会上的发言全文，经范维澄院士的认可，发表于《劳动保护》2020 年 3 期。

3 建筑抗震鉴定与加固技术研究新进展

程绍革　尹保江　史铁花

（中国建筑科学研究院有限公司工程抗震研究所　北京 100013）

一、引言

我国是个地震多发国家，地震中造成大量人员伤亡的主要原因是建筑物的倒塌，提高建筑物的抗震能力，即对新建工程按新的抗震设计规范设计建造，对现有房屋进行抗震鉴定，不满足鉴定要求的房屋进行抗震加固，这已被历次地震所验证是减轻地震灾害行之有效的措施。

2016 年习近平总书记视察唐山时强调，坚持以防为主、防抗救相结合，坚持常态减灾与非常态相统一，努力实现从注重灾后救助向注重灾前预防转变，从减少灾害损失向减轻灾害风险转变，全面提升全社会抵御自然灾害的综合防范能力。2018 年中央财经委员会第三次会议正式提出实施"九大工程"，包括实施灾害风险调查和重点隐患排查工程、掌握风险隐患底数，实施地震易发区房屋设施加固工程、提高抗震防灾能力等。

2016 年国家重点研发计划课题"既有公共建筑防灾性能与寿命提升关键技术研究与示范"（编号：2016YFC0700706）启动，由中国建筑科学研究院有限公司牵头，联合上海市建筑科学研究院、北京建筑大学和福州共同实施。研究内容包括抗震、防火、大跨结构阻尼减振及结构耐久性评估与修复，取得了丰硕的成果。这里仅对在抗震鉴定与加固技术方面的部分研究成果作简要介绍。

二、抗震鉴定加固时的地震作用取值

1. 历史的回顾

现有建筑抗震鉴定与加固时地震作用取值如按新建工程的标准取值势必造成加固工程量的增加，另外也会带来技术上的难度。按照国家的技术政策，考虑经济与技术条件及需要加固工程量很大的具体情况，抗震鉴定与加固的设防目标要低于新建工程的设防目标，包括地震作用的取值与抗震构造措施。在地震作用取值上，我国的鉴定标准中仍采用了与新建工程相同的地震作用计算方法，但地震作用可乘上一个小于 1.0 的折减系数，以体现现有建筑抗震鉴定与新建工程抗震设计的差别。

我国 95 版以前的鉴定标准中的地震作用折减系数主要依据专家的经验确定，不同类型结构的折减系数有差别[1]。自 95 版鉴定标准开始从理论上对不同后续使用年限的地震作用计算进行研究[2,3]，其中一条重要原则是在不同后续使用年限内具有与现行抗震设计规范相同的"三水准"超越概率，确定折减系数的思路是按等效超越概率折减设防烈度，进而进行地震作用的折减，由此得到后续使用年限 30 年、40 年多遇地震作用折减系数分别为 0.75 和 0.88。基于这个思路，文献 [4] 进而对三水准的地震作用折减系数进行了研究，认为现行鉴定标准中的系数不适于大震作用验算，结果将偏于不安全（图 3-1）。

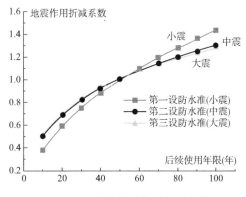

图 3-1 三水准地震作用折减系数

2. 地震烈度与地震作用的概率分布

有研究表明 [5]：地震烈度的概率分布符合极值Ⅲ型分布，地震作用符合极值Ⅱ型分布。文献 [6]、[7] 基于地震危险性理论，从不同震源机制、传播衰减规律等方面证明了上述观点，并对大陆近 50 年内发生的年最大地震震级进行拟合分析得到以下公式。

地震烈度的分布函数：

$$F(I) = \exp\left(-\left(\frac{11.89 - I}{2.92}\right)^{2.94}\right) \tag{1}$$

地面峰值加速度的分布函数：

$$F(A) = \exp\left(-\left(\frac{A + 1003}{1504}\right)^{-4.91}\right) \tag{2}$$

上述两式再次佐证了地震烈度的确属于极值Ⅲ型分布，而地震作用属于极值Ⅱ型分布。

在同一地点的不同建筑其设防烈度应该不存在差别，对既有建筑考虑其已使用多年而降低设防烈度在逻辑上是说不通的，同时也难以从概率角度保证"三水准"设防目标的实现。事实上工程技术人员更关心的地震作用的取值而非设防烈度的调整，鉴于地震烈度与地震作用概率分布的差异，因此有必要直接从地震作用的概率分布入手，研究不同后续使用年限的地震作用取值。

3. 不同后续使用年限的地震作用计算 [6, 7]

首先构造出符合极值Ⅱ型分布的地震动参数概率分布函数：

$$F(A) = \exp\left(-\left(\frac{A}{\sigma}\right)^K\right) \tag{3}$$

式中：σ 为超越概率 63.2% 对应的地震动参数取值；K 为形状参数。

根据等超越概率原则，不同后续使用年限内保持应与新建工程具有相同的超越概率，这样等同于 50 年的等效超越概率按下式计算：

$$P_{i, T} = 1 - (1 - P_{i, 50})^{50/T} \tag{4}$$

式中：T 为后续使用年限；i 为设防水准，$P_{i, 50}$ 为对应于设防水准 i 的超越概率；$P_{i, T}$ 为等效超越概率。

将式（4）代入式（3），可得抗震设防水准 i、后续使用年限为 T 年的地震作用为：

$$A_{i, T} = \sigma\left(-\ln(1 - P_{i, T})\right)^{1/K} \tag{5}$$

进而求得以相对设计基准期 50 年的不同后续使用年限对应的地震作用折减系数

$$\mu_T = \frac{A_{i,T}}{A_{i,50}} = \left(\frac{T}{50}\right)^{-1/K} \tag{6}$$

由上式可以看出，地震作用折减系数与抗震设防水准无关，仅与后续使用年限和形状参数有关。形状参数 K 按现行抗震设计规范取值，与设防烈度有关，但经试算形状参数取值对 μ_T 的影响可以忽略，对于后续使用年限 30 年、40 年，折减系数可取 0.8、0.9。

三、框架结构的性能化抗震鉴定方法

1. 抗震性能水准的划分

图 3-2 既有框架模型振动台试验

制作了缩尺比例 1/5 的框架结构模型进行振动台模拟地震试验（图 3-2），为分析填充墙的破坏形式及对主体结构的影响，模型设置部分黏土砖填充墙，填充墙与主体结构分有连接和无连接两种情况。通过分析模型动力特性变化、层间位移反应及对应的模型破坏现象，确定了以层间变形为衡量指标的结构抗震性态划分标准（表 3-1）。

既有框架结构性能水准划分   表 3-1

性能水准	破坏状态描述	衡量标准	临界值
LS0	完好无损	$\theta \leqslant \theta_0$	$\theta_0 = 1/1000$
LS1	非结构构件有损伤	$\theta_0 < \theta \leqslant \theta_1$	
LS2	弹性轻微损伤（个别构件轻微开裂）	$\theta_1 < \theta \leqslant \theta_2$	$\theta_1 = 1/550$
LS3	塑性轻微损伤（较多构件轻微开裂）	$\theta_2 < \theta \leqslant \theta_3$	$\theta_2 = 1/400$
LS4	损伤（结构构件明显开裂）	$\theta_3 < \theta \leqslant \theta_4$	$\theta_3 = 1/200$ $\theta_4 = 1/100$
LS5	中等损伤（个别柱形成塑性铰）	$\theta_4 < \theta \leqslant \theta_5$	$\theta_5 = 1/50$
LS6	严重损伤（同一楼层大多数柱形成塑性铰）	$\theta_5 < \theta \leqslant \theta_6$	$\theta_6 = 1/30$
LS7	倒塌（同一楼层全部柱形成塑性铰）	$\theta_6 < \theta$	

2. 既有框架结构地震易损性分析

（1）分析模型

采用大型有限元程序 Abaqus 对试验模型进行了全过程数值模拟分析，验证了程序建模的可靠性。在此基础上以试验模型为基准，按未考虑抗震、78 版、89 版、01 版和 10 抗规设计了 5 个框架结构分析模型，分别代表不同建造年代的结构。

动力分析选用了 ACT-63 给出的 22 条远场地震波及汶川地震记录到的江油波和什邡八角地震波，共计 24 条天然地震记录。分析时将各条波的幅值分别调至 18gal、35gal、50gal、70gal、100gal、125gal、140gal、200gal、220gal、300gal、400gal、620gal，共 12 个幅值。

对结构的最大层间位移响应进行统计分析，5 个分析结构、24 条地震波、18 个加速度幅值，统计样本数量 1440 个。

（2）地震响应统计

以未设防和按 10 抗规设防两个结构为例，图 3-3 绘出了其在各地震动强度下的最大层间位移角分布散点图，每幅图代表一个结构在 24 条地震波、12 个强度下的最大层间变形响应。

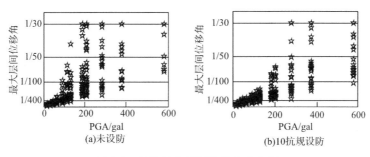

图 3-3　结构最大层间位移角分布图

研究结果表明，地震作用下结构的地震响应服从对数正态分布规律，根据 1440 个样本的统计分析，结构最大层间位移角响应符合自然对数正态分布规律，图 3-4 给出了未设防、按 10 抗规设防两个结构在 8 度设防烈度、罕遇大震下的最大层间位移角的对数正态分布曲线图。

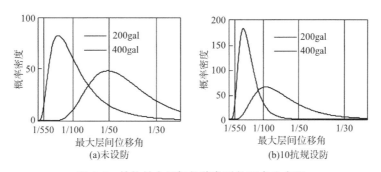

图 3-4　结构最大层间位移角对数正态分布图

从图 3-3 和图 3-4 两个分析模型对比可以看出，随着我国抗规的多次修订，建筑抗震性能得到了大幅提升。

（3）结构地震易损性曲线

地震易损性曲线是指在不同强度地震动作用下结构损伤程度超过指定损伤极限状态的概率，按下式计算：

$$P(u > \mathrm{LSi} | a) = 1 - \Phi\left(\frac{\ln(\theta_i) - \mu_a}{\sigma_a}\right) \tag{7}$$

式中：θ_i 为对应于性能水准 LSi 的最大层间位移角，按表 3-1 取值；μ_a、σ_a 分别为地震动强度为 a 时结构最大层间位移角的对数平均值和标准差；Φ 为标准正态累积分布函数。

为避免因倒塌样本引起的易损性曲线计算结果变异，将式（7）改进为如下形式：

$$P(u > \mathrm{LSi} | a) = P(C) + (1 - P(C))\left(1 - \Phi\left(\frac{\ln(\theta_i - \mu_a)}{\sigma_a}\right)\right) \tag{8}$$

式中 $P(C)$ 为地震动强度为 a 时的倒塌概率。

图 3-5 为未设防和按 10 抗规设防两个结构不同性能水准下的地震易损性曲线。

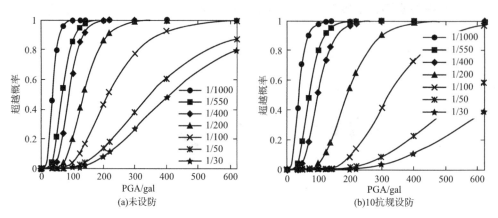

图 3-5　结构地震易损性曲线图

在地震易损性分析中，如何确定性能水准的阈值是个关键，目前国际上尚无统一标准，实际工程中应根据建筑的重要性等相关因素确定判断阈值，现阶段建议暂取 12%。

3. 简化判定方法

在性能化鉴定时，工程技术人员更希望能给出预期地震动强度下结构损伤程度的量化指标，震害指数是目前震害研究中较为常用的分析指标。

首先根据表 3-1 的性能水准确定相应的震害指数取值范围，如表 3-2 所示。

震害指数建议取值　　　　　　　　　　　　　　表 3-2

性能水准	损伤状态	震害指数范围	震害指数中值
LS0	完好无损	[0，0.05]	0.03
LS1	非结构构件有损伤	(0.05，0.10]	0.07
LS2、LS3	轻微损伤	(0.10，0.20]	0.15
LS4	损伤	(0.20，0.30]	0.25
LS5	中等损伤	(0.30，0.55]	0.40
LS6	严重损伤	(0.55，0.85]	0.70
LS7	倒塌	(0.85，1.00]	1.00

其次根据地震易损性曲线构造结构的易损性矩阵 P[PGA，LSi]，行代表不同的加速度幅值，列代表对应的性能水准，矩阵中的每一个元素对应于某一加速度幅值下结构达到对应损伤状态的超越概率，按式（8）计算。

最后按下式计算结构的震害指数 D，将计算结果与表 3-2 震害指数范围对比，确定结构的损伤状态。

$$D = \sum_{i=0}^{7} D_i \cdot P[\text{PGA,LS}i] \qquad (9)$$

四、附加带框钢支撑子结构加固技术 [8~10]

附加子结构加固是一种新兴的抗震加固技术，目前尚处于研究和试点阶段，尤其是外部附加带框钢支撑加固技术的研究。2017 年工程抗震研究所进行了框架结构采用外部附加带框钢支撑加固技术的试验，研究其抗震加固机理、整体受力模式、加固效果及耗能机制等，研究成果已应用于多个抗震加固改造工程中，个别工程还经受住了多次地震的考验。

1. 试验模型简介

共设计制作了 3 榀缩尺比例 1/2 的框架模型。

模型一：三跨两层的未加固框架对比模型，底层柱 225mm×225mm，二层柱 200mm×200mm，框架梁截面尺寸为 150mm×300mm，混凝土设计强度等级为 C20。

模型二：采用强连接钢支撑加固模型，框架部分与模型一完全相同，但在中跨框架增设了附加带框钢支撑。钢梁、钢柱与原框架梁柱间采用锚筋与栓钉连接，并设置螺旋筋注灌浆料浇筑成整体。

模型三：与模型二基本相同，但附加带框钢支撑与框架采用弱连接方式，即钢梁与框架梁采用螺栓连接，钢柱与框架柱脱开无连接。

图 3-6 为试验模型立面示意图。

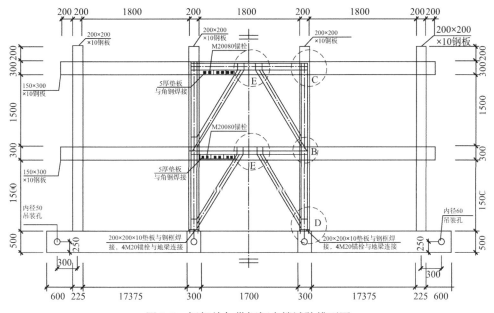

图 3-6　框架外加带框钢支撑试验模型图

2. 模型试验主要结果

（1）骨架曲线

图 3-7 是三个模型的试验骨架曲线对比图，从图中可以看出：采用强、弱连接钢支撑加固模型的屈服荷载与峰值荷载提高了 3.38、2.62 倍，未加固框架的屈服位移角为 1/135，采用强、弱连接钢支撑加固后的屈服位移角分别达到了 1/196、1/156。说明采用带框钢支撑能显著提高框架结构的承载力，并能控制其层间变形。

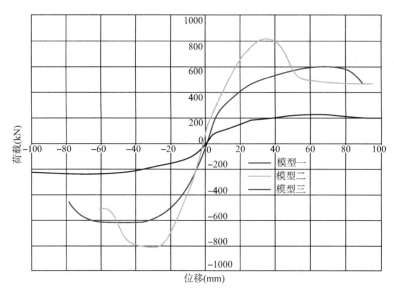

图 3-7　模型骨架曲线对比图

（2）刚度对比

图 3-8 是三个模型的刚度退化曲线对比图，采用带框钢支撑加固结构的初始刚度得到很大提高，其中强连接支撑加固模型提高到 4.93 倍，弱连接支撑加固模型提高到 2.82 倍。随着荷载的增加，两种加固模型刚度逐渐接近，但仍高于未加固框架。

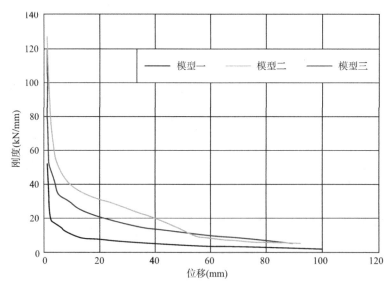

图 3-8　模型刚度退化曲线图

（3）延性性能

根据试验实测数据分析，未加固框架的延性系数为 3.57，采用强连接带框钢支撑加固框架的延性系数为 2.56，明显低于未加固框架，弱连接支撑加固框架的延性系数为 3.85，与未加固框架相当。另从三个模型的耗能系数对比（图 3-9）也可以看出：试验最初加载时，

138

弱连接支撑加固模型与未加固模型非常接近，说明此时附加支撑未耗能，随着变形的增加附加支撑开始耗能，结构整体耗能系数明显提高；而此后加固模型的耗能系数提高；而强连接支撑模型在加载初期耗能系数明显低于未加固模型，只是在试验后期耗能系数略高于未加固模型。

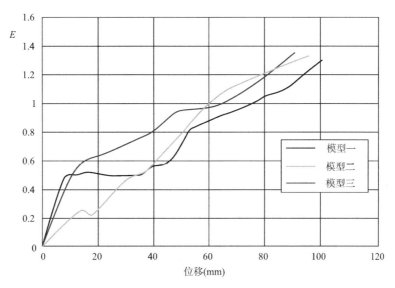

图 3-9　模型耗能系数对比图

（4）两种加固方式的差异

综合考虑两种加固方式的承载力、刚度及延性耗能性能几方面的分析结果：

①强连接支撑加固方式大幅提高承载力和刚度是以降低延性性能为代价的，弱连接加固方式虽在承载力和刚度提高程度上低于强连接，但延性性能得到明显改善。

②框架结构采用强连接带框钢支撑加固后，结构体系向框架－钢支撑结构体系转变，而采用弱连接支撑加固基本不改变原结构体系。

实际工程选用哪种加固方式应根据结构的具体情况确定，优先考虑采用弱连接支撑加固方式，可通过增加支撑的数量来加大承载力和刚度的提高程度，当可增设支撑的位置与数量受限制时，可考虑采用强连接支撑加固方式。

3. 工程应用[11]

某办公楼建于 1970 年，为 11 层框架－抗震墙结构，标准层平面见图 3-10。从结构布局上看该结构两个方向刚度相差较大，且抗震墙布置在建筑中间，整体抗扭性能差。该办公楼于 2011 年 2 月 22 日及 2016 年 11 月 14 日遭受了 6.3 级、7.8 级两次强震，造成大楼剧烈晃动，结构构件损伤。

针对该结构存在的抗震薄弱环节，同时避免进入室内加固，采用了带框钢支撑弱连接加固方案，钢支撑对称布置在弱轴方向的最外侧框架上，既提高了弱轴抗侧刚度，又提高了整体抗扭刚度。为兼顾使用功能的要求，底层采用的是"人"字形支撑、上部楼层采用"V"形支撑，加固施工完工后的照片见图 3-11。

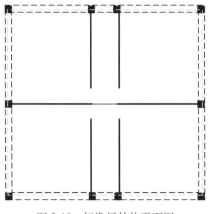

图 3-10　标准层结构平面图　　　　　　图 3-11　建筑外立面图

2020 年 1 月 25 日该大楼再次遭受 4.7 级、5.3 级两次连续地震影响，大楼无明显振动，结构完好无损。

五、填充抗震墙巨型支撑加固技术

1. 概念的提出

增设钢筋混凝土抗震墙是框架结构抗震加固常采用的技术，然而我国现行标准中规定新增抗震墙须自下而上连续布置，并应有自己的基础，使得抗震墙布置的灵活性受到限制，且加固后对建筑的使用功能也会带来影响。

为解决上述问题，借鉴日本抗震加固的经验，提出了框架结构采用填充抗震墙加固的设想。所谓填充抗震墙实际上就是在原框架梁、柱间增设抗震墙（现浇或预制），抗震墙错位布置，上下不连续也无需设基础，新增设的抗震墙只承受剪力、不承受弯矩作用。

进行了框架结构填充墙加固模型的拟静力和振动台试验，验证了该方法的有效性，并在此基础上受错列式剪力墙结构的启发，进一步提出了将填充抗震墙沿建筑竖向对角交叉布置形成巨型支撑的设想。

2. 填充抗震墙加固框架拟静力试验 [12]

（1）试验模型设计

共设计了两个缩尺比例 1/2 的模型。

模型一为未加固的三层 3 跨纯框架结构，层高均为 1.8m，边跨柱距 3.0m、中跨柱距 1.5m。首层框架柱截面 350mm×350mm、纵筋 8ϕ14，其余框架柱为 250mm×250mm、纵筋 8ϕ10，柱箍筋配置为 ϕ6@50（100）。框架梁截面为 150mm×300mm，上、下铁

3ϕ12，箍筋 ϕ4@50（100）。混凝土强度等级为C30。

模型二为采用填充抗震墙的加固模型，与模型一的差别在于在二层中跨增设了填充抗震墙，抗震墙厚度100mm，配筋为双层 ϕ6@125，墙体周边设置边缘构件与框架梁柱用锚筋连接。

图3-12是两个模型的试验照片。

(a)未加固纯框架模型　　　　　　　　　　　(b)填充抗震墙加固模型

图3-12　填充抗震墙加固框架拟静力试验模型

（2）主要试验结果

①模型破坏形态

图3-13是两个模型终止试验时的裂缝分布图。未加固模型由于第二层是薄弱层，其破坏特征是第二层柱的端部混凝土压溃、纵筋压曲，同时中跨一、二层梁有较多的斜向剪切裂缝。采用填充抗震墙加固后二层得到了加强，抗震墙出现多条分布均匀的细微裂缝，一、三层的柱也更好地发挥了作用，同时框架梁的斜向剪切裂缝明显减少，其破坏特征是一、三层柱的破坏。

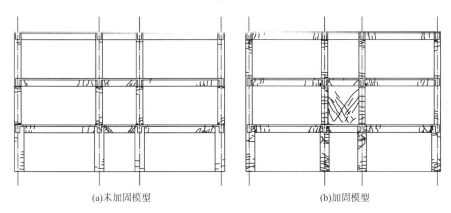

(a)未加固模型　　　　　　　　　　　(b)加固模型

图3-13　模型破坏裂缝分布图

②抗震性能对比

图3-14是两个模型试验的整体骨架曲线图。从抗震承载力角度未加固模型最大承载力为400kN，加固模型的最大承载力达到740kN，提高85%。

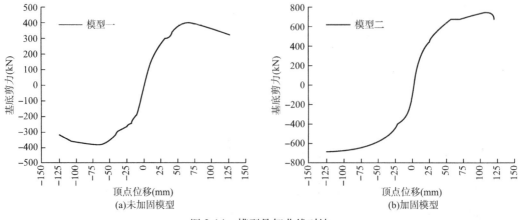

图 3-14 模型骨架曲线对比

从延性性能上分析，未加固模型延性系数为 3.16，加固模型由于试验设备原因未能进行到极限位移，但按峰值荷载相应位移计算的延性系数已达到 3.43，较未加固模型有明显提高。从图 3-15 两个模型的耗能系数对比图上也可以看出，未加固模型在试验全过程中一、三层耗能系数变化不大，在主要集中在二层进行耗能，而加固模型三层的耗能系数接近，总体耗能能力高于未加固模型。

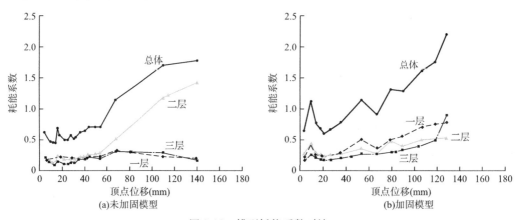

图 3-15 模型耗能系数对比

3. 填充抗震墙加固框架振动台试验 [13]

（1）试验模型设计

设计制作了缩尺比例 1/5 的 8 度设防区的 5 层既有框架模型。一～三层柱截面为 90mm×90mm，纵筋配筋率分别为 1.59%、1.37% 和 1.12%；四～五层柱截面为 70mm×70mm，纵筋配筋率为 1.0%。第四层为结构薄弱层，因此沿纵向在四层边轴的中间两跨设置了填充带门窗抗震墙进行加固（图 3-16），墙厚 28mm。

（2）模型试验结果

8 度多遇地震时模型未发现裂缝，顶层层间变形为 1/560，接近规范 1/550 的限值，其他楼层的层间变形介于 1/1000～1/800；8 度罕遇地震时一至四层构件只有轻微裂缝，但顶层框架柱破坏严重，试验终止。分析表明此时顶层层间变形已达 1/38，超过规范规定的 1/50 限值，其他楼层仅有 1/250～1/150，说明四层加固后薄弱层转移至第五层。

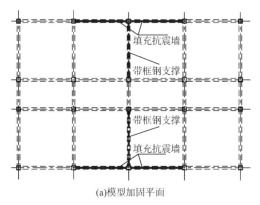
(a)模型加固平面

(b)模型照片

图 3-16　振动台试验框架模型

考虑到底部四层只有轻微破坏,因此切除了第五层成为四层框架加固模型继续进行试验。在9度罕遇地震的影响时:一~三层有较多的柱端开裂严重,部分柱在柱端形成塑性铰;四层柱破坏较轻,但填充抗震墙严重破坏,局部混凝土压碎脱落。此时,结构最大层间变形接近 1/50,且各层变形比较均匀。

4.填充抗震墙巨型支撑加固框架振动台试验

(1)试验模型设计

为进一步加强填充抗震墙抗震加固的效果,设计制作了两个1/5缩尺的模型。模型一为常规增设抗震墙加固模型,抗震墙自下而上连续,模型二为增设填充抗震墙,并形成交叉支撑,模型立面对比见图 3-17。

(a)常规加固模型

(b)巨型支撑加固模型

图 3-17　试验模型立面对比图

框架柱:一至二层截面 90mm × 90mm,角柱纵筋配筋率 1.24%,其他柱 0.9%;三至四层截面 80mm × 80mm,角柱纵筋配筋率 1.13%,其他柱 0.77%;五层柱截面 80mm × 80mm,纵筋配筋率均为 0.77%。混凝土强度等级 C20。

填充抗震墙:厚40mm,配筋为双层 ϕ 2.6@40 镀锌铁丝网片。

(2)模型试验结果对比

①动力特性

未加固纯框架模型第一振型曲线呈剪切型,常规加固模型的第一振型变为弯剪型,而巨型支撑加固模型的第一振型为分段剪切型，可以认为采用填充抗震墙形成巨型支撑加固后，未改变原结构体系。

试验全过程在相同的地震强度影响下，巨型支撑加固模型的基本频率始终大于常规加固模型，说明对角交叉布置的填充抗震墙确实形成了巨型支撑效果。

试验初期，常规加固模型的阻尼系数高于巨型支撑加固模型，而后期巨型支撑加固模型高于常规加固模型，说明填充抗震墙在大震作用下具有更高的耗能能力。

②模型破坏特点

a. 首批裂缝均发生在填充抗震墙上，但常规加固模型先于巨型支撑加固模型出现裂缝。

b. 模型破坏均以抗震墙的破坏为标志（图3-18）。常规加固模型抗震墙为压弯破坏模式，填充抗震墙破坏较轻，与之相连的框架柱作为墙体的边缘构件破坏较严重。巨型支撑加固模型抗震墙呈对角拉压破坏模式，墙体破坏较严重，而与之相连框架柱的破坏则较轻。

(a)常规加固模型　　　　　　　　　(b)巨型支撑加固模型

图3-18　填充抗震墙破坏模式

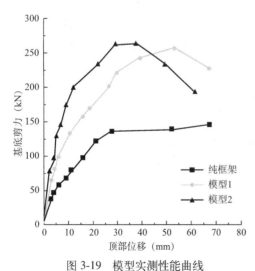

图3-19　模型实测性能曲线

c. 试验中还发现，常规加固模型中与填充抗震墙相连的框架梁出现了斜向剪切裂缝，而巨型支撑加固模型未出现该类裂缝。

d. 抗震性能曲线

图3-19为模型实测的基底剪力－顶点位移曲线，并与纯框架模型进行了对比。

显然，加固后的模型承载力有大幅提高，在相同的顶点位移时巨型支撑加固模型能承受更大的地震作用，而两者的耗能性能相差不大。

六、结束语

中国建筑科学研究院有限公司工程抗震研究所自成立以来走过了45年的历程，四十五载抗震人风雨同舟、砥砺前行，以提高我国抗震防灾能力为己任，始终不渝地将既有建筑抗震鉴定与加固作为一个重点研究方向，持续在震害调查分析、理论与试验研究、标准制定和工程实践上进行不懈的探索，取得了丰硕的成果。

谨以此文祝贺住房和城乡建设部防灾研究中心成立三十周年。

参考文献

[1] 程绍革. 中国建筑抗震鉴定五十年 [M]. 北京：中国建筑工业出版社，2018.

[2] 戴国莹，李德虎. 建筑结构抗震鉴定及加固的若干问题 [J]，建筑结构，1999 (4)：45-49.

[3] 毋剑平. 考虑结构设计使用年限的抗震功能设计 [D]. 北京：中国建筑科学研究院，2003.

[4] 白雪霜，程绍革. 现有建筑抗震鉴定地震动参数取值研究 [J]. 建筑科学，2014 (5)：1-5.

[5] 高小旺，鲍蔼斌. 地震作用的概率模型及其统计参数 [J]. 地震工程与工程振动，1985，5 (1).

[6] 孙魁，程绍革. 不同后续使用年限结构地震作用折减系数的探讨 [J]. 地震工程与工程振动，38 (3)：48-54.

[7] 程绍革，孙魁. 设计地震动参数概率分布研究 [J]. 地震研究，42 (4)：579-583.

[8] 尹保江，吉飞宇，程绍革等. 基于模型试验的既有框架结构抗震性能试验研究 [J]. 工程抗震与加固改造，40 (6)：39-44.

[9] 尹保江，程绍革，吉飞宇等. 外部附加带框钢支撑弱连接模式加固框架结构抗震性能试验 [J]. 工程抗震与加固改造，41 (3)：109-113.

[10] 尹保江，吉飞宇，程绍革等. 外部附加带框钢支撑加固框架结构抗震性能试验 [J]. 工程抗震与加固改造，41 (3)：114-119.

[11] 尹保江，杜媛媛，程绍革等. 外部附加带框钢支撑在既有建筑抗震加固中的应用 [J]. 工程抗震与加固改造，41 (2)：84-87.

[12] 史铁花，彭光辉，孔祥雄等. 填充抗震墙加固框架结构试验研究 [J]. 建筑结构，44 (11)：25-30.

[13] 史铁花，陆加国，程绍革. 框架结构填充抗震墙或带框钢支撑抗震加固振动台试验研究 [J]. 建筑结构，45 (14)：1-7.

4 我国抗震防灾技术标准的发展进程与展望

罗开海　黄世敏

（中国建筑科学研究院有限公司　北京 100013）

一、前言

我国地处世界上两个最活跃的地震带，东临环太平洋地震带，西部和西南部是亚欧地震带（喜马拉雅 - 地中海地震带），是多地震的国家。我国的地震多属于内陆型地震，而且具有地震活动范围广、震源浅、强度大、强震重现周期长的特点。客观上，震源浅、强度大的内陆型地震，其破坏后果要远大于深源地震；主观上，强震重演周期长，往往会造成思想麻痹，放松警惕，对抗震防灾的重要性认识不足。在上述主客观原因的综合作用下，我国的地震灾害是非常严重的，地震造成的人员伤亡，长期居高不下。另一方面，地震灾害的统计结果也表明，地震造成人员伤亡和经济损失的主要原因是房屋建筑的倒塌和工程设施、设备的破坏。世界上 130 次伤亡巨大的地震中，95% 以上的人员伤亡是由于建筑物倒塌破坏造成的[1]。因此，采取工程和技术措施，切实提高建筑物和工程设施的抗震能力，避免地震时的倒塌破坏，是减轻地震灾害、减少和避免人员伤亡的根本对策。

抗震防灾技术标准作为抗震技术的系统化、标准化、规范化成果，对指导抗震防灾工作的开展、增强工程抗震能力、减轻地震灾害具有极其重要的作用。我国的抗震防灾技术标准，经历了从无到有、从少到多、从个别到系列化的发展过程。这里将在回顾我国抗震防灾技术标准发展进程的基础上，对各历史阶段抗震防灾标准的技术变革和特点进行分析和论述，结合实际情况对我国抗震防灾技术标准的主要特点进行详细说明，并对现阶段我国抗震防灾技术标准存在的问题进行梳理和总结，以期能对广大从事抗震防灾工作的同志有所裨益。

二、我国抗震防灾技术标准的发展进程

要不要进行抗震设防，进行什么样的设防？实际上是一个涉及地震灾害损失、设防的经济投入和设防技术能力的综合决策问题。作为抗震设防技术支撑的防灾技术标准，也是随着国民经济发展水平、科学技术能力的不断提高而不断发展和完善的。在 1953 年开始的第一个五年计划期间，我国的 156 项重点工程是按苏联的抗震设防标准和规范设计的，一般工业建筑是不考虑抗震设防的，当然不会有我国自己的抗震技术标准。以后，在 1959 年和 1964 年，我国曾两次编制过包括多种建设工程的《地震区建筑抗震设计规范（草案）》，但未正式颁发，只起指导和参考作用。在 1966 年邢台地震、1967 年河间地震后，随着人们对震害认识的提高和地震经验的积累，1969 年 3 月原国家建委抗震办公室组织中国科学研究院工程力学研究所和北京市建筑设计院编制了《京津地区工业与民用建筑抗震设计暂行规定（草案）》，在京津地区试行，在此基础上 1974 年正式颁发了面向全国的《工业与民用建筑抗震设计规范（试行）》。1976 年唐山地震造成了近代世界地震史上少有

的灾难，也全面推动了抗震防灾技术的发展，形势的发展要求我国的许多抗震技术标准进一步修订或制订，使抗震技术标准提高到了一个新的水平。随着人们对地震震害经验的不断积累和结构地震反应机理的不断深入研究，先后制修订了《建筑抗震设计规范》《建筑抗震鉴定标准》等以抗震防灾为主要内容的一系列标准，基本形成了相对完善、特点鲜明的抗震防灾技术标准体系。

纵观我国抗震防灾技术标准的发展进程（图4-1），大致可以分为以下四个阶段：

图 4-1　中国建筑抗震技术标准的发展进程简图

1. 研究探索阶段（中华人民共和国成立至 1966 年）

这一阶段从新中国成立起始，到 1966 年邢台地震截止。这期间并没有发布正式的抗震技术标准，也没有成立相关的抗震防灾管理机构，但抗震防灾技术标准的研究和探索工作已经有序开展。这一时期的抗震防灾技术标准工作主要有 [2]：（1）1955 年翻译出版的苏联《地震区建筑规范》；（2）1956 年，李善邦主编了第一代中国地震烈度区划图，即《全国地震区域划分图》，未正式使用；（3）1959 年土木建筑研究所（工程力学研究所的前身）负责主编并提出了我国第一个《抗震设计规范草案》；（4）1964 年工程力学研究所主编并提出我国第二个抗震设计规范草案《地震区建筑设计规范（草案稿）》。

2. 工程试行阶段（1966~1976 年）

这一阶段从 1966 年邢台地震开始到 1976 年的唐山地震截止，是我国地震活动高潮期，先后发生了 1966 年邢台地震（M7.2）、1967 年河间地震（M6.3）、1975 年海城地震（M7.3）、1976 年唐山地震（M7.8）等一系列大地震，造成了重大人员伤亡和财产经济损失；同时，这一时期也是我国十年"文化大革命"的动乱时期，地震科学研究和抗震防灾技术标准编制等研究工作遭受巨大破坏，相应的技术标准成果较少，主要有：（1）1969年工程力学研究所和北京市建筑设计院编制的《京津地区工业与民用建筑抗震设计暂行规定（草案）》，在京津地区试行；（2）1974年正式颁发了建筑科学研究院等单位主编的《工业与民用建筑抗震设计规范（试行）》TJ 11—74[3]，在全国范围内试行。

3. 全面恢复与发展阶段（1976~1989年）

这一阶段从1976年唐山地震开始至1989年《建筑抗震设计规范》GBJ11—89发布生效。1976年的唐山地震造成了近40万人的伤亡，震惊中外，但另一方面唐山地震也全面推动了我国抗震防灾工作的进展。唐山地震后，国家主管部门几乎云集了全国主要的地震工程方面的科研、设计、高等院校、有关管理部门的技术专家，集中就工程震害进行了分行业、分专业的全面调查研究和总结，为唐山恢复重建提供可靠依据，同时也为后续的全国抗震科研布局奠定了基础。

这一时期的抗震防灾技术标准相关的管理、科研活动非常活跃，主要工作和成果有：

（1）为了适应震后恢复重建工作的需要，在原国家建委京津地区抗震办公室的基础上，1977年组建了全国抗震办公室，统一归口管理全国的抗震防灾工作。

（2）1977年，中国建筑科学研究院受国家建委抗震办公室的委托，会同有关单位，根据唐山地震经验，在《京津地区工业与民用建筑抗震鉴定标准》[4]的基础上，修订出全国性的《工业与民用建筑抗震鉴定标准》TJ 23—77[5]，并于同年内批准试行。

（3）1966年邢台地震发生后，地震预报工作得到政府的高度重视，中长期地震预测方法得到了迅速发展。20世纪70年代，国家地震局组织所属单位，基于地震中长期预测方法编制了300万分之一的《中国地震烈度区划图》，并经国家有关主管部门批准于1977年发布，作为抗震设计的依据，为地震区工程建设作出重要贡献。

（4）1978年，根据海城、唐山地震震害经验，对《工业与民用建筑抗震设计规范（试行）》TJ11—74进行了修改，正式出版了《工业与民用建筑抗震设计规范》TJ ll-78[6]。

（5）1979年，国家建委抗震办公室在厦门组织召开了全国抗震科研协调会，根据唐山地震的经验与教训，协调和组织全国的高等院校、科研机构和勘察设计单位的科研工作者，对抗震防灾的基本理论、关键技术等问题进行分工和布局，就《工业与民用建筑抗震设计规范》修订的方向交换意见，具体落实有关科研规划。

（6）1982年，根据国家建委[（81）建发设字546号]《关于1982~1985年工程建设国家标准规范编制、修订计划的通知》，中国建筑科学研究院在海口市主持并召开了抗震规范修订工作预备会议。会议讨论了规范修订工作中的若干重大原则问题，包括抗震设防思想、地震烈度应用、抗震验算以及抗震规范使用范围和编排问题。按照这次会议达成的一致意见，新的抗震设计规范应以"小震不坏和大震不倒"为抗震设计的指导思想，并在各个设计阶段具体体现。

（7）1986年5月，在无锡召开了新规范试设计审定会。在此次会议上，原城乡建设环境保护部抗震办公室负责同志作了重要讲话，会议决定把规范的适用范围扩大到6度地区，并增加了有关规定。同年7月召开的唐山地震十周年抗震防灾经验交流会暨第八次全国抗震工作会议上，明确指出要正确解决6度区的抗震问题，同时，要求设计规范、加固规定、城市抗震防灾规划等方面要制定相应的对策，从而完善了6度设防的决策。

（8）1989 年 3 月，根据建设部 [（89）建标字第 145 号] 文件要求，《建筑抗震设计规范》GBJ 11—89[7] 正式颁布，并于 1990 年 1 月 1 日起正式实施。

4.持续发展与完善阶段（1990 年至今）

这一阶段从 1990 年 1 月 1 日《建筑抗震设计规范》GBJ 11—89 正式实施起开始一直至今。这一阶段，抗震防灾技术标准的主要发展是以《建筑抗震设计规范》为基础，不断地进行横向扩展和纵向完善，主要体现在以下几个方面：

（1）《建筑抗震设计规范》在 89 版的"三水准"设防的基础上，不断进行完善和修订，先后进行了 2001 版[8] 和 2010 版[9] 修订，期间分别于 1993 年[10]、2008 年[11] 和 2016 年[12] 发布了局部修订版本。与 GBJ 11—89 规范相比，GB 50011—2001 规范的主要改进之处在于：在抗震设防依据上取消了设计近震、远震的概念，代之以设计地震分组概念；提出了长周期和不同阻尼比的设计反应谱；增加了结构规则性定义，并提出了相应的抗震概念设计；新增加了若干类型结构的抗震设计原则。GB 50011—2010 的主要修订内容是：补充了关于 7 度（0.15g）和 8 度（0.30g）设防的抗震措施规定；改进了土壤液化判别公式，调整了地震影响系数曲线的阻尼调整参数、钢结构的阻尼比和承载力抗震调整系数、隔震结构的水平向减震系数的计算，并补充了大跨屋盖建筑水平和竖向地震作用的计算方法；提高了对混凝土框架结构房屋、底部框架砌体房屋的抗震设计要求；提出了钢结构房屋抗震等级并相应调整了抗震措施的规定；改进了多层砌体房屋、混凝土抗震墙房屋、配筋砌体房屋的抗震措施；扩大了隔震和消能减震房屋的适用范围，新增建筑抗震性能化设计原则以及有关大跨屋盖建筑、地下建筑、框排架厂房、钢支撑—混凝土框架和钢框架—钢筋混凝土核心筒结构的抗震设计规定；取消了内框架砖房的内容。

（2）在中长期地震预报和地震区划图方面，先后发布了《中国地震烈度区划图（1990)》[13]、《中国地震动参数区划图》GB 18306—2001[14] 和 GB 18306—2015[15]。这几版区划图均采用地震危险性概率分析方法进行编制，《中国地震烈度区划图（1990)》给出的是 50 年超越概率 10% 的地震烈度区划；《中国地震动参数区划图》GB 18306—2001 采用双参数标定地震反应谱方法给出 50 年超越概率 10% 的峰值加速度和特征周期区划；《中国地震动参数区划图》GB 18306-2015 则以抗倒塌作为编制区划图的基准，以 50 年超越概率 10% 的峰值加速度值和 50 年超越概率 2% 峰值加速度值的 1/1.9 二者的较大值作为编图的依据，给出双参数区划图。

（3）在建筑工程抗震设防分类方面，先后编制并发布了《建筑抗震设防分类标准》GB 50223—95[16]、《建筑工程抗震设防分类标准》GB 50223—2004[17] 和 GB 50223—2008[18]，对各行业建筑工程的抗震设防分类原则、类别界定、设防标准和分类示例作出了规定。同时，各行业也结合自身行业发展的特点和需求，先后发布了具备行业特点的分类标准，如《化学工业建（构）筑物抗震设防分类标准》GB 50914—2013、《广播电影电视建筑抗震设防分类标准》GY 5060—2008 等。

（4）在既有建筑方面，先后发布了《建筑抗震鉴定标准》GB 50023—95 和 GB 50023—2009，以及《建筑抗震加固技术规程》JGJ 116—98 和 JGJ 116—2009，对指导我国既有建筑的抗震鉴定与加固发挥了重要作用。

（5）在市政设施和各行业抗震防灾方面，先后发布了《室外给水排水和燃气热力工程抗震设计规范》GB 50032—2003、《城市轨道交通结构抗震设计规范》CJJ 166—2011、

《城市轨道交通结构抗震设计规范》GB 50909—2014、《构筑物抗震鉴定标准》GB 50117—2014、《构筑物抗震设计规范》GB 50191—2012 等，对指导城镇基础设施与工业抗震防灾发挥了重要作用。

（6）建筑工程领域专项抗震技术标准不断涌现。在上述各领域抗震技术标准不断发展和完善的同时，建筑工程领域的专项抗震技术标准也不断涌现，进一步细化和完善了通用抗震防灾技术标准，进而形成了体系相对完善的抗震防灾技术标准体系，例如《建筑机电工程抗震设计规范》GB 50981—2014、《建筑机电设备抗震支吊架通用技术条件》CJ/T 476—2015、《预应力混凝土结构抗震设计规程》JGJ 140—2004、《镇（乡）村建筑抗震技术规程》JGJ 161—2008、《底部框架—抗震墙砌体房屋抗震技术规程》JGJ 248—2012、《非结构构件抗震设计规范》JGJ 339—2015、《建筑消能减震技术规程》JGJ 297—2013、《建筑隔震工程施工及验收规范》JGJ 360—2015 等。

三、我国抗震防灾技术标准的主要特点

工程抗震技术是一个涉及面很广的复杂学科，需要有包括地震地质学、地面运动学、土动力学、材料力学、弹塑性结构动力学、流体动力学、建筑学以及各种专业工艺理论、社会学和经济学多方面的综合知识，还有许多有待认识的不确定因素，因而，抗震防灾技术标准有不同于一般工程建设技术标准的一些特殊的性质。

1. 标准制订的基础广泛

工程建设抗震防灾技术标准编制的主要依据是地震震害经验。从 1962 年广东河源地震以来，特别是 1966 年邢台地震、1976 年唐山地震和 2008 年汶川地震后，每次发生强烈地震，我国都要组织力量深入灾区调查震害情况，总结抗震防灾经验。所调查的地区，遍及沿海、平原、山区、高原、大小城市和乡村，包括各类地质和土质条件，各类结构和设施（建筑物、构筑物、水工、港工、铁路、公路、冶金、化工、矿山、电力、通信、石油等），积累了各类场地、地基和工程结构的丰富震害资料。近年来，我国的地震工程和工程抗震科学研究工作者，对各种材料、各类结构构件、在各种细部构造下的抗震承载能力、延性和耗能能力，进行了静力的、拟动力的、振动台的、原型的和模型的、实验室和现场的多种试验研究和结构理论计算分析，包括弹性的、弹塑性的分析、薄弱部位分析和破坏机理分析，从中寻找工程建设的抗震防灾技术对策。

我国有世界上最早的地震记载，也有从非工程结构的土石房屋到近代高层钢筋混凝土结构和地下工程、电子设施等各类工程建设，所以拥有丰富的各类结构的震害资料。唐山地震中深达 842m，总长 177500m 的地下井巷工程的震害资料更是绝无仅有的，也只有中国才可能有如此众多的人员从事震害调查和抗震研究。仅以《工业与民用建筑抗震设计规范》TJ 11-78 的编制为例，共集中了全国 26 个单位近 80 名各方面的教授、专家、工程师直接参加，组织了近百项规范科研专题，参加的人数就更多了，先后修订了十多次，广泛征求了各设计、教学和研究单位的意见，如果把参加历次大地震震害调查的人数都统计在内，则抗震技术规范所依靠的人力是任何其他规范都比不上。

2. 设防目标适当

强烈地震的发生，在时间、地点和强度上迄今仍带有很大的不确定性，这是众所周知的，而地震一旦发生，不设防的后果又极其严重。过高的设防目标会浪费财力物力，过低的目标会造成不安全。我国仍是一个发展中的社会主义国家，制定一个合理的抗震设防目

标包括新建工程设施的设计和原有工程设施的加固，都不能离开现实的经济条件。针对地震发生的机会很少而灾害又严重的特点，各类工程设施的抗震安全性，必然与一般荷载下的安全性有实质性的差异。

根据我国许多地区地震发生概率的统计和分析，我国抗震防灾技术标准的设防策略是保证重点、区别对待，将有限的力量集中使用，保护重要经济命脉和人民生命安全，具体做法是：(1) 对量大面广的一般工程，其设防起点是 6 度，设防目标是"小震不坏、中震可修、大震不倒"，意味着当遭受了低于设防烈度的发生可能性最高的地震影响时，结构不需要修理就可继续使用，当遭受相当于设防烈度的地震影响时，结构的损坏经一般修理可继续使用；当遭受罕见的高于设防烈度的地震影响时，结构不致倒塌伤人或砸坏生产设备；(2) 对生命线工程、重要的建设工程，当其损坏会带来严重的经济、社会和政治后果，以及损坏后修复困难，起设防目标是维持生产活动不间断或具备迅速恢复生产的能力，因此，设防标准相应提高，主要是抗震构造措施的提高，这是既经济又有效的方法；(3) 对一些次要的工程结构，若其破坏不致造成重大伤亡，则设防标准适当降低，这也是抗震构造措施的降低。

3. 及时吸收新的研究成果

各类工程设施的抗震防灾技术法规比其他技术标准更注意吸收研究成果，这是我国抗震防灾技术标准的又一显著特点。早在 20 世纪 60 年代编制标准草案时，我国一开始就在各类工程中采用了反应谱理论，并在世界上首先提出了反应谱按土质条件不同分类的规定，这一规定领先美国和日本近二十年，同时还引进了反映实际弹塑性结构与理想弹性体地震反应差异的"结构影响系数"。这些规定，在世界的抗震设计标准中引起了一定的反响。在 70 年代初的试行标准中，及时吸取了关于砂土液化的标准贯入锤击数判别法，平面排架考虑空间工作的修正等一系列科研成果。唐山地震后，更及时地把设置构造柱这个强有力的砖房抗倒措施纳入了修订的标准中。在 80 年代建筑规范的修订中，进一步明确了"二阶段抗震设计"的原则和变形验算的要求，把砂土液化的判别推广并修改为饱和土（砂土和粉土）液化判别，吸收了关于扭转地震作用效应、纵向水平地震作用效应、竖向地震作用、上部结构和地基相互作用、楼（屋）盖平面内变形影响的研究成果，在截面验算时采用了基于概率可靠度的多系数设计表达式，并从整体布局、结构选型到构件及其连接的计算和细部构造都吸收和具体体现了抗震概念设计的思想，增加了提高各类结构、构件的延性和抗震能力的一系列配套措施。在 2010 版《建筑抗震设计规范》中，进一步纳入抗震性能化设计的基本原则和技术规定。

4. 特别重视概念设计和抗震措施

抗震计算分析和抗震构造措施是保证工程建设抗震安全性不可分割的两种手段，由于地震地面运动的不确定性，在抗震概念设计指导下的构造措施是十分经济和有效的。各本抗震防灾技术标准都强调了这一点，也是有别于其他技术标准的又一显著特点。各抗震技术标准中，有关构造措施的条文和篇幅占了非常大的比例。

概念设计来源于历次大地震经验的总结、提高和对震害破坏机理的分析研究，体现了从实践中来又回到实践中的客观认识规律，充分反映了人们改造客观世界的能动性。我国各抗震防灾技术标准都是有关行业众多专家实践和集体智慧的结晶，因而有可能提出较完整的配套的防震构造措施，包括：(1) 在工程建设的场址、线路方案选择时，要把抗震安全性作为重要因素加以考虑，尽量选择有利于抗震的场地条件；(2) 对不利的场地条件，要依据工程的重要类别和不利情况，分别采取不同程度的地基处理、基础处理或结构处理措施；(3) 要综合考虑地震特性（强弱、远近震）、经济效益、社会效益和环境效益，选择有利于抗震的工程布局、建筑布置、工艺布置和结构布置方案；(4) 要保证结构的整体性，要寻找和控制结构的抗震薄弱环节，使结构各部位的抗震能力基本均匀，采取措施防止因局部构件失效而导致整个结构丧失承载能力；(5) 要设置多道防线，考虑工程结构在强烈地震下有可能进入非弹性阶段，有意识地设置一些屈服铰机构来吸收地震能量；尽量通过第二、三道防线使第一道防线只出现可允许程度的损坏，且第一道防线应有足够的吸收地震能量的变形能力，从而保护整个结构的安全；(6) 构件和部件都要具备必要的强度和相应的变形能力，采取措施防止脆性破坏，如脆性的砖墙，用延性的构造柱和圈梁分割包围使之有一定的变形能力；又如用特殊的约束箍筋、控制轴压比等提高梁、柱的变形能力等；(7) 所有连接构件要有比所连接构件更强的承载能力和必要的变形能力，使各构件的延性得以发挥，从而保证工程结构的整体性；(8) 选择有利于抗震的材性和材质，抗震工程的施工要确保设计意图的贯彻，施工中不得任意更改形成新的薄弱部位或造成薄弱部位转移，而设计时细部构造要考虑施工的方便，利于保证施工质量，两者共同创造条件提高抗震性能等。

四、现行抗震技术标准存在的问题

经过全国工程抗震界行政管理人员、工程技术人员以及科研院所和高校的科研工作者几十年的努力工作，我国目前的抗震防灾标准已经相对齐全了，覆盖面也基本上扩展到地震灾害管理的各环节。近几次大震震害经验也表明，我国现行的抗震防灾标准在抗御地震灾害、减轻人民生命财产损失上发挥了巨大作用。但另一方面，我们也应看到，我国目前的抗震防灾标准体系还存在诸多问题亟待进一步完善和解决：

第一，是现行抗震防灾标准在灾害管理各环节上的分布不均匀。图 4-2 所示为我国现行抗震防灾技术标准统计简图，从中可以看出，目前我国的抗震防灾技术标准主要集中于单体工程结构及相关设施设备的抗震设计和抗震鉴定与加固两部分，分别占总数的 42%和 21%，这两部分合计占总数 63%，近 2/3。对于提高地区（城市）综合抗震防灾能力具有重要意义的抗震防灾规划方面，标准仅有 3 项，其中还包括 2 项地方标准，只占总数的 3%左右。而对于灾后恢复重建具有重要指导意义的相关技术标准，仅有 2 项，其中 1 项为行业标准（《建筑震后应急评估与修复技术规程》）。

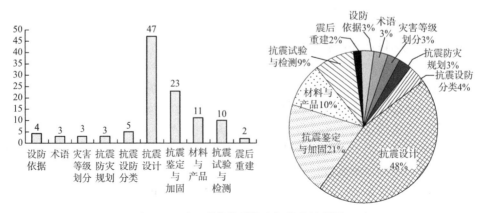

图 4-2　我国现行抗震防灾标准统计简图

内容仅限于单体建筑的评估与修复，对于灾后重建的规划与选址并无涉及；另1项为地方标准。可见，我国目前的抗震防灾标准体系还有待补充和完善。

第二，现行抗震防灾标准在工程建设的行业分布上不均匀。与建筑工程抗震防灾标准相比，我国市政工程抗震防灾技术标准相对薄弱，修订不够及时，规范的覆盖面不够。

第三，现行抗震防灾标准与相关专业设计规范在具体的技术规定上存在大量的交叉、重叠和矛盾，不利于实际工程的实施。在20世纪80年代以前，我国的抗震设计标准和一般结构静力设计标准的内容是完全分开的。90年代，以经常性活荷载和重现期30年的风雪荷载为主要荷载的混凝土结构通用设计规范，增加了重现期475年的灾害性地震的设计内容，出现了标准的交叉、重叠和矛盾；随后，2001年砌体结构通用设计规范也增加了抗震设计内容，进一步增加了标准的交叉、重叠和矛盾。一些结构设计的专用标准中也有抗震设计的专门章节。如图4-3所示，为2013版《工程建设强制性条文（房屋建筑部分）》[19]中抗震相关的强制性条文清理的结果，可以看出不同标准之间存在大量的重复、矛盾。

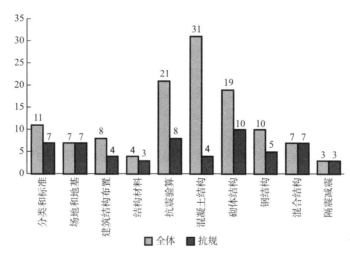

图4-3　2013版《工程建设强制性条文（房屋建筑部分）》抗震相关强制性条文分布图

第四，个别建设领域存在抗震设防标准缺失，比如:《构筑物地震震损等级划分》、《钢—混凝土混合结构抗震技术》、《震后重建规划标准》等。

第五，各行业的标准之间在抗震设防理念、抗震设防标准上存在较大差距，造成综合性、枢纽性工程在适用标准上存在困惑，比如上海虹桥交通枢纽、北京南站等，缺少统一的抗震设防标准。

五、结束语

鉴于上述问题，建议按照《中华人民共和国防震减灾法》有关地震灾害预防和震后重建的要求，对现有的抗震防灾技术标准和相关专业设计标准进行梳理和分析，一方面要避免原有标准之间的交叉、重叠和矛盾，另一方面要根据灾害管理的需要扩充抗震技术标准的覆盖面。建议按下列几方面核查和逐步完善：1）抗震设防的总要求，如设防目标、设防依据、设防分类、设防标准等；2）新建、扩建、改建的房屋和市政工程的抗震设计规定；3）已建房屋和市政工程的抗震鉴定和必要的加固规定；4）减灾规划中涉及场地条件、环境、布局的技术要求；5）地震灾害保险的技术基础——结构抗震能力的测试和评估；

6）普及减灾知识的技术要求；7）震损建筑的修复加固规定和易地重建规划。

参考文献

[1] 陈寿梁 . 我国抗震防灾工作概论 [M]. 陈寿梁，魏琏 . 抗震防灾对策 . 郑州 : 河南科学技术出版社，1988，4.

[2] 胡聿贤 . 地震工程学 [M]. 北京：地震出版社，2006.10.

[3] 国家基本建设委员会建筑科学研究院 .TJ 11-74 工业与民用建筑抗震设计规范（试行）[S]. 北京 : 中国建筑工业出版社，1974.

[4] 国家基本建设委员会 . 京津地区工业与民用建筑抗震鉴定标准（试行）[S]. 北京 : 中国建筑工业出版社，1975.

[5] 国家基本建设委员会 .TJ 23-77 工业与民用建筑抗震鉴定标准（试行）[S]. 北京 : 中国建筑工业出版社，1977.

[6] 国家基本建设委员会建筑科学研究院 .TJ 11-78 工业与民用建筑抗震设计规范 [S]. 北京 : 中国建筑工业出版社，1979.

[7] 中华人民共和国国家标准 .GBJ 11-89 建筑抗震设计规范 [S]. 北京 : 中国建筑工业出版社，1990.4.

[8] 中华人民共和国国家标准 . GB 50011-2001 建筑抗震设计规范 [S]. 北京 : 中国建筑工业出版社，2002.8.

[9] 中华人民共和国国家标准 . GB 50011-2010 建筑抗震设计规范 [S]. 北京 : 中国建筑工业出版社，2010.8.

[10] 中华人民共和国国家标准 .GBJ 11-89 建筑抗震设计规范（1993 年局部修订）[S]. 沈阳 : 辽宁科学技术出版社，1993.11.

[11] 中华人民共和国国家标准 . GB 50011-2001 建筑抗震设计规范（2008 年版）[S]. 北京 : 中国建筑工业出版社，2008.9

[12] 中华人民共和国国家标准 . GB 50011-2010 建筑抗震设计规范（2016 年版）[S]. 北京 : 中国建筑工业出版社，2016.11

[13] 中国地震烈度区划图编委会 . 中国地震烈度区划图（1990）及其说明 [J]. 中国地震，1992（12）：1-10.

[14] 中华人民共和国国家标准 . GB 18306-2001 中国地震动参数区划图 [S]. 北京 : 中国标准出版社，2004.03

[15] 中华人民共和国国家标准 . GB 18306-2015 中国地震动参数区划图 [S]. 北京 : 中国标准出版社，2016.06

[16] 中华人民共和国国家标准 . GB 50223-95 建筑抗震设防分类标准 [S]. 北京 : 中国建筑工业出版社，1995.8

[17] 中华人民共和国国家标准 . GB 50223-2004 建筑工程抗震设防分类标准 [S]. 北京 : 中国建筑工业出版社，2004.7

[18] 中华人民共和国国家标准 . GB 50223-2008 建筑工程抗震设防分类标准 [S]. 北京 : 中国建筑工业出版社，2008.7

[19] 工程建设标准强制性条文：房屋建筑部分（2013 年版）. 北京 : 中国建筑工业出版社，2013.8.

5　地质环境与汶川建筑震害及重建对策研究

康景文

（中国建筑西南勘察设计研究院有限公司　四川成都 610052）

一、引言

1. 地震波传播方式与破坏性特征

（1）地震波的性质。地震波是介质机械振动产生的，属于弹性波，在地层中的传播速度与超声波一样都是 4000m/s。在岩层中，地震波的频率仅为 2Hz（次 /s）、波长（波速 / 频率）达 2000m，而超声波的频率是 20000Hz、波长仅 0.2m，两者相差达 1 万倍。所以能量大、波长（波速 / 频率）长的地震波能穿透岩石层，且能量不易损耗，对地面建筑物具有较强的破坏性；而能量弱、波长短的超声波穿透不了岩石层，且能量极易耗尽，不具破坏性。

（2）地震波的传播方式与特征。地震波的传播方式有三种：纵波、横波和面波。纵波（P 波）：质点位移方向与传播方向平行，是推进波或胀缩波，在地壳中传播速度为 5.5~7km/s，最先到达地面，它使地面发生上下振动，破坏性较弱；这时候人可以跑，不易摔倒。横波（S 波）：质点位移方向与传播方向垂直，是剪切波或畸变波，在地壳中的传播速度为 3.2~4.0km/s，它使地面发生前后左右抖动，破坏性较强；这时候人不易跑，易摔倒。面波（L 波）：是由纵波与横波在地表相遇后激发产生的混合波——次生波，波速随频率或波长而变化，所以这种波也叫作频散波。其波长大、振幅强、波速最慢，只沿地表面传播，它使地面同时发生前后左右、上下抖动和旋转，破坏性很强，是造成地面上建筑物强烈破坏的主要因素。

（3）地震波能量的传递与衰变特征。因地球内部有很高的压力，地震波的传播速度很大，波动给地下介质带来的应力和应变是瞬时的，所以从地下震中传到地面的过程中，地震波能量消耗很小；但由于地球是有限的、有边界的，地震波能量从震中辐射到界面附近时，巨大的能量堆积于界面（地面），而后沿着地面向四周扩散释放这些能量。当介质（地面岩上层）较密实时，传递地震波能量的速率就较快，地震波能量滞留的时间就较短，则其对应的地面上建筑物受损就较小；反之，当介质（地面岩土层）较疏松时，传递地震波能量的速率就较慢、地震波能量滞留的时间就较长，则其对应的地面上建筑物受损就较大。也就是说，当介质（地面岩土层）较密实时，地震波能量被该介质吸收的比例就较少，根据能量守恒定理，则传递出去的能量就较大，地震波能量衰变就较少，反之，当介质（地面岩土层）较疏松时，地震波能量被吸收的比例就较大，则传递出去的能量就较小，地震波能量衰变就较多。

（4）震害机制。地震对于建筑物为何会拥有如此巨大的破坏力？地震中决定房屋损毁的因素究竟有哪些？灾区新建房屋应当注意哪些问题？用"地动山摇""山崩地裂"来描述地震到来时的情形一点也不过分。由于建筑物依附在地球表面，建筑物受地震破坏的方式主要受地震波的传播方式影响。简单地说建筑物破坏有三种方式：上下颠簸、水平摇摆、左右扭转。多数时候还是三种方式的复合作用。

地震波传播方式有纵波、横波、面波，由于地球表层岩性的复杂性，传播过程中也会出现像激流中"漩涡"的复杂情况。

①纵波使建筑物上下颠簸，力量非常大，建筑物来不及跟着运动，使底层柱子和墙突然增加很大的动荷载，叠加建筑物上部的自重压力，若超出底层柱、墙的承载能力，柱、墙就会垮掉。底层垮掉后，上面几层建筑的重量就像锤子砸下来一样，又使第二层压坏，发生连续倒塌，整个建筑直接"坐"下来，原来的第三层瞬间变为"第一层"。

②面波使建筑物水平摇摆，相当于对建筑物沿水平方向施加一个来回反复的作用力，若底部柱、墙的强度或变形能力不够，就会使整栋建筑物向同一个方向歪斜或倾倒，在震区常常看到这种现象。

③第三种作用是扭转。引起扭转的原因是有的地震波本身就是打着"旋儿"过来的，也有的情况是因为面波到达建筑物两端的时间差引起的，这种情况引起建筑物扭动。建筑物一般抗扭能力较差，很容易扭坏。震区有的房子角部坍塌，多属这种情况。

一旦碰到上下颠、左右摇、扭转三种方式共同发生，破坏力就更加可怕。在离震中较近的范围，往往三种方式交织作用，所以破坏力很大。

此外，每个建筑物都有自己特定的自振频率，如果这个频率与地震作用的频率接近，还会引起类似共振的效应，那样带来的破坏力就更可怕了。其他的破坏形式是地基液化、沉陷和开裂及错位。如果建筑物基底是粉细砂，房子建在上面，当大地摇动时，砂粒向旁边跑，建筑物基础出现不同程度的变形，房子就会往下沉，引起倾斜甚至倒塌。唐山地震时，很多房子就是这样损毁的。另外，因为四川水比较多，所以堰塞湖跟唐山地震相比也是不一样的。

2. 汶川地震的地质成因

汶川地震震中位置：四川省汶川县，北纬 30.969°，东经 103.186°，位于成都西北西方向 90km，绵阳西南西方向 145km 处。震级 8.0，震源深度 10.0km（属浅层地震）。

根据中国地震调查局公布的信息，对 5·12 地震成因有以下判断：①印度板块向亚洲板块俯冲，造成青藏高原快速隆升。高原物质向东缓慢流动，在高原东缘沿龙门山构造带向东挤压，遇到四川盆地之下刚性地块的顽强阻挡，造成构造应力能量的长期积累，最终在龙门山北川—映秀地区突然释放。②逆冲、右旋、挤压型断层地震。发震构造是龙门山构造带中央断裂带，在挤压应力作用下，由南西向北东逆冲运动；这次地震属于单向破裂地震，由南西向北东迁移，致使余震向北东方向扩张；挤压型逆冲断层地震在主震之后，应力传播和释放过程比较缓慢，可能导致余震强度较大，持续时间较长。

3. 汶川地震灾害及其分布特点

汶川大地震发生在四川龙门山逆冲推覆构造带之映秀—北川断裂之上。地震破裂面南段以逆冲为主兼具右旋走滑分量，北段以右旋走滑为主兼具逆冲分量，该破裂面从震中汶川县开始，并以 3.1km/s 的平均速度向 NE49°方向传播，破裂长度约 3001m，破裂过程总持续时间近 120s，地震的主要能量于前 80s 内释放，最大错动量达 9m。虽然主震发生在龙门山主中央断裂，但是后山断裂和前山断裂均出现了震级较高的余震，部分余震甚至出现在山前隐伏断裂部位。因此，除主断裂带外，龙门山山前平原地带的工程结构也遭受严重破坏。

4.汶川地震破坏性强于唐山地震的原因

汶川地震波及面积大，据称几乎整个东南亚和整个东亚地区都有震感。主要是因为汶川地震错动时间特别长，比唐山地震还长，这就是为什么唐山地震虽然死亡人数多，但是实际上灾害造成的影响不如汶川地震大。

（1）从震级上可以看出，汶川地震稍高。唐山地震国际上公认的是 7.6 级，汶川地震是 8.0 级。

（2）从地缘机制断层错动上看，唐山地震是拉张性的，是上盘往下掉。汶川地震是上盘往上升，要比唐山地震影响大。

（3）唐山地震的断层错动时间是 12.9s，汶川地震是 22.2s，错动时间越长，人们感受到强震的时间越长，也就是说汶川地震建筑物的摆幅持续时间比唐山地震要长。

（4）从地震张量的指数上看，唐山地震是 2.7 级，汶川地震是 9.4 级，差别很大。

（5）汶川地震波及的面积、造成的受灾面积比唐山地震大。这主要是由于断层错动，汶川地震是挤压断裂，错动方向是北东方向，也就是说汶川的北东方向受影响比较大，但是它的西部情况就会好一些。

（6）汶川地震诱发的地质灾害、次生灾害比唐山地震大得多。唐山地震主要发生在平原地区，汶川地震主要发生在山区，次生灾害、地质灾害的种类都不太一样。汶川地震引发的破坏性比较大的崩塌、滚石加上滑坡等，比唐山地震的次生地质灾害要严重得多。

二、龙门山地质构造与四川地震多发性

1.四川龙门山地质构造

四川龙门山位于四川省四川盆地西北边缘，广元市、都江堰市之间，东北—西南走向，包括龙门、茶坪、九顶等山。东北接摩天岭，西南止岷江边。绵延 200 多 km。海拔 1000~1500m。龙门山最高峰海拔 2345m，海拔由盆地边缘 2000m 向西逐渐升高到 3000m 以上，主峰九顶山海拔高达 4984m，气象万千。在彭州境内有九峰山风景名胜区、白水河自然保护区、白鹿森林公园等。

龙门山中段，主要分布于彭州和什邡境内。此地岩层上古生界地质现象发育，厚度大，层层展现地球上古老地质的演变过程，为地球地质演化过程的活档案。经同位素测定，此地闪长岩年龄为 20.43 亿年，花岗岩年龄为 10.27 亿年，杂岩为 6.54 亿 ~7.67 亿年，奥陶系大理岩不整合地覆盖其表面，在岩体边缘有白云母伟晶岩出露，晋宁中期花岗岩入侵于前震旦系变质岩中，是世界上极为罕见的地质大观园。

龙门山断裂带，确切地说是四川龙门山断裂带，自东北向西南沿着四川盆地的边缘分布，青藏高原沿断裂带推覆在四川盆地之上。这是一条特别要命的裂缝。它绵延长约 500km，宽达 70km，规模巨大，沿着四川盆地西北缘底部切过，位置十分特殊，地壳厚度在此陡然变化：以西为 60~70km，以东则在 50km 以下。它的东部仅 100km 外就是人口密集、工业发达的成都平原地区和大城市群。

龙门山断裂带由 3 条大断裂构成，自西向东分别是：①龙门山后山大断裂：汶川—茂县—平武—青川；②龙门山主中央大断裂：映秀—北川—关庄，属于逆—走滑断裂；③龙门山主山前边界大断裂：都江堰—汉旺—安县，属于逆冲断裂。

2008年5月12日的汶川大地震，受灾严重的绵阳市北川县坐落在龙门山主中央断裂上，属于逆—走滑断裂。同样受灾的都江堰市落在龙门山主边界断裂上，属于逆冲断裂。

北川—汶川—茂县地处活动断裂带。断裂带亦称"断层带"，是由主断层面及其两侧破碎岩块以及若干次级断层或破裂面组成的地带。在靠近主断层面附近发育有构造岩，以主断层面附近为轴线向两侧扩散，一般依次出现断层泥或糜棱岩、断层角砾岩、碎裂岩等，再向外即过渡为断层带以外的完整岩石。

断层带的宽度以及带内岩石的破碎程度，决定于断层的规模、活动历史、活动方式和力学性质，从几米至几百米甚至上千米不等。一般活压扭性断层带比单纯剪切性质的断层带宽。在一些大型的断层带中，由于被后期不同方向的断层切错，并夹有一些未破碎的大型岩块，断层带的结构趋于复杂化，从而在近代的断层活动中容易形成运动的阻抗，是应力易于积累和发生地震的场所。

历史地震记载。了解历史上成都、阿坝、广元、绵阳、德阳地震灾害情况（表5-1），对我们认识5·12汶川大地震的震害的原因有一定的帮助。由于四川行政区划的变迁，原温江专区所属灌县都江堰今属成都市，原茂县藏族自治区所属汶川（威州）、茂县（茂州）、松潘（松州）今属阿坝藏族羌族自治州，原绵阳专区所属青川、剑阁今属广元市，原绵阳专区所属北川（石泉）、平武（龙安）今属绵阳市，原绵阳专区所属绵竹今属德阳市。

四川历史上发生的地震及灾害情况

表5-1

时间	地点	伤亡情况	损害
汉高后二年（前186年），正月	绵竹武都山崩	压伤760人	
汉成帝元延三年（前10年），正月	茂州崛山崩（茂州，唐贞观八年置，治今茂县凤仪镇）		雍江二日，江水竭
汉桓帝建和三年（149年），七月	梓潼山崩		
唐太宗贞观十二年（638年）正月	松、丛二州地震（松州治今松潘县进安镇，丛州治无考）		坏人庐舍
唐武后大足元年（701年），八月	以今剑阁为中心的剑南六州地震		
南宋孝宗隆兴四年（1164年）	石泉军地震三日，声如雷（石泉军本为茂州石泉县，徽宗政和七年以绵州神泉、龙安、石泉三县合置石泉军）		屋瓦皆落
南宋孝宗乾道四年（1168年）	石泉（北川）地震		
南宋孝宗乾道九年（1173年）	剑门山崩		
南宋光宗绍熙四年（1189年）	剑门关山摧		
元顺帝二十二年（1354年）	龙州地震（元置龙州，明置龙安府，初治江油，后徙治平武）		
明孝宗弘治元年（1488年），十二月	四川地震连三日（汉州，唐武后始置，治今广汉市雒城镇）	人有压死者	坏碉楼三十七户
明孝宗弘治九年（1496年）	绵竹地震		房屋掣动

158

续表

时间	地点	伤亡情况	损害
明世宗嘉靖十五年（1536 年），二月	龙安府（平武）地震		
明世宗嘉靖二十五年（1546 年），十二月	茂州（浅县）地震		
明神宗万历十二年（1584 年），闰九月	松州（松潘）地震		
明神宗万历三十二年（1604 年）六月，闰九月	石泉县（北川）地震，龙安府（平武）及松茂二州（松潘、茂县）地震		
明神宗万历三十五年（1607 年），七月	松茂（松潘、茂县）地震数日		
明神宗万历三十八年（1610 年），四月	松潘漳腊小河平番地震		
明神宗万历四十六年（1618 年），九月	龙安府（平武）地震（成都、荣昌、内江同期发生地震）		
明思宗崇祯二年（1629 年），十二月	松州（松潘）连日地震数十次（波及成都、广安、重庆、巴县、珙县、乐山、威远等地）	压死军民数人	山崩城塌一百余丈
清世祖顺治元年（1644 年），三月	威州、汶川、成都地震，西南皆动		
清世祖顺治十四年（1657 年），三月	威州、汶川地震有声，并成都西南方皆动		山倾水沸
清圣祖康熙四十七年（1708 年）	川西北全境地震，四川通志："叠溪平番城圯。"汉州志："四月，地震，七月大震，茂州尤至。"什邡县志："四月，七月，地均震。"	乐至："人多压毙。"三台："伤毙其多。"	绵州志："塌城死人。"
清圣祖康熙五十五年（1716 年）	松潘地震，据四川通志："八月，松潘卫地震。"松潘县志："八月，地震。"		
清圣祖康熙五十七年（1718 年），七月	广元地震		
清高宗乾隆十八年（1763 年），正月	灌县地震连三日		
清高宗乾隆五十二年（1787 年），十一月	灌县地大震		房屋多坠
清宣宗道光三年（1823 年）（昭化），十月	地震有声（昭化，北宋置县，治今广元西南昭化旧城）		
清文宗咸丰三年（1853 年），正月	灌县地震；次年又震		凤凰山崩，没田亩
清文宗咸丰八年（1858 年），三月	绵竹地震		
清穆宗同治四年（1865 年），十二月	灌县、汉州（广汉）地震		

时间	地点	伤亡情况	损害
清穆宗同治五年（1866年）	汉州（广汉）、彭州、绵竹地震。汉州志载："七月地震，八月复震。"		
清穆宗同治六年（1867年）	二月汉州地震，五月复震		
清穆宗同治十三年（1874年），六月	灌县地震，有声如雷；次年（德宗光绪元年）二月又地震		
清德宗光绪五年（1879年）	四川全境地震，绵阳县志"五月微震连日，继大震，木拔禾堰。"巫山"地大震，同日而震者五省"		松潘县志："屋瓦皆落。"巴中"山崩陷塌"
清德宗光绪十二年（1887年），二月	松潘地震，三月、十月再震。次年六月，地震二次		
清德宗光绪十八年（1892年），十二月	绵州地动		屋皆摇
清德宗光绪二十二年（1896年），正月	潼川地震，波及川北及川东南，遂宁、安岳、中江、广安、蓬安、渠县、富顺、合江、南溪、井研、健为、简阳、资中等		
民国二年（1913年）	北川、绵竹、剑阁地震，绵阳县志、绵竹县志、剑阁县志均记载："七月地震。"		北川县志："七月地震，屋瓦震落。"
民国十年（1921年），三至六月	北川地震十余次		
民国十五年（1926年），三月	灌县地震		屋撼有声
民国二十二年（1933年）	茂县地震	山崩城陷，死者达八千八百人	"山崩地沉，居民屋舍掩埋土中"
民国二十五年（1936年）	茂县地震		"觉地壳上起伏不已。"
民国二十九年（1940年）	汶川地震		涂禹山土司家庙藏经楼摧残，壁画经籍无存

据统计，到1998年底，四川全省有据可查的4级以上地震共有300多次，其中7级以上的大地震有19次，6.0~6.9级的强震有49次。20世纪以来，四川省平均每隔十几年就要发生一次7级以上的大地震。1955年4月14日，康定发生7级地震。

汶川区域地震近代历史记载,1900年至2000年这100年间5级以上地震共发生14次：1900年邛崃地震、1913年北川地震、1933年理县和茂县地震、1940年茂县地震、1941年康定地震、1949年康定地震、1952年康定和汶川地震、1958年北川地震、1970年大邑地震1999年绵竹地震等。

1960年以来大于等于4.5级的地震有明显"成组"发生特征，可以把此间(1960~1994年)14次地震划分成7组，除了第6组为次地震外，其余各组均成对出现。1995年，有研究表示，该带强震频度不高，中等地震相对活跃。强震活动的盛衰变化没有明显规律，其主体活动地段为汶川—茂县—北川段和天全—宝兴段，二者的强震具有交替发生的特点。

1976年8月16日，松潘、平武之间发生7.2级地震。地震属震群型，主震之后又发生22日6.7级地震和23日7.2级地震。这次地震有感范围较大，西至甘肃高台，南至昆明，北至呼和浩特，东至长沙，最大半径1150km。

2. 龙门山断裂带与汶川地震

四川省的地震主要集中在8个地震带（区）上：鲜水河地震带、安宁河—则木河地震带、理塘地震带、金沙江地震带、龙门山地震带、松潘地震带、名山—马边—昭通地震带、木里—盐源地震区。据四川省地震局相关人士介绍，成都不属于任何地震带和地震区，成都本身基本上不会发生地震。而成都地区每年都有地震，主要集中在龙泉、金堂等地方。因为龙泉山脉是地壳积压形成的，所以每年有地壳运动时都会有轻微的地震。但是因为龙泉山脉属于一个小型山脉，因此地壳运动不大，每年的地震幅度都在3级及以下，在震中附近会感觉到稍微摇了一下，所以一般也不会察觉。

龙门山断裂带是四川强烈地震带之一。历史上，它并不安分，有过多期活动。自公元1169年以来，共发生破坏性地震25次，其中里氏6级以上地震20次。1657年4月21日，爆发有记录以来最大的6.2级地震。据地震学者考证，此后300多年间，这条断裂带再未发生过超过6级的强震。

公元2008年5月12日14时28分，它突然发作，大地撼动，这就是震惊世界的四川汶川地震。地震的原因就是由于印度板块向亚洲板块俯冲，造成青藏高原快速隆升。高原物质向东缓慢流动，在高原东缘沿龙门山构造带向东挤压，遇到四川盆地之下刚性地块的顽强阻挡，造成构造应力能量的长期积累，最终在龙门山北川—映秀地区突然释放，发生里氏8.0级地震。

汶川地震发生在青藏高原的东南边缘、川西龙门山的中心，位于汶川—茂县大断裂带上。在一亿年前开始的喜马拉雅造山运动过程中，印度洋板块向北运动，挤压欧亚板块，造成青藏高原的隆升。高原在隆升的同时，也向东运动挤压四川盆地。四川盆地是一个相对稳定的地块。虽然龙门山主体看上去构造活动性不强，但是可能是处在应力的蓄积过程中，蓄积到了一定程度，地壳就会破裂，从而发生地震。

汶川地震为何能量如此之大？龙门山断裂带属地震多发区内的活动断层，来自青藏高原深部的物质向东流动到四川盆地受阻，向上运动，两者边界即为断层面。如果断裂每年运动数厘米，每隔50m至70m，积聚的应力和能量就能产生一次里氏7级以上的大地震。由于震源较浅，而且震源机制为向东的逆冲运动，加上震区土质松软，地震波向东能传播很长距离，使得远至上海和北京等城市的人都普遍有震感。

地震对于地面的损害，主要由烈度决定。此次汶川地震等烈度线大体上呈现45°角分布，大量的能量沿着地震带进行传导，犹如墙上的裂缝被撕开时总是沿着开裂的方向传递能量。而茂县、北川正好处于这一区域，使得汶川—茂县—北川一线损失惨重。

此次地震有个明显的特点，它从汶川县开始，然后地震并不是在一个点上，而是向东北方向破裂，传播了将近200km。所以，朝着东北方向的人感受到地震波的强度更大，而西南方向要弱一点。打个比方，假设西北方向一个城市和汶川的距离是1000km，而东北方向另一个城市也是1000km，那么东北方向这个城市市民的感受就肯定要比西北方向的城市市民强。这是因为地震波有方向性，即破裂方向。在破裂方向上，地震波会加强。破裂方向上的破坏性大一些，背离破裂方向的破坏性就小一些（图 5-1、图 5-2）。

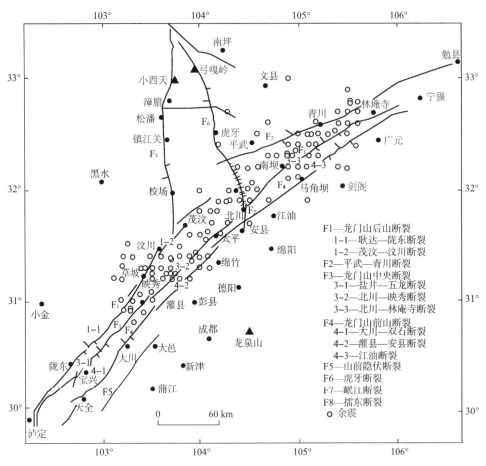

图 5-1　龙门山断裂带构造与余震分布图

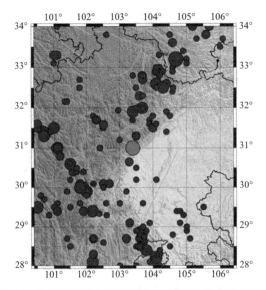

图 5-2　汶川地震震中附近 200km 范围内发生过的地震

北川县城的地形地貌、地质构造、场地稳定性、工程地质、环境地质等地质条件均较差，地质适宜性差，造成地震安全存在重大隐患，遭受"5·12"地震重创存在一定的必然性。

另外，由于地震波在不同地质构造中传播速度和方式的差异，处于不同地质构造区域内的房屋建筑的震害情况明显不同。处于断裂构造或褶皱构造区域内的房屋建筑比处于单斜或水平岩层构造区域内的破坏严重。其中，以断裂构造区域内的房屋建筑震害最重，水平岩层构造区域内的震害较轻。沿龙门山中央断裂带两侧20km范围内为断裂或褶皱构造发育区，房屋震害异常严重。

3. 地震机制与震害

汶川地震映秀—北川的破裂事件震源机制为逆冲断裂。对国内外逆冲型地震地面运动资料的分析表明，逆冲型地震所产生的加速度峰值一般要比同等震级的走滑型地震产生的加速度峰值大20%~30%。根据强震记录初步分析结果，在汶川卧龙获取的最大加速度记录为0.9gal，在江油靠近破裂带地区获取的加速度接近0.7gal。另外，由震源反演结果可以看出，整个破裂过程中，破裂速度并不均匀，存在着一系列障碍体。根据笔者对国内外大震震害调查，当地震破裂通过障碍体时会产生加大的加速度值。地震地表破裂调查和余震精定位研究表明，破裂到平武县水观镇附近后，断裂没有出露地表，也没有沿龙门山断裂已有断裂扩展，而是形成了新的破裂段。新的破裂段往往产生较大的加速度。断裂终止点附近城镇震害调查及余震强震记录表明，青川县姚渡镇、宁强县青木川镇和文县中庙乡地震烈度都达到了IX度，表明此次地震所产生的加速度峰值大于0.4g区域的尺度可能达到了350km，远远大于一般同等震级的地震。

当地表断裂通过建筑物时，剧烈错动会造成建筑物的强烈破坏乃至倒塌。1999年8月16日的伊兹米特地震和1996年台湾集集地震时地表错位造成了地表建筑物和桥梁、水坝及供水管线的巨大破坏。此次地震产生的总长度300km左右的地表错动带及其附近产生的地表形变是成灾的重要因素。

三、工程地质环境与建筑震害关联性

1. 工程地质环境

（1）地形地貌。震害严重区多以高中山地形为主，仅沿田坝河谷分布一些平坝地貌。区内最低处漩口镇海拔780m，最高点四姑娘山海拔6250m，相对高差5470m余。相对高差大，地形坡度陡，临空面发育，沟谷纵横，切割强烈，支沟纵坡比降大是其地貌的基本特征，为滑坡、崩塌和泥石流的发育提供了基本条件。海拔高程和地形坡度与人类经济活动的分布有着密切的关系，而人类的经济活动与地质灾害的发生往往关系密切。地形地貌因素间接地影响着地质灾害的分布，在高程1000~1800m、坡度25°~30°范围内，地质灾害分布最为集中。

（2）地质构造和地层岩性。根据震区区域地质资料，地质构造以北东走向为主，受构造走向控制，岩层走向亦以北东走向为主。龙门山地槽是一个跨旋回的地槽，早在元古代就形成地槽区，自震旦纪地槽又重新开始发展，跨越了阿森特、加里东、华力西、印支四个旋回，印支运动褶断成山，燕山运动又受褶断，形成现在的构造景观。后龙门山褶皱带是早古生代沉降的中心，印支运动使地层发生变质和塑性变形，受强烈挤压，形成北东向褶皱带。前龙门山褶皱带是晚古生代沉降中心，尤其在泥盆纪至石炭纪下陷最强烈，印支运动和燕山运动使地层发生全形褶皱和剧烈的断裂，形成众多的叠瓦式断裂。区域构造运动应力场的作用使岩体节理裂隙发育，岩性破碎，结构面发育，从而使岩体力学性质大为变化，为地质灾害的发育提供了条件。

震害严重区地层发育比较完整，其中奥陶系、志留系地层大部分缺失，小范围有出露，岩性变化大，岩体工程地质特性空间变化复杂，以第四系松散地层及强风化岩浆岩为代表的软弱岩土体分布广泛，为地质灾害的发育提供了基本条件。地层岩性对地质灾害的分布起着重要的控制作用，在滑坡、崩塌地质灾害中，有近30%分布于志留系、35%分布于泥盆系，且多发生在千枚岩中。泥石流也多发生于千枚岩出露区，威州镇、克枯乡、龙溪乡等为泥石流易发区。地层主要由第四系全新统填土层、第四系全新统冲洪积层、第四系上更新统冲洪积层及泥盆系石灰岩组成。①第四系全新统人工填土层：杂填土多为褐色、黑灰色、松散、湿；主要为卵石及砖瓦块等，部分地段含较多生活垃圾，为近期拆迁等原因堆积而成；素填土多为褐色、灰色、松散，湿；主要为黏性土，表层含少量植物根茎及卵石。②第四系全新统冲洪积层：卵石多为浅灰色，饱和，中密，卵石直径2~8cm，个别大于10cm，亚圆形，卵石成分多为岩浆岩和沉积岩，中等至微风化；卵石含量为55%~60%，中砂、砾石及黏性土充填。③第四系上更新统冲洪积层：卵石粉质黏土多为褐黄色、棕红色，硬塑，含少量铁锰质氧化物，无光泽反应，无摇震反应，强度及韧性一般；粉质黏土含量约80%，中砂、圆砾、卵石充填，局部段为粉质黏土层。④泥盆系石灰岩浅灰色，风化裂隙发育，强风化至中等风化，层理产状86°~100°至28°~36°。

（3）斜坡结构。河流沟谷人工挖填等作用而形成不同结构形式的斜坡，由于沟谷纵横，且区内地层岩性变化复杂，构造对地层的破坏和改造强烈，致使区内斜坡结构特征变化较复杂，既有顺向斜坡，又有逆向斜坡和水平层状斜坡，既有层状斜坡，也有结晶岩斜坡、土质斜坡、变质岩斜坡等。不同结构形式斜坡常伴生不同类型的地质灾害：顺向斜坡常伴生滑坡，特别是岩层倾角小于坡角时，发生滑坡的可能性常较大；逆向斜坡则常伴生崩塌；而花岗岩区表层风化强烈时，在暴雨作用下形成泥石流的可能性则较大。

（4）水文地质。场地地下水类型为上层滞水和孔隙潜水，上层滞水赋存于人工填土层中，大气降水为主要补给源，无统一地下水位。孔隙潜水主要赋存于第四系砂卵石层中，受大气降水、地下水径流补给。滑坡、崩塌、斜坡变形和泥石流等地质灾害都与降雨有着直接的联系。从地质灾害发生的时间分布来看，绝大多数发生于雨季，降雨是地质灾害最重要的诱发因素。

2.建筑震害原因

人类经济活动主要包括农业耕作、采矿、交通道路建设、水利水电工程建设等。农业耕作开垦坡地，破坏植被，改变斜坡结构，常诱发斜坡变形和滑坡；配套的水利设施建设如不注意合理规划，加强工程质量的监理，就有可能出现灌溉渗漏、渠塘渗漏等情况，成为发生滑坡地质灾害的诱因。采矿中如规划设计不合理，露天采矿若工作面过高、过陡可能遗留崩塌隐患，采矿弃渣、选矿尾矿等固体废弃物的不合理堆放，可能诱发形成矿山泥石流和不稳定斜坡。道路建设中大量的削坡，改变了斜坡形态和结构，形成临空面，也可能诱发崩塌和滑坡。水利水电工程建设可能因水库蓄水浸润坡脚及放水引起水位陡涨陡落，产生浮托力和动水压力，从而诱发滑坡的发生。区内水电站目前均为引水式中小电站，电站厂房建设开挖坡体易诱发滑坡、崩塌，但危害相对较小，且已基本治理。

（1）地表运动与建筑基础及结构

从调查情况来看，破裂带的变形总体以逆冲为主，右旋错动为辅；NW向地层相对抬升，SE向地层相对下降。但是实际的地表破裂带形态受区域地质条件限制，呈现出多样性特点。例如，在虹口乡高原村，SE向地层相对上升约3.2 m，主要的地表破裂带也没有出现在主断裂带上。最大的水平与垂直错动带也出现在虹口乡，分别达4.8m（深溪沟丰寸）、5.1m（八角庙丰寸）。

建筑结构破坏是地震灾区最触目惊心的现象。国家定义的极重灾区10县市，包括汶川县、北川县、绵阳市、什邡市、青川县、茂县、安县、都江堰市、平武县、彭州市均位于龙门山断裂带的四川部分。在这10个县市中，建筑结构破坏最为严重的城镇包括都江堰市、汶川县映秀镇和漩口镇、什邡市红白镇和莹华镇、绵阳市汉旺镇和北川县城等。这些城镇基本上位于3条主要断裂带上，如映秀镇和北川县城是中央断裂带通过部位。同时，由于断裂带南北的破裂形式不同，建筑结构的破坏形式又存在较大差异。在西南段，断裂以逆冲破坏为主，建筑物破坏最为严重，建筑物坍塌十分普遍，坍塌原因大部分为构造柱破坏，或结构柱在与梁或基础结合部位形成塑性铰破坏。建筑物坍塌在西南段所造成的人员伤亡比例最大。在东北段，断裂破坏的走滑分量相对较大，建筑物虽然破坏严重，但是坍塌比例相对较低，崩塌、滑坡等次生地质灾害造成的伤亡比例较大，北川县城坍塌的大部分建筑物是由一个大型滑坡（左侧的老县城）和一个大型崩塌（右侧的新县城），包括基础问题造成的；破坏现象在都江堰市、映秀镇等地较多，主要原因是这些城镇大部分修建在河漫滩或山洪冲积平原上，砂土层液化或由于振动造成的不均匀沉降是基础破坏的主要原因。修建在桩基础上的建筑物抗震性能相对较好，例如紫坪库水利工程的副厂房大楼，虽然地基沉降了约30 cm，但是整座大楼除部分玻璃碎裂外仍完好无损。

（2）地质灾害造成建筑震害

1）四川是全国地质灾害最重的省份之一。因处在青藏高原和四川盆地过渡带，受地形、地貌、地质构造条件和暴雨、地震等诱发因素频发影响，是地质灾害的多发区、易发区。

①地质灾害分布广，频繁发生。四川省的地质灾害地域分布的总体格局是西部多于东部，且具有点多、面广、规模大、成灾快、爆发频率高、延续时间长的特点。灾害发生情况，盆周山地多于盆中，河谷多于平坝，工程活动频繁区多于工程活动稀少区。据部分统计，四川省具有一定规模，造成危害的崩塌、滑坡有10万余处，泥石流沟3000余条，危及120余座县市所在城区和800多个乡、镇，500余家工厂、矿山的安全。每年造成的损失达数亿元，2007年四川省21个市（州）都有不同程度的地质灾害发生，灾害类型仍以滑坡、崩塌、泥石流灾害为主，因地质灾害伤亡200多人，直接经济损失6亿多元。

②矿山地质环境问题日渐突出。四川省是一个矿业大省，近年来不合理开采造成的矿山地质环境恶化有明显的上升趋势，这给矿山企业及当地居民的生产和生活造成了巨大的影响。由于矿山不合理开采引起了崩塌、滑坡，地表水及地下水疏干、地表开裂、矿碴泥石流等灾害，如1995年眉山大洪山芒硝矿在开采过程中，因其回风巷道穿过了顶板芒硝淋溶带致使地表水及地下水疏干，造成矿区附近居民缺水；1995年宜宾维兴镇在采煤过程中，关刀岩坡顶发生地表开裂，形成塌陷带，前缘发生大规模崩塌。

③人类活动加剧了地质灾害的发生。随着四川省各项建设事业的迅速发展，特别是近年来在基础设施建设中投资力度加大，交通能源、水利、城建等带动了社会经济的发展，

但同时对自然生态环境的影响也日益加深，特别是地质环境的破坏所造成的灾害也更加严重。由于大量建设的挖方、填方形成人工高陡边坡，造成边坡失稳、诱发滑坡、崩塌或形成危岩并导致老滑坡复活。

④季节特征明显。降雨是诱发地质灾害的主要因素。四川省内降雨集中分布在每年的5~10月，占全年降雨量的70%左右。大量的降雨入渗、浸润、软化岩土体，降低斜坡的稳定性。据统计，几乎所有的地质灾害暴发均与暴雨及长时间降水有关，特别是泥石流的发生更与降雨关系密切。

⑤地质灾害造成水土流失日益加剧。地面的剥蚀、侵蚀作用，必然造成大量的水土流失。造成水土流失的最严重的侵蚀形式以表层滑坡、崩塌、泥石流为主，主要分布在基岩裸露的斜坡、陡坡地带，虽然它的总的水土流失、侵蚀面积所占比例不大，但危害严重。

四川省泥石流发生程度高，大、特大规模泥石流的发生是造成省内水土流失的一个重要方面。严重的泥石流活动区，土壤年侵蚀模数接近 $3000m^3/km^2$，强大的侵蚀作用使得沟谷和岸坡重力作用不断加剧，山地环境退化，森林植被破坏，并致使泥石流多发区失去调节气候、涵养水源、调节洪水和保护水土的能力，水土流失现象也随之加剧。

2）震后四川省地质灾害

震后四川省共排查出重大地质灾害点5836处，其中滑坡3286处，崩塌1218处，泥石流460处，其他地质灾害872处（图5-3），分别占四川地质灾害总数56.31%、20.87%、7.88%和14.94%。四川省地质灾害排查点中，滑坡、崩塌、泥石流共计4964处，其中476处无规模数据。根据4488个完成数据统计，巨型、大型、中型和小型地质灾害点分别为58处、385处、942处和3103处，分别占四川总数的1.29%、8.58%、20.99%和69.14%。

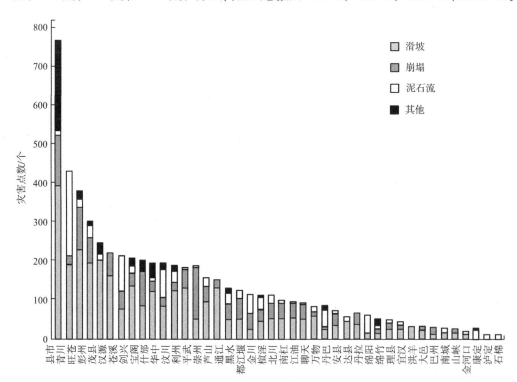

图5-3 四川省震后地质灾害分布图

四川省地质灾害点主要分布在青川、旺苍、彭州、茂县、汉源、苍溪、剑阁、宝兴、什邡、华蓥、汶川、利州、平武、崇州、芦山、通江、黑水、都江堰、金川、松潘和北川等 21 个县(市),地质灾害点数达到 4843 处,占四川省地质灾害点总数的 83%。这些县(市)地质灾害点数都在 100 处以上。其余县（市）地质灾害点小于 100 处。

3）地质灾害与建筑震害

这次特大地震引发了大量山体滑坡、泥石流、堰塞湖、地基液化、崩塌、震陷等地质灾害,加剧了山区部分房屋的倒塌及破坏。修建在滑坡地带或断裂带附近的房屋在此次地震中破坏严重。在本次遭遇地震低烈度区域,发生了因房屋建设在滑坡地带,而对房屋造成严重破坏或垮塌的现象。滑坡、泥石流直接冲毁或掩埋房屋,造成人员伤亡;崩塌体和滚石砸毁公路,阻塞交通;山崩壅塞河道,形成堰塞湖,威胁上下游居民安全。

地震灾害取决于地震破坏作用的强烈程度和建构筑物的抗震能力。5·12 汶川 8 级特大地震是该地区罕遇的地震事件,地震破坏作用十分强烈。此次地震的破坏主要是由强烈的地面运动、地表断错与变形和广泛发育的崩塌、滑坡与泥石流造成的。

5·12 汶川 8 级特大地震在高烈度区造成巨大灾害的机理可以归纳为:地震引起超设防水准的强烈地震地面振动、未加设防的巨大地震地表错位和未加设防的崩塌、滑坡和泥石流;城市还存在相当数量的抗震性能较差的建筑物、小城镇房屋建筑抗震能力差且建筑物垮塌易造成人员死亡、农村房屋抗震性能极差。

四、汶川建筑震害原因分析

1.地质环境条件分析

（1）先天不足。根据震区的地质环境条件,无论是地形、地貌、水文地质,还是地质构造、地层岩性以及与断裂带的关系,兼或场地处于地质灾害多发区,对建设工程来讲均是先天存在的隐患。构造地震的发生或受临近强震的影响,伴随次生地质灾害出现,处于此环境中的建筑物自然难逃严重破坏或倒毁的厄运。

（2）选址不当。房屋建造在软弱地基或可液化场地或临近地震断层或同一幢建筑在土岩地基上,在地震时由于地基发生液化、塌陷、不均匀沉降等现象,导致地基失稳和倾斜,位于这种地基上的建筑物,自然会遭到严重破坏。

（3）总体规划不当。由于场地和地基的多变性,以及存在诸多对抗震不利的岩土问题（一幢建筑物的基础同时埋置在标高相同但刚度不同的地基上,或与断裂带方向垂直）,但楼房过分密集,两幢建筑物毗连（仅用变形缝分割）,并未通过方向改变或位置调整规避地质和地基的不利影响,地震存在的方向性和地基对地震的反应程度不同,一栋楼房摇动或倒塌或不同位置的损坏,必然祸及临近或邻近楼房。

2.设计和施工分析

（1）建筑平面布置不规则。如底层作车库、商场或正门大开洞,甚至四面空框,建筑平面刚度不均匀或较相对弱,地震时柱子折断,底层倒塌,带动上部结构倾覆,层层跌落。

（2）建筑竖向刚度突变。为满足某种需求,如大开间无梁无柱等,致使建筑结构在竖直方向上不规则,出现刚度和强度突变。此类建筑在地震中破坏最为严重,而且破坏多集中在这些薄弱部位。

（3）地基基础抗震能力较弱。震区的建筑物因多数上部荷载不是很大,一般情况下,天然地基的承载力和较浅的基础埋置深度即可以满足上部结构对地基强度和稳定性的要求。因此，极少对地基或基础进行特殊处理，加之房屋结构又多为砌体结构，设防等级较低，又建造在软弱或可液化地基或断层临近，地震对场地液化导致地基失效，即使地基和基础的共同作用，也不能抵抗如此强烈的地震能量。

（4）抗震措施和抗震构造措施不当。如某些结构设计梁柱节点配筋不足，窗间墙过短，短柱，承重墙体高宽比过大，抗震墙不连续，不规则开洞等，这些均是地震时破坏极易出现的结构薄弱部位，而这些部位的抗震措施和抗震构造措施往往容易被人们忽视。

（5）结构设计和施工质量问题。楼房柱子过细，配筋不足，箍筋间距和锚固长度，不按设计要求施工，施工方式不恰当等均不符合抗震设计和施工要求。

（6）乡村房屋建造不规范。乡村房屋结构多为砖木结构，一般为红砖墙、预制楼板、木屋架、坡屋面、小青瓦，几乎未设圈梁且均未设构造柱，板缝中未设钢筋，在支座处也没有采用拉结措施。板缝震裂，板与墙体顶部连接处也被震松，出现水平裂缝，墙体多为典型的交叉裂缝破坏。

五、灾后重建对策

（1）强化受损建筑的安全检测及风险评估

"5·12"大地震已造成灾区数十万间房屋损坏，虽也有现存建筑物，但从防止余震及次生灾害入手，必须加快对受损各类建筑的风险评估，这不仅是灾害救助应急预案的要求，更是恢复重建工作的基础支持。

（2）总结"大震不倒"项目设计施工经验

在以往的抗震防灾及相关城市减灾工作中，过多地在启示及教训分析中处置项目不安全、项目欠质量保证等缺陷问题，对项目的可靠度保证的经验总结不够，建议国家有关部委能关注并研究为什么有的项目可以在大地震到来时安全屹立，在这方面是谁充当了"保护神"。

（3）加强震后地质灾害的发育特征及危害性评价

5·12大地震对原有地质灾害隐患点大多都产生了影响，部分隐患点规模增大、变形特征增强、稳定性降低，加剧了地质灾害的破坏和危险性。震前滑坡隐患点有部分已经滑动，并造成了相当数量的群众受灾；部分滑坡隐患点震后虽没有造成大规模的滑坡灾害，但不同程度地出现了滑坡后缘裂缝和局部滑塌现象。震前的崩塌灾害点，震后大部分崩塌（危岩体）已经成灾，或出现了后缘开裂和崩塌掉块现象，不稳定性和危险性明显加剧。潜在不稳定斜坡小部分已经演变为滑坡，部分不稳定斜坡坡体后缘出现轻微裂缝，在暴雨等极端条件下，有进一步失稳的趋势，预测趋势全部为不稳定。

（4）统筹兼顾，严格规划选址，避免场地对房屋的不利影响

要考虑进行必要的工程地质、水文条件及自然灾害影响评估，要避开地震断裂带、滑坡、泥石流、山洪、河洪等自然灾害危险地段，预防和减轻地震可能引发的次生灾害。要考虑从地形地貌上避开非岩质的陡坡、高耸的山丘、河岸和边坡的边缘等不利地段；从地质构造上要避开活动断层、可能的滑坡、崩塌、地陷、泥石流等危险地段；从场地条件上要避开饱和砂层、软弱土层、液化土、弱软不均土层等。

（5）强化场地岩土工程勘察

强震区场地的岩土工程勘察应预测调查场地、地基可能发生的震害。根据工程的重要性、场地条件及工作要求分别予以评价，并提出合理的工程措施。①确定场地土的类型和

建筑场地类别，并划分对建筑抗震有利、不利或危险的地段。②场地与地基应判别液化，并确定液化程度（等级），提出处理方案。可能发生震陷的场地与地基，应判别震陷并提出处理方案。③对场地的滑坡、崩塌、岩溶、采空区等不良地质现象，在地震作用下的稳定性进行评价。④缺乏历史资料和建筑经验的地区，应提出地面峰值加速度、场地特征周期、覆盖层厚度等参数。对需要采用时程分析法计算的重大建筑，应根据设计要求提供岩土的有关动参数。⑤重要城市和重大工程应进行断裂勘查。必要时宜作地震危险性分析或地震小区划和震害预测。

（6）提升局部差异性抗震技术处理

对于抗震设防地区，若同一幢建筑物地基岩土存在局部差异性，不能仅仅考虑地基岩土最差部位的地耐力和建筑物的沉降差能满足设计要求，而应进一步考虑建筑物受地震响应的协调性，以避免产生上部结构受损的差异性。

地基岩土存在局部差异性时，建议对岩土性质较差的区域采用合理的托换技术进行加固处理，以提高地震波能量的传递速率、减少其滞留的时间，即让加固处理后的地基土少吸收地震能量、多传送出地震能量。

（7）加强对地震监测、预报、预警的重视程度，加大对地震灾害的研究和防治投入比例

从理论上讲，对造山运动引发的强震可以预测走向，从而加强防范。近 40 年来，龙门山断裂带北部（从都江堰到九寨沟）和小江断裂带的南部（云南境内的东川—宜良—建水）已发生几次 6.5 级以上的大地震，加上此次汶川地震，能量已被释放，近期再发生大地震的可能性减小。今后 50 年内大地震可能会发生在龙门山断裂带南部（从都江堰到康定）和小江断裂带的北部（康定—西昌—攀枝花），康定—泸定地区是北东向的龙门山断裂带、北西向的鲜水河断裂带和南北向的小江断裂带交会处，是应力集中之地。

六、结语

汶川地震是中华人民共和国成立以后破坏性最强、波及范围最大、灾害损失最大的一次地震灾害，导致数十年辛勤劳动的成果毁于一旦。而灾后重建是一项十分艰巨的工作，面对自然环境复杂、基础设施损毁严重的困难局面，工作充满挑战。因此，需要尊重自然、统筹兼顾、科学重建，精心组织、精心规划、精心实施，又快又好地重建家园。

灾后重建是在特殊的情况下，以相对比较特殊的手段和方法展开的，目前灾后重建工作取得了一定的成果。汶川灾后恢复重建工作经验是基于在当地环境和当地资源基础而展开的，虽无法被其他灾后重建工作所照搬，但仍具有一些重要意义及参考价值，需要我们继续努力探索总结。

6 雪灾及风吹雪的研究进展

周晅毅 刘振彪 顾 明

(同济大学土木工程防灾国家重点实验室 上海200092)

积雪是重要的淡水资源,对人类有很大的好处,这不仅体现在积雪对人体健康有利,而且体现在积雪有利于农作物的种植。积雪对农作物的好处表现在,积雪的导热性能差,土壤表面的积雪不仅可以减少土壤热量的损失,而且还能为农作物储蓄水分,增强土壤的肥力。然而,人类在认识到雪给人类生活带来好处的同时,也意识到了积雪的危害和可怕。积雪可以造成多种灾害,被认为是世界面临的十大灾害之一(王中隆,1999)。近年来我国及其他国家雪灾的频发,当然与人类漠视生态平衡、生态环境日益恶化分不开,但也与人们对抗雪、防雪工作的忽视有关。这里面风吹雪是导致雪灾的一个重要原因。

本文首先对与工程界密切相关的雪致交通灾害及屋盖结构雪灾的情况进行介绍;由于风吹雪是导致雪灾的一个重要原因,故接着对风吹雪的研究现状进行总结,指出了存在的问题,并讨论了值得研究的方向。

一、雪致交通灾害

雪致交通灾害包括两个方面:静态的路面积雪和动态的视程障碍(席建锋等,2006)。静态的路面积雪会导致交通中断,造成经济损失;动态的视程障碍,会引起交通事故,危及生命安全。清除道路上的积雪,需要投入很大的人力和物力。在我国新疆、内蒙古、吉林和黑龙江等省、自治区,雪致公路灾害几乎年年发生,这给公路交通运输安全和畅通带来了相当大的威胁。为了抢险保通,每年政府、交通部门都要花费大量的人力、物力和财力(席建锋等,2006)(图6-1)。雪致公路灾害已是长期困扰公路运输的一个难题。以美国为例,2001年3月5日,一场强暴风雪袭击了美国东北部的新英格兰地区,公路和铁路全部停运,3500次航班被迫取消,所有的学校被迫关闭。国内,2004年2月黑龙江省鹤大公路K115—K160发生风吹雪,45km长的道路右半幅几乎所有路段积雪1.2 m深,左半幅部分路段积雪,形成雪阻,造成交通中断4天(席建锋等,2006)。

美国怀俄明州很早就采用雪栅栏(snow fence)来减少道路上的积雪。据怀俄明州交通部门调查,在I-80公路大约45km长范围内使用了雪栅栏,使其用于积雪清除的开销减少了三分之一以上(Tabler,1991)。日本、加拿大等地也都使用防雪栅栏来减少公路上的积雪(图6-2)。

我国针对雪灾的机理也采用了相应的对策。如在公路的两侧设置挡雪墙和防雪栅栏,利用阻碍物对墙体的阻挡作用来减弱风雪流运动速度,从而减少公路上的积雪。同时也采用融雪技术,保证道路使用者的安全通行(席建锋等,2006;应成亮,2007)。

图 6-1 机械除雪

图 6-2 防雪栅栏的应用

二、屋盖结构雪灾

大跨轻质屋盖结构是雪荷载敏感结构，在多雪地区，雪荷载是此类屋盖结构的控制性荷载之一（GB 50009，2012）。极端雪荷载下屋盖结构的垮塌时有发生（袁杨和陈忠范，2009；王元清等，2009）。对雪荷载预估不足或屋面局部积雪厚度过大，往往是造成屋盖结构雪毁的主要原因。

根据文献介绍和新闻检索，包括我国大部分区域在内的世界多雪地区，因屋面大量积雪造成的建筑结构失效和人员伤亡事故每年都有发生。建筑结构雪毁事故主要发生在简易屋盖结构（例如轻型钢结构屋盖）和大跨屋盖结构。近年来，我国影响范围最大、破坏最严重的一次全国性雪灾，是发生在 2008 年的南方雪灾。2008 年中国遭受大范围低温、雨雪和冰冻灾害，因过量雪荷载等原因倒塌房屋 35.4 万间，损坏房屋 86.2 万间（王元清等，2009）。实地考察和实测结果表明，建筑外形不合理（例如女儿墙设置、连续跨内天沟设置和高低屋盖设置）和建筑所在风环境，是造成屋面局部积雪超载的主要原因。蓝声宁和钟新谷（2009）的实地调查结果也表明，由风导致的屋盖表面积雪不均匀分布是屋盖结构损毁的一个重要原因。文献提到，两栋设计相同的钢结构厂房，一栋因周边建筑较多，屋面积雪分布受风影响较小，未发生垮塌，而另一个厂房，因屋盖结构周边空旷，屋面积雪受风影响较大，发生了垮塌（蓝声宁和钟新谷，2009）。图 6-3 展示了 2008 年南方雪灾中一个轻型钢结构屋盖垮塌案例。2008 年 1 月 19 日，由于连降暴雪，安徽合肥瑶海区工业园 5000 多 m^2 仓库厂房被积雪压塌，所幸没有造成人员伤亡（网易网，2008）。

图 6-3　安徽合肥瑶海区工业园厂房雪毁（网易网，2008）

除钢结构厂房外，加油站顶棚是一种在积雪作用下容易垮塌的屋盖结构。发生在 2008 年的我国南方暴雪、冰冻灾害期间，中国石油化工股份有限公司中仅江苏公司就有 79 座加油站遭受损失，其中结构整体坍塌 17 座，加油站罩棚坍塌 27 座（袁杨和陈忠范，2009）。2018 年 1 月 3 日，河南全省普降暴雪，南阳市数座大型加油站因顶棚大量积雪发生垮塌（图 6-4）。这次暴雪时段集中、强度大，造成比较严重的积雪，个别县市地面积雪超 30cm（搜狐网，2018）。

图 6-4　河南南阳大型加油站被暴雪压塌（搜狐网，2018）

大跨轻质屋盖结构同样是雪荷载敏感结构，因这种屋盖结构形式主要被用于人员聚集的大型公共建筑，屋盖结构的垮塌将会造成重大人员伤亡和财产损失。图 6-5 和图 6-6 展示了两个大跨屋盖结构雪毁的经典案例。

图 6-5　波兰卡托维茨国际博览会展厅雪毁（毁灭性灾害网，2006）

图 6-6 美国明尼苏达维京人队体育场雪毁（气象新闻网，2010；网易新闻，2010）

2006 年 1 月 29 日，波兰卡托维茨（Katowice）国际博览会展厅在屋面大量积雪作用下发生坍塌，事故造成 66 人死亡，140 多人受伤（新浪网，2006）。屋盖结构垮塌时，当地经历了大规模降雪，地面积雪超过 30cm，屋顶积雪过重是造成本次事故的直接原因。此外，当年 1 月 2 日，德国阿尔卑斯山巴特赖兴哈尔镇的一个室内溜冰场屋顶也被积雪压塌，导致 15 人遇难。

2010 年 12 月 12 日，美国中西部地区遭遇暴风雪袭击，明尼苏达州局部地区的积雪达到了近 2 英尺（约合 61cm）高，明尼苏达维京人队体育场的圆形屋顶被积雪压塌（网易新闻，2010）。

我国人口众多，应国家土地集约化发展要求，已有和每年新建的大型公共建筑、轻型钢结构厂房等数量巨大。在多雪地区，这些结构往往是雪荷载敏感结构。影响屋面雪荷载因素复杂，环境条件、屋盖外形、周边建筑等都会对屋面雪荷载造成重大影响。

气流经过地面建筑物或构筑物时会出现绕流、再附现象，在风力作用下雪颗粒将发生复杂的飘移堆积运动，从而造成地面上或屋盖表面积雪的不均匀分布。这是导致交通灾害和大跨屋盖倒塌事故的一个重要原因。20 世纪中下叶，随着人们对风雪运动的重视，对风雪运动机理的研究也随之展开，形成了雪工程的学科。风雪运动的基本过程按雪粒离开地面的程度有如下类别：（1）在地表滚动的雪粒蠕移运动；（2）在近地风雪流层内雪粒离开地面的跃移运动；（3）在高空中雪粒的悬移运动；（4）由于雪粒同时在可变雪质地表与空中运动，还存在雪粒与地表的复杂能量、动量交换的碰撞运动。一般采用阈值摩擦速度作为雪粒是否发生侵蚀（从地面起动）或沉积的标准。风雪运动的研究主要有实地观测、风洞与水槽试验及数值模拟三种方式。下面从这三个方面总结与工程实践相关的风吹雪研究现状。

三、实地观测

许多学者通过实地观测，对风雪运动的机理进行了研究。现场实测是雪工程研究中非常重要的基础性工作，可以获得风雪运动的第一手资料。

自 20 世纪 60 年代以来，众多学者致力于研究风雪运动时雪粒传输过程中基本物理量之间的关系。Mellor（1965）指出当风速很高时，特别是在高层建筑周围的紊流区域，悬移运动对于雪粒传输比较重要。Kind（1981）对决定雪粒起动的阈值摩擦速度进行了研究。Kind 指出在不同条件下雪粒的阈值摩擦速度并不一样。新鲜、干燥的雪粒阈值摩擦速度在 0.07~0.25m/s 范围内，而经过一段时间风蚀后积雪的阈值摩擦速度在 0.25~1.0m/s 范围内。

Schmidt（1982）的研究表明雪颗粒的阈值摩擦速度与雪粒间的黏性力关系很大，而雪颗粒的粒径大小对阈值摩擦速度影响不大。Kind（1986）指出在开阔的平坦区域，当风速较低时，跃移是风雪运动中雪粒传输的主要途径。Tabler（1988）的研究表明当10m高度风速为12m/s左右时，86%的雪粒传输过程在离地高度30cm的范围内完成；而当10m高度风速为22m/s左右时，这个比例下降到51%。Pomeroy和Gary（1990）对跃移层的雪流量进行了分析，得到了跃移层侵蚀雪流量与摩擦速度、阈值摩擦速度、雪密度有关的经验公式。Pomeroy发现当摩擦速度超过阈值摩擦速度后，侵蚀雪流量与摩擦速度基本成线性关系；同时指出该经验公式对雪粒之间的黏结特性非常敏感。Pomeroy和Male（1992）提出了计算稳定态下悬移层雪浓度及雪流量的理论模型。Pomeroy认为雪颗粒在悬移层的传输率与10m高度风速的四次方成正比关系，并且当风速增加时，雪粒在悬移层传输率的增加大大超过其在跃移层传输率的增加。Bintanja（1998，2000）的研究报告指出，在风雪运动中数量众多的雪粒相互作用、共同运动，形成了跃移层和悬移层。一方面不断受到风力作用而加速，另一方面又不断消耗能量，最终形成充分发展的稳定态。

图6-7 长方体建筑周边积雪状况

近年来，Thiis等对简单建筑物周边的积雪运动进行了研究。对接连两次暴风雪的观测，Thiis（2003）记录了一个长方体建筑及两个并列放置的立方体建筑周边的积雪情况（图6-7）。文中指出受到建筑遮挡的区域与无遮挡效应区域的阈值摩擦速度不一样。Beyers和Harms（2003）通过对南非国家南极探险队基地建筑周围风雪运动的测量，根据实测数据得到了基于地面有效粗糙度的风速剖面，这种风速剖面考虑了由于雪粒跃移运动对地面粗糙度的影响。文中还对1∶25的模型建筑（相应于基地建筑原型）周边的积雪进行了测量。模型与原型建筑周边的积雪情况吻合得很好。Beyers指出弗劳德数及跃移距离在模型试验中的相似性可以放宽；利用由Anno（1984，1990）、Iversen（1979）给出的无量纲时间缩尺比公式，原型与模型数据吻合得很好。

从前面可见，通过现场实测，科研人员对决定雪粒起动的重要参数——阈值摩擦速度进行了细致的研究，并建立了与摩擦速度有关的计算雪流量的理论模型，这些工作为风雪运动的试验室模拟及数值仿真研究奠定了基础。现场实测的不足之处在于投资大，自然天气等因素难以人为控制。从以上的论述可见，实地观测中风雪运动的研究对于建筑结构设计的影响一般仅限于分析雪粒绕简单外形建筑周边的飘移堆积运动，难以定量预测大跨屋盖表面积雪在风作用下的不均匀分布情况；对路面和居民住宅附近的积雪观测也仅能起到定性比较的作用。

四、风洞与水槽试验方法

研究风雪运动的试验方法包括风洞试验和水槽试验，下面对这两类试验分别进行介绍。

1. 风洞试验

风洞试验是研究风雪运动的主要试验方法。风洞试验通过模型与原型之间的相似关系，使风雪运动在条件可控的实验室中得到重现。

Smedley 等（1993）在风洞试验中模拟了南极戴维斯站建筑周边的风雪运动，预测了建筑附近雪粒运动的状况。风洞试验采用碳酸氢钠（小苏打）来模拟雪颗粒。为了使处于南极的建筑免受大雪堆积的苦恼，Smedley 设计了两种安装在建筑周边的屋檐（圆形屋檐和 T 形屋檐），并比较了带屋檐建筑与没有屋檐建筑周边的积雪情况。Smedley 得出结论，圆形屋檐能够显著地减小建筑周边的积雪（图 6-8）。Delpech 等（1998）在风洞试验中利用人造雪预测了南极建筑周边的风雪运动，实验室的气温控制在 −15℃。研究人员将建筑迎风侧的底部改为流线外形，显著地改善了南极肯考迪娅站建筑附近的积雪状况（见图 6-8）。

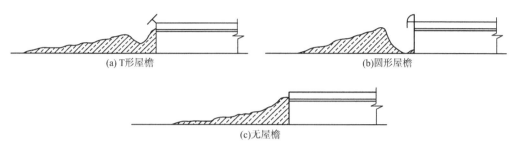

图 6-8　南极戴维斯站建筑周围积雪风雪运动

吕晓辉等（2012）利用未扰动的真实雪样在风洞中分别研究了"新雪"和"老雪"的颗粒起动速度、输雪量以及单宽输雪率等。王卫华等（2014）对阶梯形屋面和双坡屋面进行了积雪分布风洞试验研究，测量了不同时间内屋面雪深分布，考察了风速、风向对屋面积雪分布的影响。刘庆宽等（2015）对比了我国和美国、加拿大以及欧洲荷载规范中关于屋面雪荷载计算方法，并采用多种替代颗粒对风吹雪问题进行了试验研究。Zhou 等对屋面风致积雪重分布进行了一系列的风洞试验研究（2014，2016a，2016b，2016c）。Zhou 等（2014）在无量纲风速及无量纲时间基本相等的条件下，将三种不同颗粒的风洞试验结果与实测结果进行了对比，指出高密度的细硅砂是比较适合模拟雪颗粒的材料（图 6-9）。Zhou 等（2016b）使用硅砂对影响屋面积雪重分布的关键因素进行了试验研究，得到了风速、风持续时间和屋盖跨度对屋面最大雪深位置、屋面积雪传输率和积雪分布系数的影响。在综合风场模拟、颗粒跃移运动和气弹模型试验相似参数的基础上，Zhou 等（2016c）使用木屑模拟雪颗粒，开展了风雪联合作用下双坡屋盖结构的气弹模型风洞试验。试验结果表明雪颗粒在屋面的运动一定程度上会加大轻质屋面结构的风致动力响应。王卫华和黄汉杰（2016）在风洞中采用石英砂模拟风吹雪，获得了几种典型屋面的积雪系数分布，并与中国荷载规范的积雪系数进行了比较。Qiang 和 Zhou 等（2019）进一步在日本低温环境风洞中采用真实雪颗粒研究了降雪条件下屋面风致积雪分布的机理，发现屋面雪的传输率在发展过程中存在

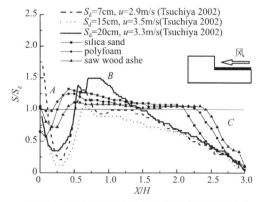

图 6-9　低屋面三种颗粒的无量纲深度分布与实测数据对比（Zhou et al.，2014）

类似饱和的状态。

除了风雪两相运动的风洞试验，有的研究人员仅通过风洞试验测量建筑表面的风速，再结合雪粒运动的经验公式预测建筑表面的积雪分布。有限面积单元法（FAE）最初于1988年Irwin将其用于预测加拿大多伦多市一个大跨屋盖表面雪荷载的分布情况，后来逐渐发展为模拟屋盖表面雪荷载不均匀分布的方法（Irwin and Gamble，1988，1989，1993；Gamble et al.，1992；Irwin et al.，1995）。有限面积单元法将屋盖表面分成若干面积单元，依靠风洞试验获得屋盖表面风速（对应于实际离地高度1.0m的风速），然后利用风速与雪粒运动关系的经验公式计算雪粒的侵蚀、沉积流量。将长期记录（一般为20~30个冬季）的气象信息（如降雪量、风速、风向等）输入已编制的计算机程序，即可计算得到20~30年内屋盖表面的积雪随单位时间（每小时）变化的规律。在风洞试验中，不仅要测量屋盖表面风速的大小，还必须测量风速的方向。为此，Irwin（1981）采用了全方位欧文探头进行测量。Tsuchiya等（2002）在风洞试验中测量了一个台阶式屋盖模型表面的风速，并对屋盖原型的表面雪深度进行了实地观测。Tsuchiya分析了表面风速与积雪深度之间的关系，指出积雪深度与近屋盖表面风的加速度存在很大的负相关性，但在来流分离区不具有这一关系。

2. 水槽试验

水槽试验也是研究人员用来模拟风雪运动的常见方法。Irwin和Williams（1983）年在水槽试验中采用硅砂模拟雪颗粒，试验预测了一个高层建筑周边的积雪状况。O'Rourke等（2004）在水槽试验中则利用压碎的胡桃壳颗粒来模拟雪粒在风力作用下绕一双坡屋顶低矮房屋的运动。

由于两相运动的模拟涉及相似参数多，因此此类试验（包括风洞及水槽试验）有较大的难度。尽管如此，在上述发表的研究报告中一些规律仍然得以总结。一般认为，雪颗粒的几何相似性对模拟风雪运动的影响不大（Smedley et al.，1993），这就增大了选择试验材料的范围。在大气边界层底部，由于紊流度较高，雷诺数效应对风雪运动的影响较小（Delpech et al.，1998）。Smedley等（1993）指出了地面有效粗糙高度相似性的重要性，并认为可放宽对弗劳德数相似性的模拟。Anno（1984，1990）进一步指出摩擦速度与阈值摩擦速度比值这一无量纲参数的重要性，因为这个相似参数决定了雪颗粒侵蚀或沉积的机制。查阅的文献对于两相运动的模拟也存在不同的认识。Anno（1984，1990）认为地面有效粗糙高度对积雪形状的影响并不大。Delpech等（1998）指出，通过不同的速度可以定义不同的弗劳德数：基于阈值摩擦速度的（颗粒）弗劳德数与近地雪层表面的雪粒运动有关，而基于参考风速的传统弗劳德数与高空中雪粒运动有关，研究表明（颗粒）弗劳德数相对传统弗劳德数更易模拟，所以试验中雪粒近地运动比高空运动模拟得更准确。两相运动另一困难之处是如何确定风雪运动的等效时间。根据不同的时间无量纲公式可以得到差别较大的风雪运动持续时间，而时间长短对试验结果有较大影响。

通过测量表面风速并结合经验公式预测积雪分布的方法也存在一些不足。Irwin采用的全方位欧文探头尽管解决了同时测量风速大小及方向的问题，但由于探头本身有一定的大小，对屋盖外形变化较大的部位难以进行测量。另外，这种方法需要长期记录的气象信息，在气象资料不足的地区难以得到运用。

五、数值模拟方法

预测风雪运动的另一途径是两相流的数值模拟方法。数值模拟较之传统的风洞试验主要有以下优点：a. 成本低，所需周期短、效率高；b. 不受模型尺度影响，可以进行全尺度的模拟，能克服边界层风洞试验中难以满足的相似性困难；c. 可以方便地变化各种参数，并能直观地显示流场的各种参数，易于对风雪运动的力学机理进行分析。数值模拟方法也有其不足之处，建筑周围的流场模拟结果需要实地观测和风洞试验进行验证。

风吹雪数值模拟技术最早应用在挡雪栅栏或山区的雪飘移预测中（Sundsbø，1998；Tominaga and Mochida，1999；Beyers et al.，2004；Alhajraf，2004；Beyers and Waechter，2008；Tominaga et al.，2011a，2011b；黄宁，2013；黄宁等，2015）。

风雪运动的实地观测及风洞试验的研究成果为数值模拟奠定了的基础。有关风雪运动的数值模拟始于 20 世纪 90 年代前期，一般采用 Euler-Euler 方法，通过在空气相的 N–S 方程［见公式（1）~（2）］中增加雪相的浓度控制方程［公式（3）］进行求解计算，即

$$\frac{\partial p}{\partial t} + \frac{\partial(\rho u_i)}{\partial x_i} = 0 \tag{1}$$

$$\frac{\partial(\rho u_i)}{\partial t} + \frac{\partial(\rho u_i u_j)}{\partial x_i} = -\frac{\partial p}{\partial x_i} + \frac{\partial}{\partial x_j}\left[\mu \frac{\partial u_i}{\partial x_j}\right] + \frac{\partial}{\partial x_j}\left[-\rho \overline{u'_i u'_u}\right] \tag{2}$$

$$\frac{\partial(\rho_s f)}{\partial t} + \frac{\partial(\rho_s f u_j)}{\partial x_i} = \frac{\partial}{\partial x_i}\left[\mu_t \frac{\partial \rho_s f}{\partial x_i}\right] + \frac{\partial}{\partial x_j}\left[-\rho_s f u_{R,j}\right] \tag{3}$$

式中，ρ 为空气密度（1.225kg/m³）；u_i 为风的速度矢量；p 为压力；μ 为动力学黏性系数；$-\rho u'_i u'_j$ 为运动方程时均化处理后产生的含有脉动值的附加项，代表了由于湍流脉动所引起的能量转移，称为雷诺应力。ρ_s 为雪密度；f 为单位体积里雪相所占的组分；μ_t 为空气相的湍流黏性系数，体现了空气相对雪相的影响；$u_{R,j}$ 为雪相对空气的运动速度；在求解空气相控制方程的基础上［式（3）中 u_j 为风的速度矢量］，计算式（3），进而获得流域内雪相的分布。

自 20 世纪 90 年代以来，随着电子计算机的高速发展，许多学者投入风雪运动的数值模拟研究中来。Sato 等（1993）较早地采用有限体积法对风雪运动进行了数值模拟，利用普朗特混合长度理论模拟了湍流。Liston 和 Sturm（1998）年提出了积雪迁移模型 SnowTran-3D，模拟了定常状态下起伏地形区域（2km×3km）积雪在风雪运动中的高度变化情况。Sundsbø（1997，1998）在悬移层雪相浓度控制方程中考虑了空气相的湍流黏性系数对雪粒运动的影响。Sundsbø 认为悬移层中雪粒与空气相的相对速度与湍流动力黏性有关；在与实测结果对比后，Sundsbø 指出这种观点比较吻合实际情况，但文中的公式过于简化，还需要进一步完善。Sundsbø 对气流越过台阶时的风雪运动进行了模拟（图6-10），指出气流越过台阶时悬移运动对雪粒传输影响较大，并将设置了导风板后雪粒的堆积情况与没有导风板的结果进行了比较。Tominaga 和 Mochida（1999）对一个 9 层建筑周边的风雪运动进行了数值模拟，由于侧重分析雪粒进入楼内电梯的情况，所以雪相的浓度控制方程仅考虑了雪粒的悬移过程。为了避免标准 k-ε 模型的不足之处，Tominaga 采用了改进的 k-ε 模型（LK 模型）来模拟湍流。Alhajraf（2004）在跃移层和悬移层的雪相浓度控制方程中采用了不同的源项来模拟雪相的运动。文中分析了雪粒在风力作用下经过栅栏的运动过程。

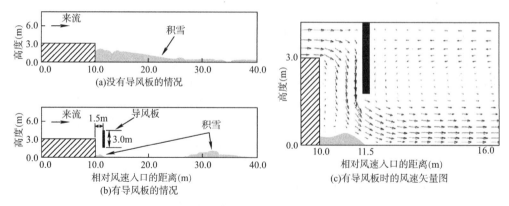

图6-10　导风板对气流越过台阶时风雪运动的影响

图6-11　立方体周边积雪迁移过程的模拟

Beyers 等（2004）在前人的基础上，试图在数值模拟中考虑更多的影响因素，以较准确地重现风雪运动中雪粒绕一个立方体的运动过程（图6-11）。在速度入口边界条件中，对跃移层、悬移层的雪浓度采用了不同的经验公式。利用 Humphrey（1990）的经验公式，Beyers 考虑了雪粒碰撞对侵蚀雪流量的影响。与前面研究人员不同的是，Beyers 模拟的风雪作用不完全局限在空气相与雪相的单向耦合关系。为了真实反映由于雪粒发生跃移运动对地貌粗糙度的影响（对风场的修正），Beyers 在入口风速剖面中采取了基于实测数据拟合的风速剖面函数（Beyers and Harms，2003）。Beyers 在结论中指出，文中采用的 k-ε 模型基于各向同性湍流的假设，因此难以预测钝体顶部的分离区并过高估计了湍流。Beyer 认为湍流模拟的不准确性主要体现在顺风向的回流区域及立方体侧面的旋涡脱离区域。Zhou 等采用了两相流理论模拟风雪运动，在计算流体动力学软件 FLUENT 的平台上进行了二次开发，计算了在风力作用下积雪运动后北京机场屋盖表面的雪压分布，并对雪荷载改变量以及雪压分布的规律进行了分析，为结构设计提供了依据（周暄毅等，2007；Zhou and Gu，2006）。

不少学者在建筑屋面雪迁移的数值模拟领域开展了探索性研究。周暄毅等（2007）在前人成果的基础上，运用数值模拟方法对首都国际机场 3 号航站楼屋面迁移雪荷载分布进行了研究。Zhou 等（2016a）采用准定常方法模拟了屋盖表面的风致积雪飘移（图6-12）。Kang 和 Zhou 等（2018）对空旷平坦地面雪输运进行了详细研究。Zhou 等（2019）为揭示双坡屋盖表面迁移雪荷载形成的机理，运用数值模拟获得了双坡屋盖的绕流风场、壁面摩擦速度、雪浓度和积雪分布，并对此进行了详细分析。国内外的其他学者也开展了屋面迁移雪荷载的数值模拟研究。Thiis 和 Ramberg（2008）、Thiis 等（2009）对一个大跨曲面屋盖的屋面积雪沉积进行了瞬态模拟，数值模拟结果表明屋面积雪的瞬态发展对后续的积雪重分布影响显著。Potac 和 Thiis（2011）对四个双坡屋盖表面积雪飘移的发展过程进行了模拟，研究发现一旦屋面达到飘移的平衡状态，雪飘移量保持不变，而背风面的积雪捕获率下降。孙晓颖等（2012）基于两相流理论，采用多相流模型对平屋盖的风雪飘移进行了数值模拟，得出平屋盖上积雪的分布规律，并研究了风向角对屋面积雪分布的影响。王卫华等（2013）根据雪深变化采用时变边界，对一个典型阶梯形屋盖屋面积雪分布进行了数值模拟，并将数值模拟结果与户外建筑模型实测结果进行了对比。Tominaga 等（2016）以三种不同坡度的单跨双坡屋盖为研究对象，对屋面风致积雪重分进行了数值模拟研究。模拟结果对侵蚀的预测较好，但背风面的积雪堆积不如实测结果明显。Sun 等（2017）使用数值模拟方法对膜结构屋盖表面迁移雪荷载进行了模拟，研究了风向对屋面雪荷载的影响，并依据数值模拟结果计算了屋盖结构响应。

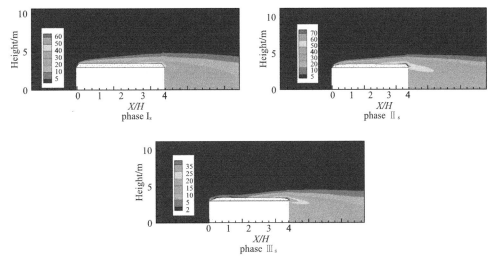

图 6-12　不同时段屋面周围雪浓度分布

由前面可知，目前在数值研究方面已经建立了基于 Euler-Euler 方法的研究平台，并能比较及时地结合 CFD 发展的先进技术及现场实测的成果对风雪运动进行研究。然而，为了更加准确地模拟风吹雪现象，CFD 模拟技术仍在不断发展过程中。

六、结语及展望

目前雪灾及其防治受到越来越受到工程界及学术界的关注。为适应工程实践的发展，需要通过结合现场实测、风洞试验和数值方法以推进风雪工程的深入研究。在开展风雪运动机理研究的同时，提出满足工程需求的实用性方法。如提出大跨屋盖表面积雪分布系数的计算方法；预测积雪分布以减小积雪堆积对公路交通的不利影响；利用试验或数值模拟改善局部建筑外形，降低积雪给居民生活带来的不便，等等。然而，由于风雪工程的复杂性，仍有许多未知的领域值得人们去深入探索。

参考文献

[1] Alhajraf S. Computational fluid dynamic modeling of drifting particles at porous fences[J]. Environmental Modelling & Software，2004，19（2）：163-170.

[2] Anno Y. Requirements for modeling a snowdrift[J]. Cold Regions Science & Technology，1984，8（3）：241-252.

[3] Anno Y. Froude number paradoxes in modeling of snowdrift[J]. Journal of Wind Engineering and Industrial

Aerodynamics, 1990, 36: 889-891.

[4] Beyers M, Harms T M. Outdoors modelling of snowdrift at SANAE IV Research Station, Antarctica[J]. Journal of wind engineering and industrial aerodynamics, 2003, 91 (4): 551-569.

[5] Beyers J H M, Sundsbø P A, Harms T M. Numerical simulation of three-dimensional, transient snow drifting around a cube[J]. journal of wind engineering & industrial aerodynamics, 2004, 92 (9): 725-747.

[6] Beyers M, Waechter B. Modeling transient snowdrift development around complex three-dimensional structures[J]. Journal of Wind Engineering and Industrial Aerodynamics, 2008, 96 (10-11): 1603-1615.

[7] Bintanja, Richard. The interaction between drifting snow and atmospheric turbulence[J]. Annals of Glaciology, 1998, 26: 167-173.

[8] Bintanja R. Snowdrift suspension and atmospheric turbulence. Part I: Theoretical background and model description[J]. Boundary Layer Meteorology, 2000, 95 (3): 343-368.

[9] Delpech P, Palier P, Gandemer J. Snowdrifting simulation around Antarctic buildings[J]. Journal of Wind Engineering and Industrial Aerodynamics, 1998, 74: 567-576.

[10] Gamble S L, Kochanski W W, Irwin P A. Finite area element snow loading prediction - applications and advancements[J]. journal of wind engineering & industrial aerodynamics, 1992, 42 (1-3): 1537-1548.

[11] GB50009. Load Code for the Design of Building Structures GB5009-2012. Chinese Architecture and Building Press, Beijing, 2012.

[12] Humphrey J A C. Fundamentals of fluid motion in erosion by solid particle impact[J]. International Journal of Heat & Fluid Flow, 1990, 11 (3): 170-195.

[13] Irwin P A. A simple omnidirectional sensor for wind-tunnel studies of pedestrian-level winds[J]. journal of wind engineering & industrial aerodynamics, 1981, 7 (3): 219-239.

[14] Irwin P A, Gamble S L. Prediction of snow loading on the Toronto Skydome [C]. Proc. of the 1st international conference on snow engineering, Santa Barbara, July 1988.

[15] Irwin P A, Gamble S L. Snow loading and wind/sun/shade studies [J]. Engineering Digest (Toronto), 1989, 35: 51-53.

[16] Irwin P A, Gamble S L. Effects of drifting on snow loads on large roofs [M]. USA: ASCE, New York, NY, USA, 1993.

[17] Irwin P A, Gamble S L, Taylor D A. Effects of roof size, heat transfer, and climate on snow loads: studies for the 1995 NBC [J]. Canadian Journal of Civil Engineering, 1995, 22: 770-774.

[18] Irwin P A, Williams C J. Application of snow-simulation model tests to planning and design [C]. Proc. Eastern snow conference, Vol. 28, 40th Annual meeting, Toronto, June 2-3, 1983.

[19] Iversen J D. Drifting snow similitude-drift rate correlation [C]. Proceedings of the International Conference on Wind Engineering, CO. Pergamon, Oxford, 1979, 1037-1080.

[20] Kang L, Zhou X, Van Hooff T, et al. CFD simulation of snow transport over flat, uniformly rough, open terrain: Impact of physical and computational parameters[J]. Journal of Wind Engineering and Industrial Aerodynamics, 2018: 213-226.

[21] Kind R J. Snowdrifting, Handbook of snow Principles, Processes [M]. Toronto: Management and Use, Pergamon Press, 1981.

[22] Kind R J. Snowdrifting: A review of modelling methods[J]. Cold Regions Sci. Technol., 1986, 12: 217-

228.

[23] Liston G E, Sturm M. A snow transport model for complex terrain [J]. J. Glaciol., 1998, 44 (148): 498-516.

[24] Mellor M. Blowing snow cold regions science and engineering (Part III) [R]. Hampshire: U.S. Army Cold Regions Research and Eng. Laboratory, 1965.

[25] O' Rourke M, Degaetano A, Tokarczyk J D. Snow drifting transport rates from water flume simulation[J]. Journal of Wind Engineering & Industrial Aerodynamics, 2004, 92 (14-15): 1245-1264.

[26] Potac J, Thiis T K. Numerical simulation of snow drift development on a gabled roof[C]// 13th International Conference on Wind Engineering. 2011.

[27] Pomeroy J W, Gray D M. Saltation of snow [J]. Water Resour. Res., 1990, 26 (7): 1583-1594.

[28] Pomeroy J W, Male D H. Steady-state suspension of snow [J]. J. Hydrol., 1992, 136: 275-301.

[29] Qiang S, Zhou X, Kosugi K, et al. A study of snow drifting on a flat roof during snowfall based on simulations in a cryogenic wind tunnel[J]. Journal of Wind Engineering and Industrial Aerodynamics, 2019: 269-279.

[30] Sato T, Uematsu T, Nakata T, Kaneda Y. Three dimensional numerical simulation of snowdrift [J]. Journal of Wind Engineering and Industrial Aerodynamics, 1993, 46-47: 741-746.

[31] Schmidt R A. Properties of blowing snow[J]. Reviews of Geophysics and Space Physics, 1982, 20: 39-44.

[32] Smedley D J, Kwok K C S, Kim D H. Snowdrifting simulation around Davis Station workshop Antarctica [J]. Journal of Wind Engineering and Industrial Aerodynamics, 1993, 50: 153-162.

[33] Sun X, He R, Wu Y, et al. Numerical simulation of snowdrift on a membrane roof and the mechanical performance under snow loads[J]. Cold Regions Science and Technology, 2017: 15-24.

[34] Sundsbø P A. Numerical modelling and simulation of snowdrift [D]. Trondheim, Norway: Norwegian University of Science and Technology, 1997.

[35] Sundsbø P A. Numerical simulations of wind deflection fins to control snow accumulation in building steps [J]. Journal of Wind Engineering and Industrial Aerodynamics, 1998, 74-76: 543-552.

[36] Tabler R D. Snow Fence Handbook [M]. Wyoming, USA: Tabler & associates Press, 1988.

[37] Tabler R D. Sow Fence Gide [M]. National Research Council, Washington, DC, 1991.

[38] Thiis T K. Large scale studies of development of snowdrifts around buildings [J]. Journal of Wind Engineering and Industrial Aerodynamics, 2003, 91: 829-839.

[39] Thiis T K, Potac J, Ramberg J F. 3D numerical simulations and full scale measurements of snow depositions on a curved roof [C]. The 5th European & African Conference on Wind Engineering. Florence, Italy, 2009.

[40] Thiis T K, Ramberg J F. Measurements and numerical simulations of development of snow drifts on curved roofs [C]. Proc., 6th Int. Conf. On Snow Engineering. Whistler, Canada, 2008.

[41] Tominaga Y, Mochida A. CFD prediction of flowfield and snowdrift around a building complex in a snowy region[J]. 1999, 81 (1-3): 273-282.

[42] Tominaga Y, Mochida A, Okaze T, et al. Development of a system for predicting snow distribution in built-up environments: Combining a mesoscale meteorological model and a CFD model[J]. Journal of Wind Engineering & Industrial Aerodynamics, 2011a, 99 (4): 460-468.

[43] Tominaga Y，Okaze T，Mochida A. CFD modeling of snowdrift around a building：An overview of models and evaluation of a new approach[J]. Building & Environment，2011b，46（4）：899-910.

[44] Tominaga Y，Okaze T，Mochida A. CFD simulation of drift snow loads for an isolated gable-roof building [C]. The 8th International Conference on Snow Engineering. Nantes，France，2016.

[45] Tsuchiya M，Tomabechi T，Hongo T，Ueda H. Wind effects on snowdrift on stepped flat roofs [J]. Journal of Wind Engineering and Industrial Aerodynamics，2002，90：1881-1892.

[46] Zhou X，Gu M. Numerical Simulation of Snow Drift on the Surface of a large-span Roof Structure [C]. The Fourth International Symposium on Computation Wind Engineering，Yokohama，Japan，July 2006，889-892.

[47] Zhou X，Hu J，Gu M. Wind tunnel test of snow loads on a stepped flat roof using different granular materials[J]. Natural Hazards，2014，74（3）：1629-1648.

[48] Zhou X，Kang L，Gu M，et al. Numerical simulation and wind tunnel test for redistribution of snow on a flat roof[J]. Journal of Wind Engineering & Industrial Aerodynamics，2016a，153：92-105.

[49] Zhou X，Kang L，Yuan X，Gu M.Wind tunnel test of snow redistribution on flat roofs [J]. Cold Regions Science and Technology，2016b，127：9-56.

[50] Zhou X，Qiang S，Peng Y，et al. Wind tunnel test on responses of a lightweight roof structure under joint action of wind and snow loads[J]. Cold regions ence and technology，2016c，132：19-32.

[51] Zhou X，Zhang Y，Kang L，et al. CFD simulation of snow redistribution on gable roofs：Impact of roof slope[J]. Journal of Wind Engineering and Industrial Aerodynamics，2019：16-32.

[52] 黄宁. 山区复杂地表下流域积雪分布研究进展及发展趋势 [C]. 中国力学大会，2013.

[53] 黄宁，王正师，李广. 高寒山区降雪与风吹雪过程及其对积雪分布影响的研究进展 [C]. 中国力学大会，2015.

[54] 毁灭性灾害网，2006. Katowice Trade Hall Roof Collapse-2006.
https：//devastatingdisasters.com/katowice-trade-hall-roof-collapse-2006/.

[55] 蓝声宁，钟新谷. 湘潭轻型钢结构厂房雪灾受损分析与思考 [J]. 土木工程学报，2009（3）：79-83.

[56] 刘庆宽，赵善博，孟绍军，等. 雪荷载规范比较与风致雪漂移风洞试验方法研究 [J]. 工程力学，2015，32（1）：50-56.

[57] 吕晓辉，黄宁，佟鼎. 天然雪的风洞实验研究 [J]. 中国科学，2012，42（5）：622-634.

[58] 气象新闻网，2010. Minnesota Blizzard Collapses Metrodome Roof.
http：//meteorologynews.com/extreme-weather/minnesota-blizzard-collapses-metrodome-roof- photos/.

[59] 搜狐网，2018. 河南各地降雪量地图来了：南阳大雪！好几个加油站被压倒，为了庆祝桥上有人短裙跳舞.
http：//www.sohu.com/a/215089971_99964977.

[60] 孙晓颖，洪财滨，范峰，武岳. 屋盖结构积雪分布系数的数值模拟研究 [C]. 空间结构学术会议，2012.

[61] 网易网，2008. 安徽暴雪压塌合肥 5000 平方厂房.
http：//news.163.com/08/0120/15/42LN3FVN000120GU.html.

[62] 网易新闻，2010. 美国中西部遭暴风雪袭击，积雪压塌体育场.
http：//news.163.com/photoview/00AO0001/12280.html#p=6NQF1FHN00AO0001.

[63] 王卫华，黄汉杰. 屋面雪荷载分布风洞试验研究 [J]. 实验流体力学，2016，30（5）：23-28.

[64] 王卫华，廖海黎，李明水. 基于时变边界屋面积雪分布数值模拟 [J]. 西南交通大学学报，2013，48（5）：851-856.

[65] 王卫华，李明水，廖海黎. 风致屋面积雪分布风洞试验研究 [J]. 建筑结构学报，2014，35（5）.

[66] 王元清，胡宗文，石永久，等. 门式刚架轻型房屋钢结构雪灾事故分析与反思 [J]. 土木工程学报，2009（3）：73-78.

[67] 王中隆，张志忠. 中国风吹雪区划 [J]. 山地学报，1999（4）：24-29.

[68] 席建锋，李江，朱光耀，等. 公路风吹雪积雪力学原理与积雪深模型 [J]. 吉林大学学报（工学版）（S2）：152-156.

[69] 新浪网，2006. 波兰展厅坍塌 66 人遇难多名外国公民死伤.
http：//news.sina.com.cn/w/2006-01- 30/02198106785s.shtml.

[70] 应成亮. 公路风吹雪雪害防治技术研究 [D]. 吉林大学，2007.

[71] 袁杨，陈忠范. 雪荷载下加油站罩棚倒塌事故分析及若干建议 [J]. 江苏建筑，2009（01）：37-39.

[72] 周旺毅，顾明，朱忠义，等. 首都国际机场 3 号航站楼屋面雪荷载分布研究 [J]. 同济大学学报（自然科学版），2007，35（9）：1193-1196.

7　我国消防科技发展现状及展望

孙　旋

（中国建筑科学研究院建筑防火研究所　北京 100013）

引言

火的发现和应用推动了人类文明的进步，然而，失控的火——火灾，也是人类始终无可回避的重大威胁。在与火灾的长期斗争中，人们总结了很多经验、教训，创造了一系列设备、设施，形成了一整套体制、机制，合而总之，谓之消防。"消防"一词原为近代从日本引进，"消"指灭火，"防"指防火，分别从两个阶段对火灾进行人为干预和及时处置，以期尽量减少火灾发生、减轻火灾损失[1]。总体而言，消防工作主要涵盖两个方面的举措。其一是依法治火。通过立法手段约束人们行为，出台相关技术标准、规范，指导人们在生产、生活中科学有效地防火、灭火，建立强大的消防救援力量和完善的应急服务网络，并通过加强宣传引导，提高全民的消防安全意识。其二是依技治火。利用先进的科技手段不断提高消防工作的自动化、标准化、智能化水平，科学研判，精准施策，从源头降低火灾发生风险，增强防控主体的主动、被动防火性能，提高灭火救援能力和效率，减轻人员伤亡和财产损失。"法"和"技"并非孤立，而是一体两面、互为支撑。科学技术是第一生产力，消防水平的进步也必然离不开现代科技的支撑。本文聚焦于我国消防科技的发展现状及前沿热点，对所涉及的新材料、新技术、新工艺、新方法进行总结概述，有利于更清楚地掌握当前我国消防科技存在的优势和不足，进而对其未来发展方向作出展望和预测。

一、我国消防科技基本局面

中华人民共和国成立以来，特别是改革开放以来，我国的消防科技经历了从无到有、从引进模仿到自主创新、从填补国内空白到追赶国际先进水平的巨大跨越，基本改变了我国原有消防科技基础薄弱的状态，形成了人才队伍成熟、平台设施先进、科研成果丰硕的良好局面。在火灾预防、灭火救援、评估规划、产品检测、训练演习等各个领域，消防科技都发挥着重要作用，引领着这一传统行业实现历史性变革。

经过长期的发展和布局，我国目前已形成了以应急管理部直属的天津消防研究所、上海消防研究所、沈阳消防研究所、四川消防研究所，以及中国建筑科学研究院建筑防火研究所、中国科学技术大学火灾科学国家重点实验室、中国人民警察大学消防工程系等重点科研院所为主体，相关教育单位和大中型消防产品企业为补充的消防科技综合研发力量。我国的消防科技工作也受到了国际社会的广泛关注，以笔者所在的中国建筑科学研究院建筑防火研究所为例，其成立于1985年，是由联合国开发计划署和中华人民共和国建设部联合投资组建的建筑行业最大的专门从事建筑防火研究的机构。历经多年发展壮大，各个消防科研机构逐渐形成了自己的技术专长和品牌特色，输出了大量科研成果和人才，极大地推动了我国消防科研工作的进步。

二、我国消防科技成就与前沿

中华人民共和国成立后，特别是 20 世纪 90 年代以来，我国在火灾动力学基础理论、防灭火技术、火灾模化技术及消防标准化等方面开展了大量研究工作，取得了一系列突破性进展，显著地提高了我国消防工作的整体科技水平。此外，针对经济社会发展中凸显的新问题，如高层建筑、地下建筑、大空间建筑与重大化学火灾事故防范与控制技术等，经过我国消防科技工作者多年的不懈努力，也取得了较为丰硕的成果。消防科技分支庞大、内容丰富，且往往跨专业、跨学科，本文限于篇幅，仅选取我国消防科技的若干重点成就和前沿热点进行概述。

（1）探测报警技术。该项技术目前已经成为及早发现火情、减轻火灾损失的最有效工具之一。一方面，基于不同探测原理和识别判据的火灾探测器不断被研发并投入商用，包括感烟、感温、火焰成像、燃烧产物等，全面覆盖了各种常见火灾类型及火灾发展的各个阶段；另一方面，随着基础元器件的升级和判别算法的优化，各种火灾探测技术也朝着高精度、低误报、广适应的方向纵深发展 [2]。以当前应用最为广泛的光电型感烟火灾探测器为例，其最新技术基于前后双向散射和双波段光源的 Mie 散射原理，配合自学习智能化算法，不仅可排除背景噪声干扰，也能够有效区分真实火灾烟雾颗粒和灰尘、液滴等干扰因素。如进一步复合感温、CO 检测等功能，可在实现极早期报警的基础上，显著降低误报率 [3]。与此同时，分形编码图像快速提取技术、激光多普勒粒径测量技术、模糊逻辑和人工神经网络算法、小波变换信号分析等先进科技在火灾探测中的应用，也极大地促进了各类火灾探测器性能的改进 [4, 5]。在报警系统组网方面，伴随着物联网时代的到来，我国尝试以 LoRa、ZigBee 等低功耗、高可靠性的无线通信方式部分替代有线联网方式，有效节约了安装施工成本，并在文物建筑等特定场合中具有优良的适用性 [6]。此外，基于地理信息系统和空间信息技术的广域火灾探测技术研究也在稳步推进中，预期将在森林、草原等火情的侦查、监测中发挥积极的作用 [7]。

（2）自动灭火技术。在传统的消火栓、灭火器等灭火设备设施的基础上，近年来各种自动化灭火技术，如自动喷水灭火（含细水雾）、自动泡沫灭火、自动气体灭火、自动干粉灭火等不断引入，并已在各自的适用场合获得了充分应用 [8]。在自动喷水灭火方面，我国学者运用激光全息和电子测重技术进行了细水雾水粒流场特性的实验研究，分析了其成雾原理、灭火机理、灭火效能及雾束耐电压性能，提出了细水雾灭火系统的典型保护对象及工程设计方法 [9, 10]；在自动泡沫灭火方面，以压缩空气泡沫灭火系统（Compressed Air Foam System，CAFS）为载体，主要研究泡沫的扩增机理及其在可燃液体表面的动态覆盖过程，进而研发具有物理—化学耦合作用的泡沫灭火剂配方，并综合评估、改进其环保性能，以实现对石油化工厂区的重点防护 [11]；在自动气体灭火方面，现有研究力量集中于对卤代烷烃替代灭火剂的研发，并从气源、阀门、管道、控制逻辑等方面综合提高系统可靠性，尽量避免发生人身伤害 [12, 13]；在自动干粉灭火方面，目前以局部应用的超细干粉居多，而对粉剂成分和粒径的优化是当前研究的热点，以期在提高灭火效率的同时，降低干粉热分解速率和次生污染物产量 [14, 15]。此外，在家用灭火领域，也相继研发了如投掷式灭火器、气溶胶灭火器等操作简单、效果优良的新型灭火器，充实了灭火器的家族序列 [16]。

（3）火灾模化技术。20 世纪 80 年代中期以来，随着建筑体量的扩大和复杂程度增加，高大空间建筑、异形建筑的层出不穷导致传统的"处方式"防火设计存在困难，因此性能化消防设计作为一种先进的工程设计方法得到了迅速发展。通过对人员疏散特性、火灾蔓延规律、烟气流动特性等进行深入研究，依托于计算机仿真模拟技术，逐步建立了一系列实用的模型和方法[17]。中国建筑科学研究院建筑防火研究所自主研发了基于社会力模型的人员疏散软件 Evacuator，可准确计算并反映应急疏散过程中人与人、人与建筑、人与环境之间的相互作用；后期开发的 UC-WIN/ROAD 插件则能将 Evacuator 仿真数据导入，通过坐标对齐与 3Dmax 制作的模型进行合并，可直观动态地反映火灾疏散过程，对疏散设计的评估及疏散预案的制定具有重要的指导意义。国内多家消防科研机构与英国奥雅纳工程顾问公司（ARUP）、美国国家标准与技术研究院（National Institute of Standards and Technology，NIST）、美国罗尔夫杰森消防技术咨询公司（Rolf Jensen & Associates，RJA）及香港理工大学等单位深度合作，提出并发展了"场—区—网"模拟理论，建立了涵盖浮升力、炭黑生成与输运、湍流尺度涡旋及热辐射相耦合的综合理论模型，并对边界条件处理进行了优化[18]。目前，火灾模化技术已在全国数百个大型建设工程项目中得以应用[19]。

（4）区域风险评估。随着城市公共安全日益受到重视，我国相继开展了区域火灾风险评估、区域消防规划及其关键技术等方面的研究。区域火灾风险评估是分析区域消防安全状况、查找消防工作薄弱环节的有效手段，是公众和消防员的生命、财产的预期风险水平与消防安全设施以及应急救援力量的种类和部署达到最佳平衡的基本前提[20]。近年来，通过对北京、广州等一线城市的应用研究，中国建筑科学研究院建筑防火研究所在区域火灾风险评估技术体系中提出了基于抽样理论的火灾高危场所样本量计算方法、基于仿真技术嵌合离散定位模型的火灾风险分析法和基于变权重理论的区域消防安全评估指标体系，发展了区域地图精准处理及分析技术、现场检查数据智能采集技术等[21]。

（5）消防员装备与培训。各种消防装备是保证消防员人身安全、提高灭火作业效率的重要依托，主要包括基本防护装备和特种防护装备，品种门类包括头盔、防护靴、呼吸器、防护服、通信器材等。我国科研机构和相关生产厂商投入大量精力，积极采用新材料、新工艺、新技术，助力消防员装备的提档升级。比如，采用芳香族聚酰胺纤维和 PTFE 防水透气功能膜生产的灭火防护服，具有良好的阻燃隔热和防水透气性能；采用新型阻燃耐酸碱橡胶和隔热材料的防护胶靴，可实现阻燃、防割、防滑、防砸、耐酸碱等复合功能[22]。同时，在消防员实战能力培训方面，虚拟现实（Virtual Reality，VR）、增强现实（Augmented Reality，AR）等技术也开始得到应用，其对于消防员适应复杂火场环境、研究灭火战例、制定救援预案等具有积极的作用，远期也将推广至全民消防科普工作中，从而提高消防安全宣传中的体验感和参与度[23]。

三、我国消防科技标准化工作

标准化是消防的基础性工作，也是"法"和"技"的高度统一，通过将产品、技术或管理中的普遍性要求以具有约束力乃至法律效力的条文形式固定下来，以规范消防市场，指导消防行业，促进全社会消防安全水平的提升。全国消防标准化技术委员会作为全国性的消防标准化工作机构，于 1987 年经国家质量技术监督局批准成立，囊括了全国消防行业的大部分顶尖专家。历经几十年发展，中国的消防标准化工作有了长足的进步，形成了较为全面的消防标准化体系，涵盖火灾报警系统、电气防火设备、固定灭火系统、阻燃材料、防火涂料、消防车、消防炮、消防管理等各个细分技术和产品领域[24]。

同时，我国消防标准的制定也大量借鉴和采用国际标准和国外先进标准，主动与国际标准化组织（International Standards Organization，ISO）、欧洲标准化委员会（Comité Européen de Normalisation，CEN）、美国消防协会（National Fire Protection Association，NFPA）等世界知名的标准规范制定组织开展合作对接[25]，有效提升了我国消防标准国际化水平，形成了我国消防标准化工作"引进来、走出去"的新局面。

四、我国消防科技当前存在的不足

经过几代消防科研工作者的不懈努力，我国在消防科技的各个方面都取得了长足的进步。然而，面对人民群众对消防安全的更高要求和层出不穷的消防新问题、新难点，我国当今消防科技的发展仍然存在着全局层面缺乏整合、高科技手段应用偏弱、环境友好度不高等问题，针对一些特殊且重要场所的消防安全策略尚不完善，智能化转型升级有待实现突破，因此需要更加深入践行"创新、协调、绿色、开放、共享"的新发展理念，实现行业整体的高质量发展。同时，我国消防科技标准化的系统性仍有所不足，存在着一定"头痛医头、脚痛医脚"的现象，不同规范条文之间有所重叠甚至出现矛盾。有鉴于此，本文将在后续论述中对我国未来消防科技发展提出若干展望。

五、我国消防科技展望

1. 定制消防

常规建筑的消防工作历经多年发展，现已形成一套较为成熟完整的防火设计、施工、验收、管理规范体系和监管流程。然而，针对一些形式特殊且十分重要的建筑或工程类型，如文物建筑、高铁、地铁、城市地下空间等，一方面现有的标准规范体系尚存在一定盲区，另一方面其自身又存在较多的消防难点，因此有必要开展针对性的深入研究，以对此类建筑实施"定制消防"策略[26]。

（1）文物建筑。文物建筑是无法复刻的珍贵文化遗产。然而我国文物建筑大多为砖木结构，火灾荷载大，耐火等级低，且消防设施缺乏，灭火救援困难[27]。我国现行消防标准规范在文物建筑中缺乏适用性，导致文物建筑消防工作还存在一定盲区。近年来我国正逐步完善文物建筑消防标准规范及相关制度文件，如国家文物局委托中国建筑科学研究院建筑防火研究所主编《文物建筑防火设计导则》，使得文物建筑消防保护更加有据可依。同时，结合文物建筑特点，考虑引进诸如无线火灾探测报警、消防设施监控云平台等先进技术手段，也必将有效提高文物建筑的消防安全水平。

（2）高速铁路。中国高铁已成为中国制造的一张闪亮名片，而消防安全是高铁运营的基石。针对其自身特点，铁路系统目前编制了一系列涵盖消防的标准规范，如《铁路工程设计防火规范》TB 10063—2016、《城际铁路设计规范》TB 10623—2014 等，但其覆盖面仍然有限[28]。诸如疏散距离超长、站房大空间烟气控制困难、结构抗火性能不足等问题，尚无法得到有效解决。因此，有必要开展基于性能目标的特殊消防设计，进而总结共性规律。

（3）地铁。地铁是超大型城市现代化公共交通体系的核心。地铁空间封闭、结构复杂、人流量大，一旦发生火灾，造成的后果往往极为严重[29]。现行《地铁设计规范》GB 50157—2013、《地铁设计防火标准》GB 51298—2018 等尽管对当前地铁消防设计具有较强的指导性，但随着地铁工程型式、材料、功能的多样化和复杂化，亟需开展针对性的消防安全评估、特殊消防设计、消防设施检测等工作。

（4）地下空间。随着我国城市中心区地面空间资源的日趋紧张，对地下空间的开发利用需求迅速上升。同时，城市地下空间的功能也逐渐丰富，由最初的地下通道、停车场转型为市政、商业、娱乐等多业态聚合的形式，这也对消防安全提出了更大的挑战。然而，我国在地下空间消防安全方面的研究尚处于起步阶段，特别是对工程应用的指导存在明显不足。城市地下空间火灾风险、结构型式、功能设置均具有其独特性，在防火分隔、人员疏散、火灾探测、灭火救援等诸多方面需开展专题研究，以形成适用于城市地下空间的消防保护技术方案和标准规范体系。

2. 智慧消防

智慧将是未来社会的一个关键词。智慧消防技术近年来方兴未艾，从政府层面，到学协会、科研机构层面，再到产品供应商层面，都以此作为今后发展重点，并已取得一定突破。然而，我国目前的智慧消防普遍停留在数据的实时采集、监控阶段，存在平台规模偏小、产品兼容性较差、数据挖掘深度不足、智慧核心能力欠缺等问题。此外，目前智慧消防平台的研发往往由软件公司主导，其对消防业务需求的理解和传统消防技术的掌握不够深入，在应用场景创建和事故处置流程等方面的整合优化尚不充分，一定程度上制约了智慧消防技术的发展。

部分发达国家的智慧消防起步较早，有若干先进经验值得我们借鉴。如英国利用 SAS 数据库对大数据的有效管理、分析，基于对风险指标参数的快速采集和判别量化，实现了城市火灾风险的动态评估，从而尽早发现、排查火灾隐患。美国 NIST 智慧消防研究项目，关注于前端智能消防设备的研发测试，并构建楼宇、社区、城市等多级智慧消防体系[30, 31]。从消防技术的发展趋势看，智慧消防是未来消防产业升级的必然方向。如何从战略的高度看待智慧消防建设，实现智慧消防的弯道超车和创新引领，是摆在我国消防科技发展面前的一个重大课题，需要消防工作者为此付出不懈的努力。

3. 绿色消防

绿色发展是新发展理念的重要组成部分，绿色消防作为未来消防科技的发展方向也是应有之义。绿色消防是一项综合性的技术，其核心理念是指在防火灭火的过程中，减少、降低各种材料、工艺、作业等对环境、生态、人等负面影响，规避二次污染的发生。

以灭火剂为例，在相当长一段时间内，哈龙都是一种主要的灭火剂。此类灭火剂在灭火的过程中，具有效果快、适用范围广等优点，但其会对大气层，特别是臭氧层产生一定的破坏作用。因此，有必要积极研发新型灭火剂，兼顾灭火性能和环保性能。纵观国际市场，现有如 HFCs 族的 FM-200（HFC-227ea，美国大湖化学公司开发）、FE-13（HFC-23，美国杜邦公司开发）以及 PFCs 族的 CEA-308（美国 3M 公司开发）等，均具有毒性低、灭火效能高、灭火分解物少、几乎无残留物、对人体无害等优点[32]。然而，此类灭火剂的国产化率很低，我国自主研发、生产力量十分薄弱，造成其价格居高不下，制约了其在我国的推广应用。再如，绿色消防还体现在阻燃材料的改良和优化等方面。在建筑中使用此类低污染、阻燃效果好的阻燃材料，既能够降低火灾发生的频率，也能在火灾时减少有毒物质的生成，保障人员的生命安全[33]。

以上仅选取灭火剂和阻燃材料的绿色升级作为例证，说明绿色消防是我国消防科研发展的重要方向之一。更应指出的是，绿色消防不仅是一项具体的技术，也是一种思维理念，须始终贯穿在消防工作的全过程。

六、结论

历经几代科研工作者的努力，我国的消防科研工作取得了有目共睹的进步，极大地改变了传统消防的形象面貌。本文首先对我国当前消防科研机构布局、消防科技成就与前沿热点、消防科技标准化现状进行综述，然后从三个方面对我国今后消防科技工作的发展方向进行展望。针对以文物建筑、高铁、地铁、城市地下空间为典型代表的特殊场所，提出定制消防的概念，并提出相应的发展思路；针对当前我国智慧消防存在的不足，借鉴国外先进经验，指明其未来的发展方向；针对消防中存在的二次污染问题，践行绿色发展理念，提出绿色消防的解决方案。

参考文献

[1] 魏浩浩."消防红"飘扬：探访青岛消防博物馆 [J].走向世界，2018，(27)：88-91.

[2] 陈涛，袁宏永，范维澄.火灾探测技术研究的展望 [J].火灾科学，2001 (2)：48-52.

[3] 孙峻岭.双向散射及双波段光电感烟火灾探测器特性研究与设计 [D].合肥：合肥工业大学，2007.

[4] 应劭霖.火灾探测技术及其发展 [J].江西化工，2014 (2)：49-52.

[5] 高珊珊.模糊神经网络在火灾探测中的应用研究 [D].大连：大连理工大学，2004.

[6] 裴丽群.无线通信技术在火灾自动报警系统中的应用 [J].建筑电气，2009，28 (12)：57-59.

[7] 冷启贞，惠学俭.空间信息技术在消防工作应用探讨 [J].中国消防，2005 (17)：44.

[8] 李云浩，黄晓家，张兆宪.自动灭火系统的选择与应用技术探讨 [J].消防科学与技术，2011，30 (11)：1026-1029.

[9] 苏海林，蔡小舒，许德毓，等.细水雾灭火机理探讨 [J].消防科学与技术，2000，19 (4)：13-15.

[10] 阙兴贵，王文，张军.激光全息消防水粒流场特性测量装置的应用 [J].消防技术与产品信息，1995 (7)：14-15.

[11] 林霖.多组分压缩空气泡沫特性表征及灭火有效性实验研究 [D].合肥：中国科学技术大学，2007.

[12] 刘杰.气体灭火系统的常见问题分析 [J].消防技术与产品信息，2008，(3)：17-20.

[13] 钟园军，张生部.浅析气体灭火系统使用的安全可行性 [J].消防科学与技术，2005，(S1)：61-62.

[14] 李姝.干粉灭火剂灭火效能的研究 [J].消防科学与技术，2018，37 (7)：954-957.

[15] 杜德旭，沈晓辉，冯立，等.复合超细干粉灭火剂灭火性能研究 [J].中国安全科学学报，2018，28 (2)：69-74.

[16] 尤飞，蒋军成.城市消防安全前沿技术及进展：新型消防信息技术和防灭火技术 [J].消防科学与技术，2010，29 (10)：851-862.

[17] 李引擎，张向阳，李磊，等.建筑防火安全的新思维：我国建筑防火性能化设计的发展历程 [J].建筑科学，2013，29 (11)：70-79.

[18] 李引擎.建筑防火性能化设计 [M].北京：化学工业出版社，2005：4-7.

[19] 王在东，张杰明.性能化防火设计方法在我国的应用实践 [J].消防技术与产品信息，2012，(8)：112-114.

[20] 胡传平.区域火灾风险评估与灭火救援力量布局优化研究 [D].上海：同济大学，2006.

[21] 孙旋，陈一洲，袁沙沙，等.基于改进层次分析法的火灾高危单位消防安全评估 [J].安全与环境学报，2017，17 (4)：1253-1257.

[22] 赵富森. 我国消防员个人防护装备产业和技术状况及未来发展方向 [J]. 中国个体防护装备, 2013, (03):
12-16.

[23] 高云卓, 曹世锋, 梁宏伟. 虚拟现实技术在消防培训中的应用研究 [C]. 2014 中国消防协会科学技术
年会论文集, 北京, 2014: 382-384.

[24] 韩海云, 傅智敏. 我国消防标准化工作现状分析与展望 [J]. 武警学院学报, 2008, 24 (2): 63-66.

[25] 胡晔. 中国消防标准化现状与对策建议 [J]. 科技管理研究, 2005, 25 (11): 11-13.

[26] 孙旋, 肖泽南, 刘松涛, 等. 典型场所消防技术发展趋势探讨 [J]. 建筑科学, 2018, 34 (9): 89-92.

[27] 万灏, 肖泽南. 文物建筑的防火改造对策 [J]. 消防科学与技术, 2019, 38 (1): 98-100.

[28] 余瑞轩. 中国高速铁路发展进程与发展前景展望 [J]. 科技经济导刊, 2018, 26 (32): 69.

[29] 金康锡. 谁来保障地铁安全: 韩国大邱地铁火灾的教训和启示 [J]. 中国减灾, 2005, (9): 42-43.

[30] 刘筱璐, 王文青. 美国智慧消防发展现状概述 [J]. 科技通报, 2017, (5): 240-243.

[31] Anthony P Hamins, Nelson P Bryner, Albert W Jone, et al. NIST Special Publication
1174: Smart Firefighting Workshop Summary Report[R]. Virginia: National Institute of
Standards and Technology, 2014.

[32] 夏锐. 绿色消防技术研究 [D]. 成都: 西南交通大学, 2007.

[33] 金玮. 浅谈新时期绿色消防技术的发展 [J]. 无线互联科技, 2013 (3): 159.

8 混凝土结构抗火设计方法概述

王广勇

(住房和城乡建设部防灾研究中心建筑防火研究部)

一、混凝土结构抗火设计的重要性

混凝土结构是目前应用最广泛的建筑结构,火灾下或者火灾后混凝土结构发生倒塌破坏的事故时有发生,但传统上混凝土结构并没有进行抗火设计,无法保障混凝土结构的抗火安全性。2003 年 11 月 3 日湖南省衡阳市商住楼衡州大厦失火导致结构整体坍塌,造成了 20 名消防队员牺牲。衡州大厦是钢筋混凝土底部框架结构上部砌体结构,事后检测发现,衡州大厦建筑整体倒塌是底层钢筋混凝土柱抗火能力不足导致的。2015 年 1 月 2 日,哈尔滨北方南勋陶瓷市场仓库发生大火,导致 4 栋居民楼整体倒塌,造成 5 名消防队员牺牲,该 4 栋居民楼均为钢筋混凝土底部框架结构,如图 8-1 (a)、(b) 所示。2018 年 6 月 1 日,四川达州某商贸城建筑发生大火,大火导致建筑结构变形过大,该建筑结构现浇钢筋混凝土框架结构,如图 8-1 (c)、(d) 所示。2019 年 9 月 4 日东莞大岭山镇一钢筋混凝土框架结构的工程发生火灾,导致结构的梁、板、柱发生不同程度的损伤,之前的结构碳纤维加固在火灾下发生了完全破坏,如图 8-1 (e)、(f) 所示。

上述事故是火灾导致的混凝土结构整体坍塌的实例。可见,混凝土结构也面临着火灾时失去承载能力发生破坏或者倒塌的危险,混凝土结构面临着结构抗火设计的迫切需要。

二、混凝土结构抗火设计的相关规范介绍

目前,我国在钢筋混凝土结构抗火设计方面的相关规范还不成系统,各种规定交叉并存,这里首先厘清相关规范关于钢筋混凝土结构抗火设计的规定。

1.《建筑防火通用规范》

国家全文强制性规范《建筑防火通用规范》(征求意见稿)第 2.1.3 条规定:"建筑承重结构应保证其在受到火或高温作用后仍能在设计耐火时间内正常发挥功能。"该条要求在设计的耐火极限时间内,钢筋混凝土结构在火灾的升温阶段或者火灾的降温阶段或者火灾熄灭后都要保障安全可靠,保障结构的火灾下及火灾后的正常使用功能。其他的相关建筑防火类的规范均要求在火灾升温阶段保障耐火极限时间内建筑结构的安全,而《建筑防火通用规范》(征求意见稿)不仅要求升温阶段的结构安全性,而且要求降温阶段和火灾熄灭后都要保证建筑结构的安全及实用功能,《建筑防火通用规范》(征求意见稿)较大程度上提高了建筑结构抗火设计的要求。从另一方面来说,实际火灾既包括升温阶段,也包括降温阶段,一个实际的建筑结构既有可能在火灾升温阶段,也有可能在降温阶段甚至火灾熄灭后发生破坏,《建筑防火通用规范》第 2.1.3 条的规定更加科学合理。

(a)哈尔滨火灾建筑整体倒塌

(b)哈尔滨火灾框架柱破坏

(c)四川达州商贸城火灾

(d) 达州商贸城火灾下梁板变形过大

(e)东莞混凝土厂房火灾破坏情况

(f)东莞火灾厂房碳纤维加固被烧毁

图 8-1 火灾导致的混凝土结构造成破坏

以往，建筑结构抗火设计时火灾升温曲线只考虑升温阶段，基于《建筑防火通用规范》（征求意见稿）第 2.1.3 条的要求，除了考虑火灾升温曲线外，今后进行抗火设计时尚需考虑火灾的升降温曲线以及火灾降温阶段和火灾后阶段钢材和混凝土材料的抗火性能。另外，尽管《建筑防火通用规范》（征求意见稿）规定了火灾下建筑结构保持正常功能的要求，但并没有给出如何实现该条要求。一般来说，需要根据该强条规定编制钢筋混凝土结构抗火设计的国家、行业或团体标准，指导钢筋混凝土结构的抗火设计。

2.《建筑设计防火规范》GB 50016—2014

《建筑设计防火规范》GB 50016—2014 是我国当前钢筋混凝土结构抗火设计及防火保

护设计的主要依据，该规范条文说明中有一个参考性附录，附录中根据保护层厚度给出了钢筋混凝土构件的耐火极限，大家都误认为钢筋混凝土结构应该依据该条文说明附录进行抗火设计。该附录来自于《高层民用建筑设计防火规范》GB 50045—95 的附录，我国几乎所有的混凝土结构项目都是依据该附录进行防火保护的。《高层民用建筑设计防火规范》GB 50045—95 在条文说明中曾经解释该附表数据来自 1980 年左右公安部四川消防研究所的总共 20~30 个钢筋混凝土梁、板、柱的耐火试验，试件的边界条件为简支边界，即为简支梁、轴压柱、钢筋混凝土空心简支楼板，参考文献 [1]、[2] 为这些实验的部分成果，其余实验数据没有公开发表。

实际上，至今为止，建筑结构设计规范已经发生了较大变化，从容许应力法进展到极限状态设计法，建筑结构的材料、设计理论都发生了翻天覆地的变化，直接沿用 1980 年左右的试验结果可能会给建筑结构的火灾安全性埋下隐患。此外，现有研究成果表明，钢筋混凝土构件的耐火极限与它的边界条件、受力状态及荷载大小等多种因素有关。建筑结构一般为超静定结构，火灾高温下结构内部要产生较大的热膨胀内力，热膨胀内力会使框架柱两端发生较大相对侧移而破坏，梁内产生轴压力使梁发生压弯破坏，采用将构件从整体结构中单独取出，不考虑结构整体的相互作用，进行独立构件的耐火试验所得结果与结构中实际受约束构件的耐火极限有较大差别。如果采用耐火试验确定结构或构件的耐火极限，应该根据《建筑构件耐火试验方法》GB/T 9978—2008 进行耐火试验，而《建筑构件耐火试验方法》GB/T 9978—2008 则明确要求耐火试验采用的构件尺寸、荷载大小与实际结构完全相同，同时要求试验边界条件也要与实际一致，这就是要进行足尺构件的耐火试验，还要考虑约束条件，这类试验放在今天难度都很大。

实际上，《建筑设计防火规范》GB 50016—2014 规定构件耐火极限是通过理论计算和试验相结合的方式确定。《建筑设计防火规范》GB 50016—2014 条文说明第 3.2.1 条给出结构构件耐火极限确定的一般方法："由于同一类构件在不同施工工艺和不同截面、不同组分、不同受力条件以及不同升温曲线等情况下的耐火极限是不一样的；本条文说明附录中给出了一些构件的耐火极限试验数据，设计时，对于与表中所列情况完全一样的构件可以直接采用；但实际构件的构造、截面尺寸和构成材料等往往与附录中所列试验数据有所不同，因此，对于某种构件的耐火极限，难以通过试验确定时，一般应根据理论计算和试验测试验证相结合的方法进行确定。"从上面的解释可以看出，《建筑设计防火规范》GB 50016—2014 给出的结构抗火设计方法有三类。第一类为构件耐火试验方法，这类方法是根据《建筑构件耐火试验方法》GB/T 9978—2008 进行足尺构件的耐火试验，试验中考虑构件所承受的实际荷载以及实际边界约束条件。由于采用足尺构件与实际荷载，对耐火试验炉及其加载设备的要求较高，完成该类试验的硬件要求较高，费用大，这类试验方法还不常用。第二类方法为理论计算方法，根据结构抗火理论通过一般简化计算或者较为复杂有限元计算即可确定结构构件的耐火极限，这类方法是结构抗火的主流方法。第三类方法是理论计算和试验相结合的方法，即通过少量的耐火试验，通过试验确定理论计算的有关参数，再通过理论计算确定更多构件的耐火极限。

耐火试验是确定构件耐火极限的一个有效方法，耐火试验需要根据《建筑构件耐火试验方法》GB/T 9978—2008 进行，才能得到实际结构构件的耐火极限。如前所述，按照《建筑构件耐火试验方法》GB/T 9978—2008 要求，耐火试验需要采用足尺构件，施加实际荷载和实际边界约束条件，对耐火试验炉及加载设备要求较高。另外，如果完成较多构件的耐火试验，费用也较高，限制了该类方法的应用。

3.《建筑钢结构防火技术规范》GB 51249—2017

2017 年我国颁布了《建筑钢结构防火技术规范》GB 51249—2017，这是我国第一部关于钢结构抗火设计的规范，该规范适用于钢结构、钢—混凝土组合梁以及钢管混凝土结构的抗火设计。该规范采用耐火承载力极限状态的方法进行钢结构的抗火设计。由于混凝土结构尚没有结构抗火设计的国家标准，混凝土结构进行抗火设计时也可参考《建筑钢结构防火技术规范》GB 51249—2017 的基本原则和参数。

4. 建设部第 51 号令——《建设工程消防设计审查验收管理暂行规定》

2020 年 4 月 1 日建设部颁发了第 51 号令——《建设工程消防设计审查验收管理暂行规定》，第十七条规定，当国家工程建设消防技术标准没有规定时，特殊建设工程可采用国际标准、境外工程建设消防技术标准或者新技术、新工艺、新材料。这时，施工图验收时需提交特殊消防设计技术资料。

5. 我国的地方标准

广东省颁布了我国第一个地方标准《建筑混凝土结构耐火设计技术规程》DBJ/T 15-81-2011，该标准的基本原则与欧洲规范《混凝土抗火设计规范》基本相同。该标准采用耐火承载能力极限状态进行钢筋混凝土结构构件抗火设计的原则，通过判定以下两条之一判断结构或构件是否满足规范规定的耐火极限要求：（1）规定的耐火极限时间内、火灾工况下结构及构件的设计效应组合是否小于结构及构件的高温承载力；（2）火灾工况下设计组合荷载作用下结构及构件的耐火极限是否大于规范要求的耐火极限。该规范提出根据混凝土结构的复杂程度分别采用构件抗火设计方法或整体结构抗火设计方法完成混凝土结构的抗火设计。构件抗火设计顾名思义可只进行构件层次的抗火设计，针对的是建筑结构形式简单的结构。对于复杂的建筑结构，需要采用高级方法完成整体结构的抗火设计。该标准还给出了满足部分梁柱构件耐火极限最低构造要求，以及简支梁耐火极限计算公式。这些内容或来源于欧洲规范，或来源于简支梁计算数据分析统计。采用时需要注意欧洲规范的钢材与混凝土材料特性与国内不同，需要抗火计算的梁柱边界条件是否与规范数据相同。另外，该标准是地方标准，是否可用可与主管部门进行沟通。

6. 欧洲抗火设计规范

国际上，欧洲规范（包括英国规范）制定了《火灾对结构的作用》《混凝土结构抗火设计规范》《钢结构抗火设计规范》《钢—混凝土组合结构抗火设计规范》以及《木结构抗火设计规范》。上述各类结构抗火设计规范的思路是一致的，也和常温下的结构设计是一致的。采用上述结构抗火设计规范进行结构抗火设计时，首先进行火灾作用计算，并将火灾作用导致的温度内力与相关的荷载作用进行组合，计算出火灾工况下的设计内力。然后，通过传热分析，确定火灾下结构构件的温度场，并确定结构构件高温下的承载力。最后，将火灾工况下结构构件的设计内力与构件的高温承载力进行比较，判定结构构件在规定的耐火极限时间条件下是否安全。

7. 小结

以上对与混凝土结构抗火设计有关的国内、国外相关标准进行了总结。《建筑防火通用规范》（征求意见稿）、《建筑设计防火规范》GB 50016—2014 都对钢筋混凝土结构的耐火极限要求，以及基本的抗火设计方法给出了明确的规定，但尚没有制定具体的、专门针对混凝土结构抗火设计的技术性标准，但工程设计时可依据上述国家规范要求，采用成熟可靠的方法、技术或参考相关的规范标准完成钢筋混凝土结构的抗火设计。目前国内外关于钢筋混凝土结构耐火性能的研究成果很多，混凝土结构抗火设计的理论趋于成熟，混凝土结构抗火设计的成果已经在国内多个地铁站的结构抗火设计中得到应用，在这些成果的基础上，按照相关规范的基本要求完成混凝土结构的抗火设计是完全可行的。由于钢筋混凝土结构抗火设计专业性强，起步晚，如果设计部门还不熟悉钢筋混凝土结构抗火设计，可委托专门的工程咨询单位完成。

三、影响混凝土结构及构件耐火极限的因素

钢筋混凝土结构及其构件的耐火极限定义为自火灾升温开始至结构或构件失去承载能力的时间，到达耐火极限时钢筋混凝土结构及构件就到达了火灾工况下结构或构件的承载力极限状态。在承载能力极限状态，结构或构件所承受的荷载效应与其承载能力相等，理论上影响荷载和结构抗力的因素都会影响耐火极限。现有成果表明，混凝土结构或构件的耐火极限与主要与下列因素有关。

1. 结构及构件的受力形态及边界条件

简支梁破坏时只有跨中截面屈服，两端固接梁破坏时跨中和两端共三个截面屈服，简支梁和两端固接梁的耐火极限不同。

对应框架柱来说，框架中柱火灾下主要受轴压，偏心距较小，到达耐火极限时框架柱为小偏心受压破坏。承受高温的框架梁受热膨胀，导致框架边柱所受的弯矩增加，柱所受轴力偏心距增加，框架边柱为大偏心受压。因此，框架边柱与框架中柱的耐火极限不同。例如，图 8-2 框架中柱破坏的耐火极限为 162min，框架边柱破坏的耐火极限为 96min。

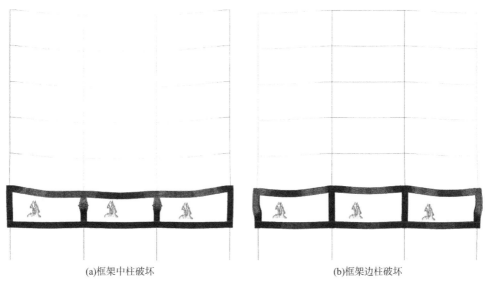

(a)框架中柱破坏　　　　　　　　　　　　　(b)框架边柱破坏

图 8-2　框架中柱与框架边柱的耐火极限不同

2. 荷载比

荷载比定义为构件所承受的荷载与其常温下的极限荷载之比，表示构件承受荷载相对

大小。荷载比越大,耐火极限越小。

3. 构件截面尺寸

构件截面尺寸越大,火灾下其内部平均温度越低,承载力越大,耐火极限越大。

4. 配筋率

配筋率越大,耐火极限越大。现有研究成果表明,多数情况下,钢筋混凝土梁中常规配置的抗剪钢筋不满足高温下梁的抗剪需要。一般情况下,高温下需要的抗剪钢筋更多。

5. 混凝土保护层厚度

混凝土保护层厚度越大,钢筋温度越低,耐火极限越大。需要说明的是,混凝土保护层厚度只是影响结构耐火极限的其中一项因素,而不是影响结构耐火极限的唯一因素,混凝土结构的耐火极限还与构件边界条件、截面尺寸、荷载大小等诸多因素有关,而仅根据《建筑设计防火规范》GB 50016—2014 附录中构件的保护层厚度确定构件的耐火极限是不安全的。另外,诸多火灾事故均表明,火灾中混凝土保护层会首先剥落,混凝土保护层剥落后,钢筋直接暴露于火中,混凝土保护层很难起到防火保护作用,如图 8-1 (d) 所示。因此,仅仅依靠混凝土保护层作为防火保护是不可靠的,需要采取加强混凝土保护层的措施,例如在混凝土保护层内配置钢筋网片。

6. 混凝土高温爆裂

高强混凝土指 C50 以上的混凝土,我国高层建筑和超高层建筑的柱和承重墙多采用高强混凝土。试验表明,高温下混凝土,特别是高强混凝土很容易发生爆裂。发生爆裂后混凝土保护层脱落,钢筋外露,高强混凝土对结构抗火更加不利,而我国工程实际中尚没有意识到高强混凝土高温下容易发生爆裂的缺点,也没有采取相应的防火保护措施。一般来说,掺加聚丙烯纤维可以防止混凝土高温爆裂。

7. 降温阶段对混凝土结构造成的损伤会进一步恶化结构的安全性

火灾分为升温阶段及降温阶段,结构抗火安全需要保证结构在升温阶段、降温阶段以及火灾后阶段三个阶段的安全性。这三个阶段,结构的内力分布、材料强度均不相同,其中任一阶段的结构安全不能保证另外两个阶段结构的安全性。在构件截面的降温阶段,混凝土构件外部温度持续降低的同时,混凝土构件内部温度仍在上升。构件内部温度升高会进一步降低构件的承载能力,构件外部降温产生的材料收缩会进一步导致材料强度降低。从整体结构层面上来说,结构将会会产生较大残余内力,整体结构在降温阶段的受力会更加不利,结构有时会在降温阶段发生倒塌破坏。图 8-3 给出了在降温阶段破坏的两个试验实例。

可见,即使在火灾升温阶段,结构及构件没有发生破坏,在火灾的降温阶段,结构及构件仍然有可能发生破坏,所以,结构抗火设计中需要注意结构在降温阶段破坏的可能性。同样,火灾后阶段结构的安全性也应当受到重视。

四、混凝土结构抗火设计原理

1. 混凝土结构抗火设计要求

《建筑钢结构防火技术规范》GB 51249—2017、广东省地方标准《建筑混凝土结构耐火设计技术规程》DBJ/T 15-81-2011 以及欧洲《混凝土结构抗火设计规范》都采用耐火承载力极限状态验算的方法进行建筑结构的抗火设计,可依据上述规范进行混凝土结构的抗火设计及抗火验算。

(a)柱在降温105min后破坏　　　　　　　　　　(b)框架柱在降温后55min破坏

图 8-3　型钢混凝土柱在降温阶段破坏

基于耐火承载能力极限状态的要求，钢筋混凝土构件抗火设计应满足下列两条要求之一：

（1）承载力方法：在规定的结构耐火极限时间内，结构或构件的承载力 R_d 不应小于火灾工况下各种作用所产生的组合效应 S_m，即：

$$R_d \geqslant S_m \tag{1}$$

（2）耐火极限方法：在火灾工况下荷载效应组合下，结构或构件的耐火时间 t_d 不应小于规定的结构或构件的耐火极限 t_m，即：

$$t_d \geqslant t_m \tag{2}$$

上述两条要求是等效的，满足任一即可保证结构或构件火灾工况下的安全性。

上述两条要求都可以通过结构抗火计算的方法进行验证，称为抗火设计方法。抗火设计方法分为两种方法：（1）简化计算方法；（2）高级计算方法，也可称为非线性有限元方法。简化计算方法是主要针对构件的抗火设计方法。采用简化计算方法时，构件所承受的荷载效应仍然来自整体结构的分析，构件高温下的承载能力则来自简化计算。非线性有限元方法既可针对构件进行，也可针对整体结构或者整体结构的一部分（子结构）进行。

第二条要求还可通过耐火试验方法进行验证，即通过耐火试验确定构件的耐火极限，与规范要求的耐火极限进行比较，称为耐火试验方法。

2. 混凝土结构抗火设计步骤

采用承载力法进行钢筋混凝土结构及其构件抗火设计时，按如下步骤进行：

（1）根据建筑空间大小及形状、建筑的实用功能、建筑火灾荷载大小及分布情况确定建筑火灾升温、降温模型。

（2）通过传热分析，计算构件在规范要求的耐火极限时间时的温度分布，传热分析需要考虑对流和辐射传热边界条件。

（3）建立结构整体模型，计算结构构件在外荷载作用下及火灾作用下的内力，并进行火灾工况下的荷载效应组合，计算设计内力。

（4）根据构件的温度分布，确定构件截面的材料强度，计算火灾高温下构件的承载能力。

（5）根据公式（1）进行构件的抗火验算，判定火灾工况下构件是否安全。

（6）当不满足公式（1）的要求时，可采用增大截面尺寸、增加截面配筋、增加防火保护层厚度或者增设防火涂料等方法，重复上述（1）~（5）步骤，直至满足公式（1）的要求。

五、构件高温承载能力计算的简化方法

这里介绍高温下混凝土构件承载能力计算的简化方法，即公式（1）中的 R_d 的计算方法。

混凝土构件的截面高温承载力计算方法有 500℃缩减截面方法，还有稍微复杂的 300~800℃缩减截面方法等，读者可参考广东省地方标准《建筑混凝土结构耐火设计技术规程》DBJ/T 15-81-2011 以及欧洲《混凝土结构抗火设计规范》等相关规范。

六、非线性有限元方法

对于一些复杂的建筑结构，需要进行整体结构的抗火分析，这时需要对整体结构的耐火性能作精细化分析。有时，也需要对结构构件的耐火性能进行精细化分析。相对于简化计算方法，非线性有限元方法是一种精细化方法，其结果比较精确。采用非线性有限元方法时，可考虑室内火灾的实际升温曲线（采用标准升温曲线也可）、高温下材料性能的逐渐劣化，以及构件热变形和相邻构件之间相互约束的影响。高温下钢筋和混凝土的材料特性与常温时相差很大，最显著的区别是其本构模型与温度和时间参数有关，除应力引起的应变以外，还有热膨胀应变、钢筋的高温瞬时蠕变、混凝土的瞬态热应变和短期高温徐变。随着温度的升高，钢筋和混凝土的导热系数、比热容、密度等热工参数以及热膨胀系数也不断变化。

为了全面把握混凝土构件和结构的高温行为，可以对其进行火灾条件下的非线性全过程分析。目前，通常采用大型通用有限元软件首先对混凝土结构和构件的时变内部温度场进行计算，然后在此基础上考虑材料高温性能的时变特性，开展结构和构件的高温力学分析，进而获得构件和结构的高温承载力随升温时间的变化情况，再根据承载力方法或耐火极限方法判断构件或结构的耐火设计是否满足要求。

采用非线性有限元方法完成混凝土结构耐火性能计算方法，其计算步骤一般包括：

（1）确定材料热工性能及高温下材料的本构关系和热膨胀系数。

（2）根据火灾荷载大小及分布情况确定火灾升温曲线及火灾场景。

（3）建立建筑结构传热分析有限元计算模型，进行结构传热分析。

（4）考虑材料非线性及几何非线性，建立构件、结构的耐火性能有限元计算模型。

（5）将按照火灾工况的组合荷载施加到结构分析有限元模型，进行高温下混凝土结构高温 - 力学性能的耦合非线性分析。

（6）判定耐火极限时混凝土结构整体或者构件火灾下的安全性或者计算出结构或构件的耐火极限。

（7）当不能保证火灾下结构或构件安全时，可采用增大构件截面尺寸、增加截面配筋、增加防火保护层厚度或者增设防火涂料等方法，重复上述（1）~（6）步骤，直至满足公式（1）或（2）的要求。

七、结论

《建筑防火通用规范》《建筑设计防火规范》以及建设部第 51 号令——《建设工程消防设计审查验收管理暂行规定》等规范规定都要求进行混凝土结构的抗火设计。本文介绍了混凝土结构抗火设计的相关规范标准、混凝土结构耐火极限的影响因素、混凝土结构抗火设计方法及其步骤、混凝土构件高温承载能力的简化计算方法，以及混凝土结构耐火性能分析的非线性有限元方法，本文可为建设工程中的混凝土结构的抗火设计提供参考依据。

参考文献

[1] 陈正昌. 钢筋混凝土楼板的耐火性能. 消防科技，1983（4）：23-32.

[2] 屈立军. 钢筋混凝土梁式简支构件耐火极限计算. 消防科技，1989（12）：6-9.

[3] 吴波，洪洲. 钢筋混凝土简支梁的耐火极限. 华南理工大学学报，2006，34（7）：82-87.

[4] 郑蝉蝉. 型钢混凝土约束柱耐火性能研究. 北京：中国建筑科学研究院，2015.

[5] 王广勇，韩林海，余红霞. 钢筋混凝土梁—钢筋混凝土柱平面节点的耐火性能研究. 工程力学，2010，27（12）：164-173.

[6] KODUR V K R，WANG T C，CHENG F P. Predicting the fire resistance behavior of high strength concrete column. Cement & Concrete Composite，2004，26（2）：141-153.

[7] LIM Linus，BUCHANAN Andrew，MOSS Peter，FRANSSEN Jean-Marc. Numerical modeling of two-sway reinforced concrete slabs in fire. Engineering Structures，2004，26（8）：1081-1091.

[8] Lie T T，Irwin R J. Method to calculate the fire resistance of reinforced concrete columns with rectangular cross section. ACI Structure Journal，1993，90（1）：52-56.

[9] Du E F，Shu G P，Mao X Y. Analytical behavior of eccentrically loaded concrete encased steel columns subjected to standard fire including cooling phase. International Journal of steel structures，2013，13（1）：129-140.

[10] Zhang C，Wang O Y，Xue S D，Yu H X. Experimental Research on the Behaviour of Eccentrically Loaded SRC Columns Subjected to the ISO-834 Standard Fire Including a Cooling Phase. International Journal of Steel Structure，2016，16（2）：425-439.

[11] 时旭东，过镇海. 高温下钢筋混凝土框架的受力性能试验研究. 土木工程学报，2000，33（1）：36-45.

[12] Han L H，Wang W H，YU H X. Experimental behaviour of reinforced concrete (RC) beam to concrete-filled steel tubular (CFST) column frames subjected to ISO-834 standard fire. Engineering Structures，2010，32（10）：3130-3144.

[13] 王广勇，张东明，郑蝉蝉等. 考虑受火全过程的高温作用后型钢混凝土柱力学性能研究及有限元分析. 建筑结构学报，2016，37（3）：44-50.

[14] 中华人民共和国国家标准 GB 50016-2014. 建筑设计防火规范. 北京：中国计划出版社，2014.

[15] 中华人民共和国国家标准 GB 50045-95，高层民用建筑设计防火规范. 北京：中国计划出版社，2001.

[16] Eurocode 2. BSEN1992-1-2：2004，Design of concrete structures-Part1-2：General rules：Structural fire design. Brussels（Belgium）：European Committee for Standardization，2004.

[17] Eurocode 1. BSEN1991-1-2：2002，Actions on structures-Part 1-2：General actions-actions on structures exposed to fire. Brussels（Belgium）：European Committee for Standardization，2004

[18] ISO 834-1. Fire resistance tests-elements of building construction-Part 1：General requirements. Geneva：International Standard ISO 834，1999.

[19] 王广勇，孙旋，赵伟，等．高温后型钢混凝土框架结构抗震性能及其有限元分析．建筑结构学报，2020，41（4）：92-101.

9 开拓、奋进——抗风雪研究部研究回顾

金新阳 陈 凯 唐 意 李宏海

（住房和城乡建设部防灾研究中心抗风雪研究部 北京100013）

住房和城乡建设部防灾研究中心抗风雪研究部的依托单位是中国建筑科学研究院有限公司，本单位是我国最早开展风荷载和结构抗风研究的单位之一，是中国空气动力学会风工程与工业空气动力学专业委员会的发起单位之一，也是中国土木工程学会桥梁与结构分会风工程专委会的发起单位之一。

本单位的抗风雪研究工作经历了开拓和奋进的发展历程。值此纪念防灾研究中心成立30周年之际，本文对这一历程进行了简要的回顾和总结，借此希望包括本单位在内的我国抗风雪研究事业蒸蒸日上，更好更快地发展，为我国建设防灾事业作出更大贡献。

一、开拓阶段

在防灾研究中心成立之前，本单位的建筑抗风雪研究就已经做了很多具有开拓性的工作。

中国建筑科学研究院有限公司创建于1953年，是我国建筑科学领域规模最大的综合性科学研究机构，建筑结构一直是本院的主要研究方向之一。20世纪50年代后期，我院承担了工业与民用建筑结构荷载规范的制修订工作，风荷载作为结构的主要荷载之一，也被列入研究领域。由此可知，本院的风雪工程研究起始于20世纪50年代，可以说是我国最早开展风雪荷载和结构抗风雪研究的单位之一。我国著名结构专家朱振德教授是本单位风工程研究领域的开拓者和杰出的代表性人物。

中国建筑科学研究院有限公司是成立于1980年的中国空气动力学会工业空气动力学专业委员会（后改称风工程与工业空气动力学专业委员会）的发起委员单位之一，并任风对建筑物和结构物作用学组副组长，也是1988年成立的中国土木工程学会桥梁与结构工程分会风工程专委会的发起单位之一，并任副主任委员单位。徐传衡同志是这一时期我院风工程研究方面的代表性人物，先后担任副主任委员和学组副组长。

本院一直以来都是国家标准《建筑结构荷载规范》的主编单位。最早颁布的荷载规范版本是建国初期的《荷载暂行规定》(规结1-54)，其后修订为《荷载暂行规定》(规结1-58)。20世纪70年代初，在大量调查研究和统计分析的基础上，对该标准进行了全面的修订和补充，于1974年正式颁布国家标准《工业与民用建筑结构荷载规范》(TJ9—74)。在此期间，不仅进行了基本风压和基本雪压资料收集和统计分析，还与北京大学等单位合作，尝试改造利用航空风洞对常见建筑的风荷载体形系数开展研究，为参考引用国外标准的相关规定进行必要的验证和补充。规范TJ9-74形成了我国风荷载规范的基本架构，其中包括

我国最早的较为完整的全国基本风压图和大量的建筑风载体型系数，适应了结构设计的需要，并为其他工程结构设计的风荷载提供重要参考。

20 世纪 70 年代到世纪末，是中国建筑科学研究院有限公司风工程研究进步和提高的阶段。20 世纪 70 年代初，在"文化大革命"期间几乎解体的建研院得到逐步恢复，遭到严重干扰的科研工作也逐渐展开。风荷载是本院优先开展的课题之一，联合高校和科研单位，在科研环境和物质条件都十分困难的情况下，开展了建筑工程实际急需的风荷载调研和实测研究，取得重要成果。

首先，由本院牵头联合中国气象研究院和各省市气象局等十多家单位，开展规模庞大的"沿海地区基本风压研究"，对东南沿海台风登陆和影响严重的 7 省市数百个气象台站的基本风速开展周密详细的调研，尤其对基本气象数据，做到科学严谨，不放过一个可疑数据。据负责该课题的老专家朱振德回忆，有时为了调查清楚一个异常或可疑气象数据，他们甚至要跑上千公里的路程，在那交通不便的年代，他们坐完火车坐汽车，坐完汽车坐马车，充分体现了老一辈科技工作者一丝不苟的科学态度和兢兢业业的工作作风。该研究项目为摸清我国沿海地区的基本风压奠定了坚实基础，研究成果获得国家科技进步奖（朱振德、徐传衡、朱瑞兆）（图 9-1）。

20 世纪 70 年代末到 80 年代中，中国建研院联合上海建科所、广东建科所以及深圳建科所等单位，先后开展了广州白云宾馆、深圳国贸大厦等当初国内最高建筑的风振和风压实测研究。鉴于当初的科研条件和仪器水平，实测工作的困难程度可想而知。尽管如此，课题组还是取得了许多宝贵的实测资料和有用的成果。

中国建研院和中国气象院联合完成的国家自然基金项目"低造价房屋抗台风灾害研究"，首次在国内对村镇建筑和结构类型以及遭受台风灾害的破坏情况展开了大规模的调研，对灾害和破坏原因进行总结分析和归类，提出许多简易实用的建议。对台风登陆频率和路径进行了数值模拟和分析，总结台风登陆规律。该项目曾获得建设部科技进步奖（陈定外、金新阳、朱瑞兆）。

1983 年至 1987 年，由中国建研院主编对国家标准《工业与民用建筑结构荷载规范》TJ 9-74 进行全面修订，于 1987 年颁布实施，并更名为《建筑结构荷载规范》GBJ 9-87。这次修订除了全面采用基于可靠度的概率极限状态设计方法外，风荷载也是重点修订的内容。如全面收集和统计了全国 600 多个城市的基本风压值，地面粗糙度类别由 2 类增加到 3 类，补充了常见高层建筑的风荷载体形系数，对高层建筑顺风向风振响应计算的理论体系和风振系数应用公式和表格进行了系统全面的研究和修订等。通过这次修订，我国的风荷载规范在体系架构和理论方法上进入国际先进标准的行列。该标准修订成果获得建设部科技进步二等奖（建研院陈基发、徐传衡、金新阳，同济大学朱振德、张相庭，上海建科所田浦等）（图 9-2）。

二、奋进阶段

住房和城乡建设部防灾研究中心成立后，本单位作为抗风雪研究部的依托单位，及时调整研究策略，将风雪工程列为本院重点发展的研究方向，在人力物力各方面加大投入，从此迎来了本院风雪工程研究领域的奋进式发展时期。随着我国工程建设的更快发展，超高层建筑和大型复杂结构大量出现，建筑抗风雪工程的研究和应用迎来了更为广阔的发展空间。

图 9-1 国家科技进步奖证书　　　　　　　图 9-2　建设部科技进步奖证书

1. 研究团队建设

2003 年，在原有专业研究人员的基础上专门成立风工程研究小组，并从同济大学、北京大学、北京航空航天大学等著名高校引进风工程专业的优秀人才，风工程研究队伍迅速壮大。随后，又成立了建筑抗风雪研究部，使本单位风工程研究机构和研究团队有计划稳定发展。通过培养和引进，形成了一支精明强干的研究团队。目前，本部门共有工作人员 15 人，其中博士生导师和研究员 6 人，副研究员 4 人，7 人具有博士学位。本部门多次被评为本院先进集体，其团队精神和出色工作业绩得到大家的认可和赞赏（图 9-3）。

2. 风洞实验室建设

在科技部和国家发改委的大力支持下，建研院研发基地 2005 年开始了新一轮的建设。其中风洞实验室是建设的重点项目之一。在院领导的牵头下，经过广泛调研，初步决定了风洞实验室主体设备——大气边界层的试验段尺寸和风速范围。风洞设备的建造在 2005 年底完成招投标，后续测试设备也陆续完成了招标工作。2007 年，国家科技部批准成立"建筑安全与环境国家重点实验室"。风洞实验室作为其中重要的组成部分，被纳入了重点实验室的管理体系。也从"建筑安全和环境"这一更加广阔的着眼点上获得了新的发展空间。

风洞实验室占地面积 3850m²，建筑面积 4665m²，总投资 2000 多万元。拥有大型建筑风洞、高性能工作站、电子压力测试系统、激光测振仪等精密设备。其中 CABR-1 风洞是一座钢结构直流下吹式边界层风洞。风洞配置串联式双试验段，主试验段截面尺寸为 4m（宽）×3m（高），空风洞最大风速 30m/s。次试验段截面尺寸为 6m（宽）×3.5m（高），空风洞最大风速 18m/s。风洞性能指标优良，直流下吹式设计可满足风荷载、污染扩散、风雨振和雪荷载等多种类型的风工程试验研究的需要。风洞试验室于 2009 年初通过验收，正式投入使用（图 9-4～图 9-6）。

2013 年，风洞实验室研发并制造了多功能大型拖曳式水槽。拖曳式水槽由四大部分组成，分别为玻璃水槽系统、拖车系统、水罐和上下水系统以及照明和摄录系统。玻璃水槽容积为 21.6m×1.5m×1.2m（长×宽×高），采用钢结构梁柱作为支撑构件，内部由钢化玻璃粘贴而成。拖车系统是本实验设备的主体，电机通过齿轮齿条带动拖车整体运动，实现模型与静止介质的相对运动。采用盐水密度分层来模拟大气环境中温度的变化，是本实验设备的重要特性。摄录系统从俯视和侧视两个角度记录实验出现的流动过程。拖曳式水槽是流体力学基础实验的非标准设备，能够模拟不同的大气层结状态，研究各种大气状态对污染扩散的影响，可以进行各种流动显示试验，揭示流动结构对质量迁移的影响，此外，还能够进行积雪漂移的模拟试验（图9-7）。

图9-3　院先进集体合影

图9-4　中国建研院风洞实验室外景

图9-5　中国建研院风洞实验室内景

图9-6　中国建研院风洞实验室高速试验段

图9-7　中国建研院风洞实验室拖曳式水槽

为检测屋面结构的抗风性能，风洞实验室研制开发了抗风揭试验设备，并与2018年投入使用。试验装置底盘内部尺寸为3.7m×7.3m，支撑结构的边框架采用槽钢焊接，在底盘上连接软管作为气压管使用，外接压差传感器。采用高压离心风机作为试验仪器的进气设备，将屋面系统安装在试验平台上，并布置测量点，采用数字式位移传感器测量位移，不同测点的位移数据通过数据采集卡传至电脑，用自主开发的软件进行记录。该试验装置的原理为将待检测屋面安装于试验框架上，框架周边可安装挡边以利于试件的密封。试验框架放置在压力箱上，用夹具压紧端面上的密封垫使之密封。压力箱内充入空气，形成对屋面系统向上的推力，从而模拟风荷载作用时对屋面产生的吸力效果。通过测试，得到在不同气压下屋面板的位移数值及构件情况，直至屋面板连接处出现破坏（图9-8）。

图 9-8　中国建研院风洞实验室抗风揭设备

2019 年，风洞实验室为开展雪荷载的模拟实验，在改造风洞的基础上，研制开发了一套风致颗粒物漂移的风洞试验设备。该设备安装于风洞的试验段，包括驱动组件和筛网组件两部分。筛网组件包括用于安装筛网的内框，筛网用于装载颗粒物，驱动组件包括第一电机，驱动组件输出第一电机输出的转动，风洞试验设备还包括轨道，轨道用于安装于风洞的壁部，第一电机安装于筛网组件，筛网组件可移动地支撑于轨道，驱动组件的输出端与轨道啮合从而驱动筛网组件沿轨道移动。该设备利用风洞试验段的流场，轨道安装于风洞试验段的壁部，省去专用于支撑轨道的复杂的支撑结构，因而该风洞试验设备的结构简单，迎风面小，成本低廉，可行性高且阻塞率较低，风剖面影响小，可以有效地对实际大跨复杂结构进行雪荷载模拟（图9-9）。

图 9-9　中国建研院风洞实验室模拟降雪设备

3. 课题研究与学术交流

近十几年来，研究团队承担大量国家级风工程研究课题，包括国家"十一五"科技支撑计划2项、国家"十二五"科技支撑计划2项、国家重点研发计划2项、国家自然科学基金项目3项（其中一项为重大计划项目）、国家科技部科技开发专项2项、建设部科技开发课题4项。研究领域涉及风环境数值模拟、防风网性能评估、风致噪声分析、列车风评估、高层建筑弯扭耦合风振等风工程前沿和新兴领域。在国内外期刊、学术会议上发表学术论文百余篇。研究成果获得国家科技进步二等奖、中国钢结构协会科学技术一等奖、华夏建设科技一等奖、北京市科技进步二等奖等多项省部级奖励（图9-10、图9-11）。

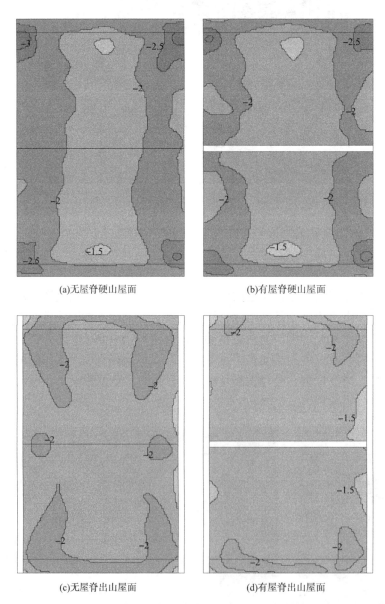

(a)无屋脊硬山屋面　　　　　　　　　　(b)有屋脊硬山屋面

(c)无屋脊出山屋面　　　　　　　　　　(d)有屋脊出山屋面

图9-10　四种屋面在所有风向角下的最不利负风压系数等值线（0°~360°）

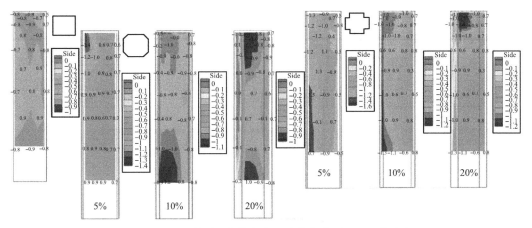

图 9-11　不同截面形式的超高层建筑物表面风压系数分布

2009 年 8 月，中国建研院与同济大学共同在北京成功承办了"风工程委员会第六次代表大会"暨"第十四届全国结构风工程学术会议"，本次会议与会正式代表 189 人，征集论文 180 多篇，经评审收集到论文集的论文 164 篇，是历届会议中参会人数和论文数量最多的一次（图 9-12）。

图 9-12　第十四届全国结构风工程学术会议代表合影

紧接全国学术会议，还承办了"国际风工程协会第六届风工程高级培训班"，共邀请了国际风工程领域 17 位著名专家讲课，来自国内 22 所高校和研究机构的 80 多位年轻学者参加了培训班。这次国际风工程高级培训班是我国风工程界的一次重要对外学术交流活动，为国内从事风工程事业的青年学子提供了一次极好的学习交流机会，与国际风工程界的专家学者之间架起了一座交流与沟通的桥梁。时任国际风工程协会主席田村幸雄教授对会议的组织工作高度评价，专门发信感谢（图 9-13）。

2016 年 10 月，中国建研院承办了第十一届中日韩国际风工程学术研讨会。本次研讨会由中国土木工程学会风工程专业委员会、日本风工程学会和韩国风工程学会共同主办。本次会议共邀请了来自中日韩三个国家的 19 位学者作报告，内容包括风场及其特性、结构风工程、桥梁空气动力学和其他风工程问题方面的最新研究进展。中日韩三国位于东亚地区，毗邻太平洋，风气候特征非常相似，所面临的建筑结构风工程研究领域的困难和挑战也较为一致，相互之间的合作更显得尤为重要。此次中日韩国际风工程学术研讨会的召开，为三方建立了交流协作的平台，增进彼此之间的沟通，加强了相互之间的了解，推动了区域内风工程相关研究工作的进展。来自 24 所高校、科研院所等相关单位的 50 余名专家学者参加了此次研讨会（图 9-14）。

图 9-13　国际风工程协会第六届风工程高级培训班老师与学员合影

图 9-14　第十一届中日韩国际风工程学术研讨会合影

4. 风灾调研

2009 年 5 月，建筑抗风雪研究部赴浙江省宁波地区调查村镇房屋的基本情况。调查发现，当地房屋由于建造年代的差别，形式上不完全统一。以建造年代和外形特点区分，大体可分为新建三层楼房、已建二层楼房和老式平房三类。研究部结合相关的研究成果，以风洞试验研究结果为依据，从抗风角度并综合考虑可操作性，对低矮建筑的外形进行了局部改造，尽量避免改变整体形状和结构体系，并针对每一类房屋类型提出了具有针对性的抗风性能提升方案，以提高建筑结构的减灾能力（图 9-15）。

莫兰蒂台风是 1949 年以来登陆闽南的最强台风，鼎盛时强度达到 17 级，近中心气压一度低至 883 百帕，刷新世界气象纪录。台风莫兰蒂在五缘湾附近登陆，受地形影响小，畅通无阻，风速保持在 40m/s 以上。抗风雪研究部根据对受灾地区的受损建筑物进行统计，分析得到风灾破坏的三个主要特点：第一，高层建筑围护结构损坏：以玻璃幕墙为主，石材幕墙基本无破坏；玻璃幕墙破坏以玻璃（钢化玻璃）碎裂为主，绝大多数龙骨保存完整。第二，低矮建筑屋盖结构破坏：轻钢屋面破坏严重，有些甚至出现结构整体坍塌；机场候机楼等大跨屋盖结构没有出现屋面破坏。第三，其他构筑物：广告牌面板撕裂，轻质支撑结构出现整体破坏；有塔吊倾覆倒塌（图9-16）。

图 9-15　沿海地区村镇抗风技术示范工程

图 9-16　"莫兰蒂"台风灾害

2017年8月23日，强台风"天鸽"登陆澳门，造成10人死亡、200多人受伤，经济损失近115亿澳门元。据悉，"天鸽"是自1953年澳门有台风气象记录以来最强的台风，随之而来的海潮也是自1925年澳门有相关记录以来潮位最高的一次。应澳门特区政府的邀请，经中央政府批准，国家减灾委及港澳办共同组建的22人专家团于9月13日至17日赴澳门协助特区政府对此次台风灾害进行了评估总结。本研究部金新阳研究员作为建筑抗风方面的专家参团赴澳参加了考察评估。专家团分组前往受灾严重的地段和单位考察，进一步听取各方意见，评估恢复状况。随后向特区政府进行汇报，作出初步评估结果（图9-17）。本研究部于9月底向澳门特区政府提交了初步评估报告；并继续深入分析，在年底前对相关工作给予建议。根据更全面、深层次的分析和研究，制作了详尽的报告和建议，为特区政府制定短、中、长期防灾减灾规划提供参考依据。本研究部对某街区楼宇进行了风工程研究，应用研究部研究成果和风洞试验和数值模拟等技术方法，给出了台风"天鸽"作用下极值风压分布特性分析。并协助澳门特区政府修订了澳门地区荷载规范《屋宇结构及桥梁结构之安全及荷载规章》风力作用规定部分（图9-18）。

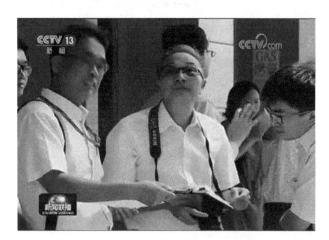

图 9-17　金新阳研究员调研"天鸽"台风灾害

5. 台风模拟

对台风历史数据进行概率统计分析是目前台风极值风速分析最常用的方法。由于中国海域辽阔，只能获得有限的观测资料，恶劣天气条件下观测资料更为稀少，资料的缺乏及实测资料在空间和时间上的不均匀及不连续性，使得直接依靠实测资料对台风参数作出估计存在一定的困难。研究部从有限的实测资料出发，结合台风衰减模型和移动模型，运用统计分析方法确定适用的台风参数，并采用Monte-Carlo数值模拟及推算极值风速分布，这对减灾防灾具有迫切的现实意义（图9-19）。

对于受台风影响的沿海地区，需要做台风Monte Carlo模拟后，再与良态风分析结果组合，得出混合气候设计风速。通过研究经过目标地区周围半径500km内的台风历史数据，得出了包括中心压差、台风半径、方向等台风关键参数的统计模型。为了与台风模拟结果匹配，良态风也需要根据各个风向已有的分布，模拟与台风相同的数量的年极值风速样本（按规范方法换算到指定地貌和高度处）。此时，同样不需要考虑各个风向良态风极值风速之间的相关性（图9-20）。

6. 工程应用

得益于本单位在建筑领域的影响力和以往在风工程领域的技术积累，抗风雪研究部承担了各类工程的风雪工程研究项目百余项，其中很多都是当地大型的较有影响的地标式建筑，如北京大兴机场、中国尊、天津会展中心、长沙远大天空城市、苏州中南中心等。在承接这些项目为工程服务的同时，抗风雪研究部还经常借助项目研究的机会，开展很多具有探索性的研究工作（图9-21）。

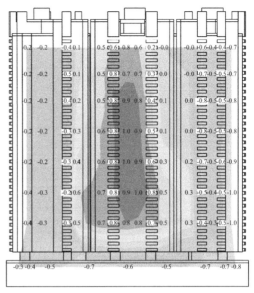
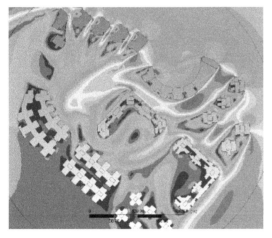
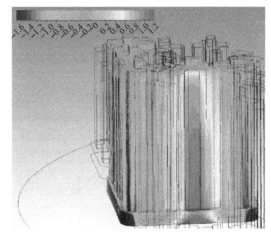

图 9-18　澳门某街区风洞试验和数值模拟结果及《澳门风荷载规范》建议

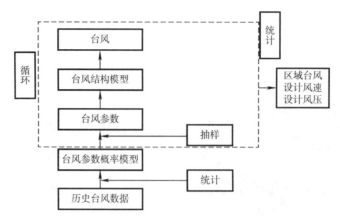

图 9-19 程序流程图

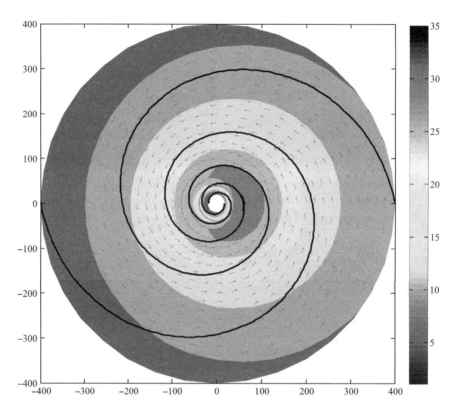

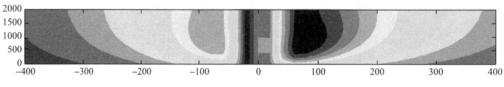

图 9-20 台风模拟结果

图 9-21 典型工程应用

三、结语

我国幅员辽阔，东南沿海台风侵袭，北部地区常年积雪，建筑结构抗风雪设计任重道远。目前，我国风雪工程的研究和应用工作都开展得十分活跃，人才济济，并且已经在国际风雪工程的舞台上占有重要的一席。建筑抗风雪研究部将继往开来，继续奋进，为我国的风雪工程更加稳定坚实的发展贡献自己的力量。

10 整体大面积筏形基础试验研究与设计问题探讨

（中国建筑科学研究院地基基础研究所　北京 100013）

前言

随着我国经济的发展、城市化进程的加快，城市建设快速发展，城市建设用地紧张的矛盾日益突出，要在有限的城市建设用地上获得更多的建筑使用面积，发展高层建筑和开发地下空间已成为城市发展的必然要求，城市建筑物向超高方向发展、地基基础向超大、超深方向发展。建筑结构形式和基础形式发生了很大的变化，高层、超高层建筑越来越多，主裙楼结构也越来越普遍，成为城市建筑的主要结构形式，基础形式也由单栋建筑的箱形基础、筏形基础，发展为大面积整体筏形基础，即一栋或多栋多、高层建筑建造在一个大面积的整体筏形基础上，给地基基础设计和施工带来了很多新问题，比如：主裙楼结构的荷载传递及其变形特征、高层建筑与地下结构的连接技术、主裙楼结构变形控制及其施工技术、沉降后浇带设置技术及可取消的条件等。针对以上问题，中国建筑科学研究院地基基础研究所开展了一系列的模型试验、数值分析、工程实测等研究，对主裙楼结构的地基反力、变形特征、变形控制标准、主裙楼连接方式等方面进行了研究，相关成果已写入《建筑地基基础设计规范》GB 50007—2011[1]。

一、主裙楼结构筏形基础的模型试验研究

随着高层建筑的基础向超大、超深、大底盘方向发展，箱形基础为大面积整体筏形基础或桩筏基础所取代。对于大面积整体筏形基础上建造一个或多个高层或多层建筑组成的建筑群，其荷载传递规律、变形特征比传统的单体建筑复杂得多。主楼与裙房之间变形协调、多个主楼之间的相互影响等问题，都涉及考虑上部结构、基础与地基共同作用的荷载传递、沉降计算问题，最终归结到按变形控制基础设计问题。中国建筑科学研究院地基基础研究所自 20 世纪 90 年代开始，进行了一系列大型室内模型试验[2-6]，以研究大面积整体筏形基础的荷载传递及变形特征等。

1. 裙房对主裙楼筏形基础荷载传递的影响

为了研究荷载作用下筏形基础的变形特征及反力分布，将主裙楼结构筏形基础简化为图 10-1 的模式，主楼位于扩大的框架—筏形基础之上，筏板厚度按抗冲切承载力确定，且不小于 1/6 柱跨，裙楼筏板的厚度与主楼筏板厚度相同。为了研究不同跨数的裙房与主楼共同作用的特征，对主楼外裙房跨数分别为 1 跨、2 跨、3 跨的情况进行了室内模型试验[2]，试验编号分别为 FS-1、FS-2、FS-3，模型示意图见图 10-2。

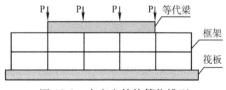

图 10-1　大底盘结构简化模型

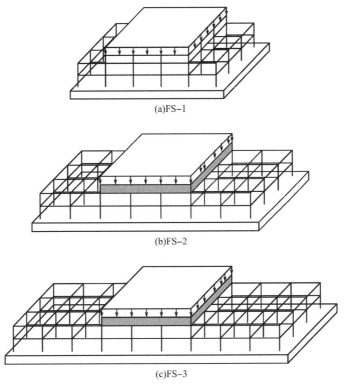

(a)FS-1

(b)FS-2

(c)FS-3

图 10-2 试验模型示意图

模型试验的荷载—沉降曲线表明（图 10-3），相同荷载作用下主裙楼结构的平均沉降明显小于单栋建筑的平均沉降，但裙楼扩大部分的跨数对主裙楼结构的平均沉降影响不明显。

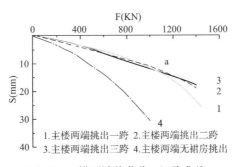

1.主楼两端挑出一跨 2.主楼两端挑出二跨
3.主楼两端挑出三跨 4.主楼两端无裙房挑出

图 10-3 模型试验荷载—沉降曲线

模型试验的沉降和地基反力实测结果（图 10-4、图 10-5）可以看出筏板沉降呈盆形沉降特征，其地基反力分布不同于单栋建筑的鞍形分布，其分布形式总体上与沉降分布类似。

模型试验的沉降分布曲线（图 10-4）表明：对于主裙楼结构，主楼最大沉降值相近；随着裙楼跨数的增加，筏板挠曲值增大。说明随着裙楼跨数的增加，主裙楼结构的筏形基础刚度逐渐由刚性、半刚性向柔性转化。但是主裙楼结构的主楼沉降比单体建筑的沉降减小。

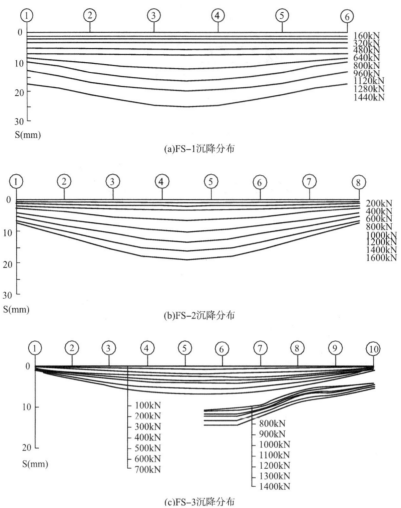

(a)FS-1沉降分布

(b)FS-2沉降分布

(c)FS-3沉降分布

图 10-4 模型试验沉降分布

模型试验的地基反力实测结果（图 10-5）表明：采用筏形基础的主裙楼结构，裙楼可以有效地扩散主楼荷载，主楼部位的基底压力降低。裙楼分别为 1 跨、2 跨、3 跨时，模型试验 FS-1、FS-2、FS-3 裙房部分的地基反力约占基底总反力的比例分别为 40%、52%、54%，随着裙房跨数的增加，裙房分担主楼荷载的比例逐渐收敛，说明主楼荷载可以通过裙房及一定刚度的筏板向周边扩散，但主楼荷载扩散范围有限的。另外从地基反力实测曲线还可以看出，模型试验 FS-1、FS-2、FS-3 的地基反力分布还是有区别的，裙房跨度为 1 跨时，整个筏板地基反力近似于均匀分布，裙房跨度为 2 跨、3 跨时，筏板地基反力呈盆形分布，说明主楼外 1 跨裙房对于主楼荷载扩散的作用最明显，也是主楼荷载扩散的主要范围，超出 1 跨外的裙房扩散主楼荷载的作用明显减弱。

2. 并列双主楼的模型试验

根据上面一组试验，对于采用筏形基础的主裙楼结构，裙楼的存在可以有效地扩散主楼荷载。对于多栋主楼建造在同一大面积整体筏形基础上时，为了研究主楼之间的相互影响及合理距离，进行了并列双主楼的模型试验研究[3]，试验模型见图 10-6。试验的加载方式见表 10-1。

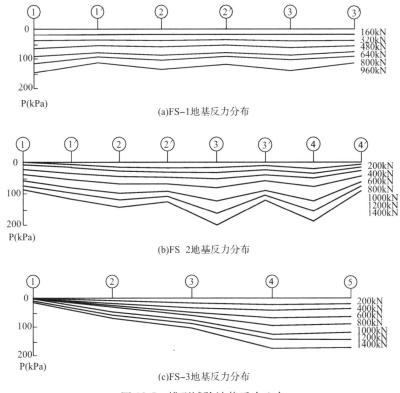

(a)FS–1地基反力分布

(b)FS 2地基反力分布

(c)FS–3地基反力分布

图 10-5　模型试验地基反力分布

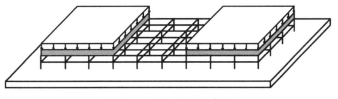

图 10-6　试验模型示意图

加载方式　　　　　　　　　　　　　　　　　　　　　表 10-1

加载编号	加载方式	A 楼荷载 （kN）	B 楼荷载 （kN）	备 注
1	同步加载	$0 \rightarrow 800$	$0 \rightarrow 800$	图 10-7 曲线 1
2	A 楼加载	$800 \rightarrow 1600$		图 10-7 曲线 2
3	B 楼加载		$800 \rightarrow 1600$	图 10-7 曲线 3

　　模型试验的沉降和地基反力实测结果（图 10-7）表明：主楼 A 荷载由 800kN 增加到 1600kN 时，区间④ - ⑦段反力和沉降的增加面积 abdc 与主楼 B 荷载由 800kN 增加到 1600kN 引起的增加面积 cdfe 基本相等。也就是说，主楼在加荷的过程中，荷载向裙楼扩散，当两主楼之间的裙楼小于三跨时，裙楼的地基反力和沉降可以考虑两侧主楼对裙楼的影响，采用叠加原理计算。

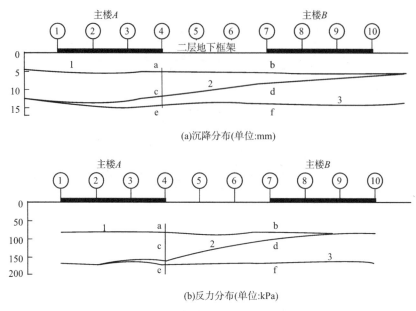

(a)沉降分布(单位:mm)

(b)反力分布(单位:kPa)

图 10-7　不同加载路径变形、反力曲线

二、主裙楼结构共同作用分析 [7]

编制有限元程序对模型试验进行数值模拟，并对主裙楼结构的变形影响因素进行了探讨以进一步考察主裙楼结构筏形基础的反力分布及变形特征。其中结构梁、柱离散为梁单元，楼板、剪力墙离散为平板壳元，筏形基础采用平板弯曲单元进行离散；地基模型采用有限压缩层地基模型。

对于采用筏形基础的主裙楼结构，共同作用分析的地基反力及变形分布规律与模型试验的结果是一致的。

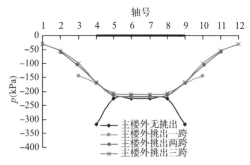

图 10-8　不挑出和挑出 1 跨、2 跨、3 跨的框剪结构地基反力曲线

对单体建筑、主楼外分别挑出 1 跨、2 跨、3 跨的主裙楼结构共同作用分析得到的地基反力结果（图 10-8）可以看出：对于单体建筑，基底压力呈鞍形分布，主楼中间部位地基反力较小，基础边端地基反力较大，呈现出刚性基础的特征；对于采用筏形基础的主裙楼结构，基底压力曲线呈盆形分布，主楼中部地基反力最大，主楼边端无反力放大现象，主楼外第一跨裙房的地基反力与主楼接近，第二跨、第三跨裙房的地基反力衰减较快。说明裙房和一定刚度的筏板可以有效地扩散主楼荷载，但是主要影响范围为主楼外 1 跨，超过 3 跨主楼荷载将扩散不过去。另外从图中还可以看出，主裙楼结构的主楼中部基底压力与单体结构中部的基底压力基本一致，主裙楼结构主楼的平均基底压力明显小于单体建筑的平均基底压力。

由于采用筏形基础的主裙楼结构，裙楼可以有效地扩散主楼荷载，因此主楼的平均地基反力明显降低，另一方面主裙楼结构基础埋置较深、回弹再压缩变形占总变形的比例较大,因此主楼的平均沉降比无裙房时明显减小,且基础的沉降曲线较平缓。由此可见,裙房连同一定刚度的筏板可以有效地扩散主楼荷载,进而起到调整主裙楼的差异沉降的作用。

共同作用分析表明影响主裙楼结构变形的因素很多,基础刚度、上部结构刚度、地基刚度、主楼结构形式、裙楼的层数和跨数等都对主裙楼结构的变形有影响[7]。

对于主裙楼结构,特别是同一大面积整体筏形基础上建有多栋多高层建筑时,由于荷载和结构刚度分布的不均匀,与单体建筑相比其地基反力分布和沉降分布较为复杂,因此对于此类结构应通过上部结构、基础与地基的共同作用分析确定地基反力和沉降。需要注意的是,地基反力分布不同于上部结构荷载的分布,更不能将某个部位投影面积上的荷载总和等同于该部位的地基反力。对于正常固结的黏性土、粉土、砂性土地基上的单体高层建筑,当筏形基础刚度满足规范要求时,尽管内筒部位投影面积上的荷载远大于平均荷载,但是内筒部位的基底压力仅为平均荷载的 0.7~0.8 倍,小于平均荷载、更是远小于该部位投影面积上的荷载值,因此筒体部位的地基反力与该部位的荷载是不平衡的,因此内筒部位的冲切验算很重要,但是由于单体建筑基础边端和角端地基反力呈鞍形放大,单体建筑的平均地基反力与平均荷载是平衡的。对于主楼周边都有裙房的主裙楼高层建筑,当筏形基础刚度满足规范要求时,内筒部位的地基反力与单体建筑的内筒部位的地基反力接近,为主楼平均荷载的 0.7~0.8 倍,筒体部位的地基反力与该部位的荷载是不平衡的;由于裙楼起到扩散主楼荷载的作用,导致主楼的平均地基反力小于主楼的平均荷载,也就是说主楼部位的地基反力与主楼荷载也是不平衡的,因此主裙楼结构地基反力分布及变形分布比单体建筑复杂得多,必须采用上部结构、基础与地基共同作用的分析方法确定地基反力和沉降。

三、主裙楼结构的变形控制标准

建筑物地基基础设计采用变形控制设计。对于土质地基上的主裙楼结构,由于其荷载分布和结构刚度比单体建筑差异更大,因此其变形控制要求更严格。随着裙楼跨数的增加,整体筏形基础刚度逐渐由刚性向柔性转化,筏板整体挠曲值增大。当整体挠曲值超过一定限值时,筏板将产生开裂,因此对于土裙楼结构,除了满足单体建筑的变形控制指标外,还必须对主楼的整体挠曲值加以限制。

模型试验结果表明(表 10-2),模型的整体变形曲线呈盆形,当筏板的整体挠曲超过 0.7‰时,筏板出现开裂,随后底层框架边柱、角柱也发生开裂。工程实测表明(表 10-3),主楼挠曲值通常不大,但超过 0.5‰时,筏板出现开裂现象。因此对于主裙楼结构,除了满足单体建筑的变形控制指标外,还必须对主楼的整体挠曲值加以限制。因此,《建筑地基基础设计规范》规定"带裙房的高层建筑下的整体筏形基础,其主楼下筏板的整体挠曲值不宜大于 0.05%,主楼与相邻的裙房柱的差异沉降不应大于其跨度的 0.1%"[1]。

试验模型出现裂缝时的挠曲度 表 10-2

试验编号	FS-1	FS-2	FS-3
出现裂缝时挠曲度 (‰)	0.6	0.75	0.65

主裙楼结构的实测挠曲度　　　　　　　表 10-3

建筑名称	结构形式	挠曲值（‰）	计算部位	备注
全国总工会二期	框筒	0.118	核心筒	
		0.138	横向大底盘	
		0.142	纵向高层	
		0.111	纵向大底盘	
北京 LG 大厦	框筒	0.277	纵向高层	
		0.426	纵向大底盘	
北京世纪财富中心	框筒	0.23	纵向高层	
*北京三里屯 SOHO	框筒	0.15	纵向高层	
美国休斯顿 One Sell Plaza	筒中筒	0.35	纵向筒	筏板底开裂
		0.52	纵向高层	
		0.85	纵向大底盘	

四、主裙楼连接问题[8]

由于主裙楼结构的主楼、裙房荷载及刚度存在差异，主裙楼基础之间往往会产生不均匀沉降。为解决主裙楼的差异沉降问题，主裙楼之间的连接方式有设置沉降缝、设置沉降后浇带以及主裙楼整体连接三种，三种方式各有优缺点以及应用范围。

1. 沉降缝

在主楼与裙楼之间设置沉降缝，将主楼和裙楼分割为两个或多个独立的结构单元，各结构单元之间可以自由沉降，因此可有效地降低地基不均匀沉降产生的损害，但是设置沉降缝对于地下空间的使用功能影响较大，不利于地下空间的整体利用，目前较少采用。

2. 沉降后浇带

沉降后浇带是在主楼与裙房之间设置的一定宽度的板带，该部位钢筋互相搭接但不浇筑混凝土，结构施工期间主楼、裙房可以自由沉降，待主楼和裙楼的差异沉降控制在设计允许的范围内时，再浇筑后浇带处的混凝土，使主裙楼连成整体。由于设置沉降后浇带不影响地下空间的使用功能、又可以解决主裙楼之间差异沉降的问题，因此是目前经常使用的主裙楼连接方式。但是后浇带施工涉及二次作业，施工的复杂性增加，施工工期延长，且后浇带处的钢筋混凝土质量不易控制、施工费用加大。

3. 主裙楼整体连接

主裙楼整体连接，就是主楼与裙楼之间既不设沉降缝也不设置沉降后浇带，而是施工时直接连接成为一个整体，通过基础及结构的刚度调整不均匀沉降。由于整体连接方式施工方便、施工质量容易保证，且已施工的结构可以随时投入使用，节约了施工成本，缩短了施工工期，因此主裙楼整体连接是主裙楼结构连接的发展方向。

模型试验和工程实践表明：对于采用筏形基础的主裙楼结构，当具有一定的基础刚度（筏板厚度满足冲切要求并不小于 1/6 柱跨）和裙房刚度（通常不少于 2 层裙房）时，主楼荷载可以有效地向裙楼扩散，主楼的平均沉降比单体建筑明显减小，主裙楼结构的沉降曲线较平缓。当主楼沉降和主裙楼差异沉降可以控制在规范允许的范围内时，主裙楼之间就可以不设置沉降缝和沉降后浇带，实现主裙楼整体连接。这种连接方式已成功应用于北京富景花园、北京中国银行大厦等数十项工程。

五、沉降后浇带的设置 [9]

对于主裙楼结构，不满足整体连接条件时，可设施沉降后浇带。沉降后浇带的设计主要涉及两个问题，一是沉降后浇带的设置位置，二是沉降后浇带的封闭时间。沉降后浇带设置的位置不同，主裙楼结构的沉降及地基反力分布特征是有差异的，主楼的变形控制指标也不相同，对后浇带的浇筑时间也是有影响的。

沉降后浇带通常设置在主楼外的裙房内、剪力较小的位置。实际工程中，主裙楼结构沉降后浇带可设置在与主楼外相邻裙房的第一跨或第二跨。当主楼基础面积满足地基承载力和变形要求，但主裙楼之间的差异沉降不满足要求时，可将后浇带设置在主楼外第一跨，后浇带浇筑前，主楼的基底压力和变形特征表现为单体建筑的特征，其变形控制指标为平均沉降、差异沉降、整体倾斜等；当需要满足主楼地基承载力、降低主楼沉降量、减小主裙楼之间的差异沉降而增大主楼基础面积时，可将后浇带设置在主楼外第二跨，后浇带浇筑前，主楼的基底压力和变形特征表现为主裙楼结构的特征，其变形控制指标除了平均沉降、差异沉降、整体倾斜等，还应该满足整体挠曲的要求。

通过共同作用分析，沉降后浇带设置在不同位置时主裙楼结构的沉降及地基反力分布特征各不相同。

当沉降后浇带设置在主楼外第一跨时，后浇带浇筑前，主楼呈单体建筑的特征，主楼沉降呈"盆形"分布，主楼地基反力呈鞍形分布；后浇带浇筑后，呈现主裙楼结构的特征，新增的变形、基底反力呈盆形，但曲线比较平缓。后浇带封闭时间越晚，主楼下的地基反力越大，主楼最大沉降越大。

当沉降后浇带设置在主楼外第二跨时，沉降后浇带浇筑前，后浇带内即为主裙楼结构，因此其沉降和地基反力呈现主裙楼结构特征；后浇带浇筑后，仍为主裙楼结构，但裙楼的范围加大。与后浇带设置在主楼外第一跨相比，主楼最大沉降明显减少，主楼地基反力降低，主裙楼连接处的差异沉降减小，后浇带封闭时间可以适当提前。

当根据沉降观测判断沉降后浇带两侧差异沉降值满足设计要求时，方可浇筑沉降后浇带。沉降后浇带浇筑主要依据的是沉降观测，因此对于设置沉降后浇带的主裙楼结构，必须在施工全过程进行沉降观测，实际工程中因沉降后浇带浇筑不当而引起的工程事故屡见不鲜，究其原因几乎都是因为缺少沉降观测或沉降观测不准确造成的，因此对于设置沉降后浇带的主裙楼结构的沉降观测必须加以重视。

六、结论

1. 对于采用筏形基础的主裙楼结构，随着主楼外裙房跨数的增加，筏形基础的变形特征由刚性、半刚性向柔性转化。与单体建筑相比，主裙楼结构主楼的平均沉降减小，基础的沉降曲线较平缓。

2. 采用筏形基础的主裙楼结构，裙楼可以有效地扩散主楼荷载，与单体建筑相比，主裙楼结构主楼的地基反力明显降低。

3. 主裙楼结构，由于其荷载分布和结构刚度差异较大，因此其变形控制要求更严格，除了满足单体建筑的变形控制指标外，还必须对主楼的整体挠曲值加以限制。

4. 对于采用筏形基础的主裙楼结构，当具有一定的基础刚度和裙房刚度时，可以通过基础和结构刚度调整不均匀沉降。通过合理的设计，当主裙楼的各项变形指标控制在规范许可的范围内时，可以实现主裙楼结构的整体连接。

5.沉降后浇带设置的位置不同时，其沉降及地基反力分布特征是有差异的，主楼的变形控制指标也不相同，对沉降后浇带的封闭时间也是有影响的。对于设置沉降后浇带的主裙楼结构，当需要通过增大主楼基础面积来满足主楼地基承载力、降低主楼沉降以及主裙楼沉降差时，可将后浇带设置在距主楼边柱的第二跨内。

参考文献

[1] 建筑地基基础设计规范：GB 50007-2011[S]. 北京：中国建筑工业出版社，2011.

[2] 袁勋. 高层建筑局部竖向荷载作用下大底盘框架筏板变形特征及基底反力研究 [D]. 北京：中国建筑科学研究院，1996.

[3] 宫剑飞. 多塔楼荷载作用下大底盘框筏基础反力及沉降计算 [D]. 北京：中国建筑科学研究院，1999.

[4] 王曙光. 竖向荷载作用下梁板式筏形基础基底反力及变形特征研究 [D]. 北京：中国建筑科学研究院，2002.

[5] 邸道怀. 竖向荷载作用下圆形高层建筑框筒结构大底盘筏基基底反力及变形特征研究 [D]. 北京：中国建筑科学研究院，2004.

[6] 朱洪波. L形高层建筑下大底盘框架厚筏基底反力及变形特征研究 [D]. 北京：中国建筑科学研究院，2006.

[7] 滕延京，黄熙龄等. 大底盘高层建筑基础设计施工技术及灾害防治. 北京：中国建筑科学研究院地基基础研究所，2006.

[8] 王曙光，滕延京. 大底盘建筑主裙楼基础整体连接的可行性与适用性研究 [J]. 土木工程学报，2010，43（2）：95-99.

[9] 王曙光，邸道怀，周圣斌. 中低压缩性地基上设置沉降后浇带的主裙楼结构沉降及基底反力分布特征研究 [J]. 岩土力学，2014，卷35 增刊2：313-318.

11 我国乡村抗洪减灾建设对策

葛学礼　申世元　秦红蕾　于　文　朱立新

（中国建筑科学研究院有限公司　北京100013）

一、引言

我国幅员辽阔，气候差异大，年降雨量区域分布不均匀，几乎每年都有洪涝灾害发生。如1991年江淮特大洪水，有皖、苏、鄂、豫、湘、浙、黔等省份受灾。死亡1200多人，伤25000多人，倒塌房屋几百万间，经济损失达700多亿元人民币。又如1998年长江中下游及嫩江流域等地特大洪水，死亡人数达1432人，倒塌房屋1000多万间，经济损失高达2200亿元人民币。这是非正常年份的江河流域性特大洪水灾害。

对于一般年份，我国的洪涝灾害则主要表现为山洪灾害，即山区乡村的洪水灾害。据国家防汛抗旱总指挥部统计，2002年全国因洪涝灾害死亡的1818人中，因山洪造成的死亡人数占到了80%，而这一年大江大河并没有发生流域性洪水。2003年和2004年山洪灾害分别造成767人和815人死亡，分别占全国洪涝灾害死亡人数的49%和的76%[1]。近年来，我国山区因降雨引发的山洪、泥石流、滑坡等山洪灾害问题日益严重，山洪灾害已经成为当前防灾减灾工作中的突出问题。

统计表明，中国2100多个县级行政区中，有1500多个分布在山丘地区，受到山洪、泥石流、滑坡灾害威胁的人口达7400万人[2]。

二、乡村洪水灾害成因

洪水是一种自然现象，通常是由于暴雨、融雪、融冰或堰塞湖坝体垮塌等引起河川、湖泊水位急剧上涨产生的。洪水对自然界的生态平衡有其特殊的作用（譬如湿地的形成），并非完全有害无益，只有当洪水超过了一定的限度，给人类社会的生命和财产造成损失时，才称其为洪水灾害。近几十年来由于人类活动的影响，破坏了自然界中原有的平衡，气候变化异常，成灾洪水越来越频繁，造成的损失也日趋严重。

1. 平原洪水

主要是沿江河流域上空有持续降雨，汇流使雨水进入江河，当雨水汇聚较多，造成洪水漫过河堤或溃堤，并淹没农田、村庄时，即造成洪水灾害。

江河流域的中下游大多有湿地，较深的洼地形成湖泊，溢出河堤的洪水将汇聚到湿地、湖泊中。湿地可以吸纳多余的洪水，可以起到削减洪峰和缓冲河堤洪水压力作用。

一些地区由于人口增长，耕地紧缺，向湿地要粮田，逐渐开发利用成为蓄滞洪区。因此，蓄滞洪区主要指河堤外洪水临时贮存的低洼地区及湖泊等，其中多数历史上就是江河洪水淹没和调蓄的场所。尽管蓄滞洪区内已居有大量人口，但其调蓄洪水的作用仍然存在。在没有流域性大洪水的一般年份，蓄滞洪区人民正常种植和收获，当有流域性大洪水发生时，国家为了保护城市和广大平原的农田不受水淹，将对蓄滞洪区进行蓄滞洪水运用，淹没一些蓄滞洪区。如此将给这部分区域内的经济造成一定的损失，即所谓弃小保大。

2. 山区洪水

山区洪水主要是由本地发生强降雨，山区地面和河床坡降较陡，产流和汇流都较快，形成急剧涨落的洪峰。这种洪水若形成固体径流，则称作泥石流。山洪灾害点多面广，具有明显的多发性、突发性和强烈的破坏性，防御难度大，但一般波及范围较小，历时短。我国大部分省（自治区、直辖市）都不同程度地存在着山洪灾害。近些年山洪灾害形成的原因主要有以下几个方面：

（1）为满足灌溉或发电要求，有的山沟河流上游建有一座或多座小水库（小水电站），如果年久维护不利，水库坝体的安全性就会较差。暴雨来时，水位急剧上涨，坝体承受过大的压力，一旦其中一座溃坝，洪水迅速下泄，会形成连锁反应，位于其下游的小水库会被连续冲垮而形成山洪。

（2）农民在山顶、山坡修池塘种水田，山地土层吸水饱和后极易造成滑坡。

（3）土地开发时破坏原始植被，土壤涵养能力降低，暴雨造成水土流失、滑塌。

（4）山沟河道疏浚不力，河床过流能力降低，在同等水量情况下水位被抬高，增加了山洪暴发的危险性。

（5）暴雨使山沟河道树枝、秸秆等杂物积聚，随着洪流下行阻塞桥梁孔洞，或造成桥梁侧向垮塌，或抬高水位引起洪灾。

三、洪水对乡村建筑作用机理与破坏

1. 洪水对房屋作用机理

位于江河流域的村镇在洪水期间一旦被淹，建在其中的房屋就处在水环境中，并受到洪水的作用。洪水对房屋的作用按不同时段和作用特点主要有 6 种作用，即：①蓄滞洪区堤坝决口或上游小水库堤坝决口时的水头冲击作用；②水流冲刷作用；③水流力作用；④蓄滞洪区波浪动水压力作用；⑤洪水浸泡作用；⑥滑坡、塌方、泥石流等地质灾害作用。

1）水头冲击作用

当蓄滞洪区堤坝决口或上游水库堤坝决口时，洪水的冲击作用异常猛烈，试验表明，洪水冲击在房屋墙体上产生的动水压力可达到 15kPa（1.5t/m^2），位于洪峰冲击路线上的房屋大多难以幸免。在没有上游水库堤坝决口情况下，洪水主要是上游大面积降雨汇流产生的，这种情况下一般没有水头冲击作用，主要表现为洪水上涨、漫堤，淹没所流经的区域。

2）水流冲刷作用[3]

洪水的冲刷作用较冲击作用范围大，历时也长，凡是洪水流经之地，特别是在水跌、水流转弯的外侧，对地表都有可能造成破坏。如可引起道路、桥梁、供电和通信线路的破坏。其破坏主要表现在以下几个方面：洪水的冲刷作用掏空路基（图 11-1）；水流夹带的漂浮物堵塞桥涵，使桥梁侧向压力过大而破坏；洪水的冲击与漂浮物的撞击作用使供电、通信杆塔倾覆或折断；横跨主流区的埋地管线也可因洪水冲走覆盖土层，使管线架空受弯断裂（图 11-2）。位于洪水径流区的房屋基础也会受到冲刷破坏（图 11-3）。

3）水流力作用

水流力是具有一定流速的水体作用在水中物体表面（如房屋墙体迎流面）上的水流压力。水流压强与水体的流速有关，且压强与流速成正比，即流速愈大、压强也愈大，而洪水流速又与流域的地势（坡度）、地形、地貌（粗糙度）等有关。

图 11-1　路基被洪水冲坏

图 11-2　埋地管线被洪水冲断

图 11-3　洪水冲刷基础导致房屋墙体破坏

　　山区乡村大多沿山沟小河两岸具有可耕作土地的地方建设，为了不占用耕作土地，房屋大多建在山脚部位，较平坦的地块用作耕地。研究表明，山洪主流区（小河河床）的流速一般在 7m/s 以内，当山洪较大时，洪水漫过河岸，向河流两侧漫溢，直达山脚。由主流区向两侧（除了河流转弯的外侧）水的流速逐步减小，通常可减小到主流区流速的 1/3~1/2。

　　水流槽房屋模型试验表明[4]，水流对房屋的破坏主要是作用在房屋墙体迎流面上的水流力造成的。对于砌体房屋，水流力可使墙体平面外受弯或使墙体平面内受剪破坏；对木结构房屋，在水流力与浮力的共同作用下，可将木结构房屋推倒上浮冲走。

　　4）波浪作用[3]

　　由于蓄滞洪历时较长，短则一个多月，长则 3~4 个月，难免遇到大风天气，此时处在洪水中的房屋就要受到波浪荷载的作用。波浪对房屋的作用主要表现在波浪的动水压力，波浪动水压力的大小与波高、波长以及房屋的尺度、房屋构件迎浪面的尺度等有关。一般而言，波高低、房屋及其构件的尺度小，受到的波浪荷载就小，反之受到的波浪荷载就大。计算表明，在 6~9 级风浪情况下，作用在普通房屋墙面上的波浪动水压力最大可达到 $300~1000kg/m^2$。在这样大的荷载作用下，一般房屋是难以承受的。因此，蓄滞洪期间对房屋危害最大的当属波浪荷载。图 11-4 为被波浪荷载打坏的安徽三合镇中小学教室墙体，

图 11-5 为被波浪荷载破坏的安徽三合镇养老院山墙。

图 11-4　被波浪打坏的教室墙体

图 11-5　被波浪荷载打坏的养老院山墙

5）浸泡作用

洪水过程大多在 3~12h，这期间房屋将浸泡在洪水之中，浸泡能够引起砌体房屋的砌块（主要是生土墙）与黏土砌筑砂浆软化，失去承重能力。实践证明，生土墙体（土坯墙或夯土墙）房屋在洪水中浸泡 2~4h 即可因墙体软化失去承载能力而倒塌。一般来说，非水泥砂浆砌筑的墙体在高水位长时间浸泡后承载力会较大幅度降低，导致房屋破坏甚至倒塌。试验表明，水泥砂浆实心砖砌体具有良好的抗浸泡能力，如砂浆强度等级 M5 的实心砖砌体在浸泡 30 多天后，其抗剪承载能力仅下降 15% 左右。因此，尽管洪水的浸泡作用缓慢，但对于生土房屋和强度较低的黏土砂浆砌体房屋，其危害是严重的。

6）地质灾害（滑坡、塌方、泥石流）

当长时间降雨使山体土壤含水率达到饱和状态时，就容易产生滑坡、塌方、泥石流等地质灾害。地质灾害对房屋的破坏是毁灭性的，大多会将房屋掩埋或冲垮，造成的人员伤亡也最为严重。由于地质灾害预测预报的准确率较低，故防范难度大。

2. 山区洪水对乡村房屋破坏实例

1）黑龙江省宁安市沙兰镇[5]

（1）灾害情况

2005 年 6 月 10 日下午，黑龙江省宁安市沙兰镇上游十几公里突降暴雨，流经沙兰镇的沙兰河平日水量不大（图 11-6），但局部的强降雨大量集中，上游丘陵地带汇流面积大，到达沙兰镇时，仅 30m 宽的河床中水量大、水流急，瞬时槽满外溢。山洪将沙兰镇上游几公里内的枯树枝、秸秆、杂草、枯叶等裹挟冲积到沙兰镇小河沟上游的石墩桥处，堵塞桥洞，水流不畅，使漫堤的水位迅速升高，超过桥面 1m 多，位于河岸低洼处沙兰镇中心小学的水深急涨达到 2m 多。由于小学生的自救能力太弱，尽管大多数躲过灾难，但仍有105 名小学生不幸罹难，其他人员死亡 12 人。

（2）房屋结构类型与破坏情况

沙兰镇除了近几年新建的中小学、卫生院等为三、四层砖混房屋外，其他基本都是一层砖房，也有为数不多的土坯墙房屋。一层砖房墙体用砂泥砌筑，即黏土与砂子各 1/2 左右，现场检测表明，砂泥强度不到 M1（手捻即碎），窗洞上沿设有一道钢筋混凝土圈梁兼做过梁。当地墙面做法为，部分房屋外墙用水泥砂浆勾缝，也有部分房屋外墙用水泥砂浆抹面；内墙面大多用混合砂浆抹面。屋盖的做法大多为密排小断面三角形木屋架，间距约1m，黏土红瓦屋面，近年来也有不少彩钢板屋面。

这次山洪中，沙兰镇为数不多的土坯墙房屋全部倒塌（图11-7），砖墙房屋基本没有破坏倒塌现象。以往洪水灾害调查表明，生土墙房屋墙体在水中浸泡2~4h，就会因生土浸水软化失去承载能力而倒塌，这次山洪历时约3h，生土墙房屋倒塌就不足为奇了。砖墙房屋尽管是用砂泥砌筑的，耐浸泡能力也很弱，但由于内外墙面有水泥砂浆抹面或勾缝，阻止或延缓了洪水的浸入，墙体的承载能力下降不是太多。

图11-6　沙兰河河床宽30m余，但平时水量不大　　　图11-7　房屋建在河滩与山坡上

2）江西省黎川县厚村乡 [5]

大源河是山间的一条小河，河床宽20m余（图11-8），平时河床中有水，清澈见底。大源河流经厚村乡乡域。

（1）灾害情况

1998年6月21日下午5时至22日上午10时，厚村乡及大源河上游突降特大暴雨，不到20h的降雨量达到352mm，为百年一遇的山洪。大源河平日水量不大，但本地及其上游的强降雨大量汇集，上游山区汇流面积大，到达厚村乡焦陂村时，仅20m余宽的河床很快涨满外溢，河边道路淹没水深达1.5m，厚村乡和焦陂村的房屋大多进水。位于大源河右侧的村庄由于地势较高而没有淹水。

大源河左岸的焦陂村是顺河岸呈长条形，前面临河背后靠山，村子前后宽度仅有2~3排房屋，顺地势前低后高，窄的地段仅建有一排房屋。持续的强降雨使山体土壤的含水率饱和，由于山坡较陡，在重力作用下产生山体滑坡（图11-9）。滑坡体冲坏、掩埋房屋多栋，造成46人死亡。

（2）房屋的结构类型与破坏情况

厚村乡焦陂村房屋的结构类型较为复杂。洪水灾害之前主要建有穿斗木构架房屋、空斗砖墙房屋、一层实心砖墙二层空斗砖墙房屋、一层石砌墙二层空斗砖墙房屋、少数土坯墙房屋。洪水灾害过后恢复重建的基本都是240mm实心砖墙房屋，也有少数180mm砖墙房屋。

厚村乡焦陂村砖砌体房屋以两层居多，也有部分单层房屋。穿斗木构架房屋一般为单层。洪水之前房屋的砌筑砂浆一般为黏土泥浆，现场检测表明，砂泥强度不到M1（手捻即碎），部分房屋外墙面采用白灰砂浆作了勾缝处理，也有一些未进行勾缝。

图 11-8 大源河河床宽 20m 余

图 11-9 滑坡冲坏、掩埋多栋房屋的滑坡体

洪水中，除了山体滑坡冲坏、掩埋多栋房屋外，其他房屋的破坏情况大体如下：

①生土墙房屋。由于房屋淹没深度达 1m 多，为数不多的土坯墙房屋全部倒塌。洪水灾害调查表明，生土墙房屋墙体在水中浸泡 2~4h，就会因生土墙浸水软化失去承载能力而倒塌，这次山洪历时十多个小时，生土墙房屋倒塌就在所难免了。

②空斗墙房屋。当地空斗墙的做法是：水平向为一顺一丁，楼层中竖向为一斗到顶，中间没有眠砖。空斗墙中的眠砖起到墙体的拉结作用，加强空斗墙的整体性。空斗墙通常的做法有一斗一眠、二斗一眠、三斗一眠、五斗一眠、七斗一眠、十斗一眠以及在一层楼层中不设眠砖，即所谓全斗（一斗到顶）砌法。在墙体的整体性和抗剪能力方面，按上面的顺序由好到差，即一斗一眠最好，一斗到顶最差。这次洪水中有的空斗墙房屋产生了严重破坏，主要表现为墙体开裂，或因地基被洪水浸泡后产生不均匀沉降导致墙体开裂，有的局部倒塌（图 11-10）。

③穿斗木结构房屋。由于该地区保温要求不高，穿斗木结构房屋的墙体大多用竹篱笆墙，内外抹一层黏土泥浆（图 11-11），或采用木板墙。由于淹没水深较浅，除了竹篱笆墙面黏土泥浆浸泡软化脱落外，一般损坏较轻。

图 11-10 地基浸泡后不均匀沉降墙体局部倒塌

图 11-11 竹篱笆墙内外抹一层黏土泥浆

④底层 240mm 实心砖墙房屋。这类房屋尽管也是黏土泥浆砌筑的，但由于外墙面有白灰砂浆勾缝，内墙面有抹灰层，灰缝泥浆没有浸透，仍有一定的竖向承载能力，故该类房屋基本没有较严重的破坏现象。

⑤其他破坏情况。据黎川县水利局领导和有关专家介绍，由于这次山洪灾害是在黎川县以及相邻市县较大范围内发生的，房屋受灾情况多样，有的山区洪水将木结构房屋冲倒、冲走；有的地方砖墙房屋是被上游下来的漂浮物撞坏的。如大源河桥面两侧的混凝土栏杆就是被漂浮物撞坏的。

四、山区乡村洪水防御对策

洪水灾害的发生、发展到成灾是一个复杂的过程，在目前情况下，人类的活动尚不足以阻止洪灾的发生和发展，但我们可以运用现有的科技手段，采取有针对性的防洪措施，直接或间接影响洪灾过程的历时、灾害程度与灾害范围，达到减轻洪水灾害损失的目的。

国内外对于大江大河这样的流域性防洪，一般采用工程措施与非工程措施相结合的防洪对策。防洪的工程措施，通常是指兴建水库、整治河道、加固堤防、开辟蓄滞洪区等防洪工程建设。非工程措施，通常指洪水水情监测、预警预报、防汛抢险、洪水风险管理、洪水灾害保障以及强制保险等措施。国内外实践证明，采用工程措施与非工程措施相结合的防洪对策是防洪减灾的根本措施，两者缺一不可。

山洪实地调研表明，防御山区乡村洪水灾害也应采取工程措施与非工程措施相结合的防洪对策。山区乡村防洪的工程措施与非工程措施主要是通过防洪规划来体现的。

1. 规范标准建设

（1）《蓄滞洪区建筑工程技术规范》GB 50181—93

规范制定的目的：为实施蓄滞洪计划，保障人民生命财产安全，减少经济损失，统一蓄滞洪区建筑工程技术要求。

规范适用范围：适用于蓄滞洪区建筑工程规划和建筑设计水深不大于 8m 地区的建筑物（构筑物）抗洪设计和施工。

规范主要内容有：建立了蓄滞洪区建筑工程规划的制定原则和建筑物抗洪设防标准；确定了适合我国蓄滞洪区及其运用特点的波浪要素计算方法和计算参数选取原则；提出了符合我国建筑特点和经济情况的房屋建筑波浪荷载计算和抗洪设计的理论和方法；针对建筑材料在洪水浸泡后的物理力学性能变化、蓄滞洪区抗洪经验及房屋建筑在水环境下的工作特点，提出对砖砌体房屋、钢筋混凝土房屋和空旷房屋的抗洪设计方法，制定出房屋建筑抗洪构造措施和建筑设计要求；针对地基土浸泡后的承载力降低和可能出现的不均匀沉降，提出相应的基础设计和地基简易处理方法等。

（2）《洪泛区和蓄滞洪区建筑工程技术标准》GB/T 50181—2018

根据住房和城乡建设部《关于印发 2015 年工程建设标准规范制订、修订计划的通知》（建标 [2014]189 号）的要求，对《蓄滞洪区建筑工程技术规范》GB 50181—93 进行修订。标准编制组经广泛调查研究，认真总结实践经验，参考有关国际标准和国外先进标准，并在广泛征求意见的基础上修订而成。

在标准修订过程中，编制组调查了湖南洞庭湖蓄滞洪区，江西、黑龙江、云南等洪泛区建筑洪水灾害，总结了建筑抗洪防灾实践经验，参考了近年来山区乡村建筑防洪减灾领域科研的成熟成果，开展了洪泛区建筑抗水流作用的设计方法和构造措施等专题研究。同时参考了国外先进技术法规、技术标准，并通过系列试验研究等取得了一系列重要技术参数。

修订目的：为贯彻实行以预防为主的方针，使蓄滞洪区和洪泛区建筑工程经抗洪设防后，减轻建筑的洪水破坏，减少人员伤亡和经济损失。

适用范围：适用于下列地区的砖、石砌体房屋，钢筋混凝土框架房屋和单层空旷房屋的建筑工程规划、设计和施工：

①建筑设计水流速度不大于 3.3m/s，建筑淹没水深不大于 2.5m 的洪泛区；

②建筑设计水深不大于 8m，平均风速不大于 22.6m/s 的蓄滞洪区。

防御目标：按本标准进行抗洪设计的建筑，洪泛区建筑当处于建筑淹没水深、遭受设计流速水流荷载的作用时，蓄滞洪区建筑当处于建筑设计水深、遭受设计风浪荷载作用时，其防御目标是：

①主体结构不受损坏；

②半透空式房屋不需修理或稍加修理可继续使用；

③透空式房屋需要修复可能损坏的围护墙体及其相关部件。

修订的主要内容有：

①扩大了适用范围，将适用范围由蓄滞洪区扩展到洪泛区；②增加了洪泛区房屋抗水流荷载的设计计算与施工；③增加了石砌体承重房屋在墙体厚度、抗洪柱和圈梁设置、抗洪构造措施等规定与要求；④增加了洪泛区在村镇段河流上游村口处设置导流墙以及导流墙结构和构造的规定与要求；⑤增加了附录 E 洪水水流作用计算方法；⑥增加了洪泛区有檩屋盖构件连接规定与要求；⑦为了使用方便，增加了附录 H 部分风级与风速对照表。

因此，在洪泛区和蓄滞洪区建造建筑工程，应按《洪泛区和蓄滞洪区建筑工程技术标准》GB/T 50181 进行设计与施工，以保障人民生命和财产安全。

2. 建筑材料强度要求

洪泛区和蓄滞洪区的建筑材料要求如下：

（1）砖、石砌体基础应采用水泥砂浆砌筑，砌块强度等级不宜低于 MU10，水泥砂浆强度等级不宜低于 M10，台阶宽高比的允许值不宜小于 1：1.5。

（2）近水面安全层及以下各层砖砌承重墙体应采用烧结普通砖水泥砂浆实心砌筑，砖强度等级不应小于 MU10；

（3）砖、石墙体的砌筑砂浆强度等级，近水面安全层及以下各层不应小于 M10，近水面安全层以上各层不应小于 M5；

（4）严禁使用生土墙和空斗墙作为承重墙体。

3. 工程措施

乡村防洪的工程措施，除了山沟小河上游小水库的坝体加固工程量较大外，其他工程措施均为投资少见效快的简单工程。

（1）加固水库坝体

山沟小河的上游若建有小水库，对建设年代较久的就应对其进行防洪风险评估，即需要进行库容蓄洪能力和坝体抗洪能力的鉴定工作，如果经鉴定需要对坝体加固时，就应按相关的技术标准采取加固措施，以保证水库坝体具有与设计能力相符合的安全性。

（2）疏浚河道

河道是洪水流经的主流通道，河道的截面积愈大，过流的能力愈强。河道淤积后，过流能力减弱，在同样水体情况下，水位就会被抬高，洪水漫过河床，将导致淹没区扩大。因此，对于多年疏于管理的山沟小河道，应进行适时疏通工作。

（3）清除杂物

山区小河沟流域两侧有草木植被，每年都有干枝枯叶落地；丘陵地区河沟两侧大多为农田，每年也有大量秸秆禾叶。应组织人员定期对河床与径流区域内的树枝、杂草进行清理，以免堵塞村庄中的桥涵孔洞，抬高水位。清理范围可参考历史最高水位所淹没的区域。

（4）砌筑导流墙

对遭遇山洪袭击频率较高的乡村，可在上游村边处砌筑导流墙，以疏导洪水的流向，将洪水导向主流区，以避开山洪水头的直接冲击（图 11-12）。导流墙可采用石砌或砖砌，厚度不宜小于 1000mm，导流墙的纵向与小河（或村路）的夹角宜在 45°左右并向下游主流区倾斜，砌筑砂浆的强度等级不应低于 M7.5，表面应采用 M10 砂浆勾缝或抹面。该措施投资不多，却能收到很好的效果。如云南禄丰县黑井镇在上游东侧用块石砌筑了一道导流堰，将洪水与泥石流疏导入河床主流方向，该导流堰历经数百年，现仍完好无损，继续发挥作用，镇的河东一侧再也未受到洪水的侵害。

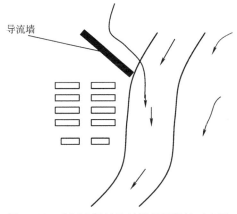

图 11-12　小河上游村头处设置导流墙示意图

（5）避洪场所

避洪场所可根据淹没水深、人口密度、蓄滞洪概率等条件，选用避洪房屋、安全区、安全台和避水台等。不得破坏当地已有的高岗、高地、旧堤等临时避洪场所。

（6）种植树木

在位于山坡池塘的下沿种植树木，可起到固土作用，避免暴雨激流冲坏池塘酿成泥石流或滑坡。在山区村庄上游小河沟两侧种植一定宽度的林带，洪水来时可阻挡枯枝杂草，使洪水顺利通过村庄段的河沟。

4.非工程措施

由于山区乡村洪水具有波及范围较小、历时短的特点，山区乡村防洪的非工程措施也较江河流域的非工程措施要简单、投资少、见效快、易于实施。主要可采取以下措施：

（1）迁移

对受山洪威胁频率大，受灾严重的乡村，专业技术部门进行经济、技术充分论证。对经论证认为已不适合继续居住的村庄，应采取搬迁措施。对于有条件的村庄，可通过规划确定适宜的建设场地，逐步向地势较高的场地迁移。

（2）保护

所谓保护，就是对弱势群体集中、受淹后经济损失大的建筑工程等采取防洪保护措施，使其免受洪水的袭击。

①弱势群体的保护

弱势群体主要包括中小学、幼儿园、敬（养）老院等。弱势群体的避洪意识、行为能力、自救能力非常弱，因此应把这些单位的房屋建造在洪水影响不到的地势较高处。

②生命线工程的保护

乡村的生命线工程主要包括，乡镇的变电站（室）、邮电（通信）室、粮库、卫生院

（医务室）、广播站等生命线系统的关键部位；村庄落地式变压器、广播室等。生命线工程在洪水前后和洪水期间的作用很大，一旦被淹破坏停止运行，将对乡村人们的生活和生产造成严重损失和不便。因此应将生命线工程设置在洪水影响不到的高处。

③受淹经济损失大的项目

受淹经济损失大的项目主要包括室内财产较多的商店、仓库等，也需要将它们设置在洪水影响不到的高处。

（3）设置避洪场所

避洪场所主要有堤坝、围埝、避水台、避洪房屋、避洪杆架等。由于山区洪水历时短，大多几个小时即可过去，因此，在山洪来临之前可将农机具、牲畜等放置在堤坝、围埝、避水台之上临时躲避。避洪房屋是指经过抗洪设计，能抵抗当地设计洪水的公共房屋，要求为平顶，能够在应急时供人们躲避洪水用。避洪杆架是指在房前屋后搭建的木架或在高干树木上搭设的木架，平时可以用来放置杂物，洪水来时可在紧急时上去避洪。

（4）种植高干树木

在房前屋后栽种一定数量的高干树木，平时不仅可遮阳乘凉，在山洪来时，一是可阻挡洪水中杂物对房屋的冲撞，保护房屋；二是在紧急时可上去临时躲避洪水。

（5）建立通信报警联系

由于山洪的突发性强，监测难度大，多数村民恐怕难以在第一时间知道洪水情况，往往是知道时为时已晚，已陷入洪水的威胁之中，难以迅速组织自救和疏散。因此应建立乡村防洪通信联系手段。通信联系可有多种手段，其中最重要的应属乡村中的高音广播喇叭，声音传播远，覆盖面大。其二是利用现代无线通信技术（如手机）进行通知。总之，对第一时间知道洪水情况的乡村政府，必须能传达到每户家庭，并应及时告知村、镇区域内的每个人。

参考文献

[1] 赵建平. 山洪命题的科学求证. 中国水利报，2005-6-18.

[2] 马建华，胡维忠. 山洪防治：从矛盾中找出路. 中国水利报，2005-6-18.

[3] 葛学礼，朱立新，李永红，等. 蓄滞洪区建筑的洪水作用、抗洪设计原则与基本规定. 建筑知识，1999（2）.

[4] 于文，葛学礼，朱立新，等. 山区乡村房屋模型水流作用试验. 北京交通大学学报，2011（2）：24-27.

[5] 葛学礼，朱立新，于文. 丘陵地区山洪灾害分析与防洪减灾建议. 中国应急管理，2009（9）.

12　对第一次全国自然灾害综合风险普查及其中房屋建筑等承灾体调查的认识和理解

汪　明
第一次全国自然灾害综合风险普查技术组召集人
北京师范大学 应急管理部、教育部减灾与应急管理研究院教授

一、普查开展的背景与目标

2018 年 10 月 10 日，习近平总书记主持召开中央财经委员会第三次会议发表重要讲话，就提高我国自然灾害防治能力提出总体要求、基本原则，明确重点工程，提出要实施自然灾害风险调查和重点隐患排查工程，掌握风险隐患底数。

2020 年 6 月 8 日，国务院办公厅印发《关于开展第一次全国自然灾害综合风险普查的通知》，这次普查是一项重大的国情国力调查，是提升自然灾害防治能力的基础性工作。

第一次全国灾害风险普查明确了三个基本目标：一是摸清全国自然灾害风险隐患底数，二是查明重点区域抗灾能力，三是客观认识全国和各地区自然灾害综合风险水平。

在以往的自然灾害防治和风险防范的工作中，一些问题较为突出。例如，重救灾，轻防灾；重单一灾害管理，轻综合灾害管理；重灾后减少损失，轻灾前防范化解风险。《中共中央 国务院关于推进防灾减灾救灾体制机制改革的意见》中明确了"两个坚持"和"三个转变"，正是针对这些问题而提出的努力方向，即：需要科学把握灾害孕育、发生和发展的规律，将防灾减灾关口前移；需要基于对灾害隐患和风险底数的正确认识，将减轻灾害风险的思路贯穿防灾减灾救灾的全过程。

随着我们对自然灾害认识的不断加深，越来越强调自然灾害的综合应对，也就是习近平总书记提出的从单一灾害应对向综合减灾转变。首先，以前我国很多部门开展的与自然灾害相关的调查，大多是从单一灾害的角度，或是风险的单个或几个要素的角度进行的，无法满足综合防灾减灾的要求。其次，以前有些科学研究在探索综合灾害风险研究的问题，但是缺乏系统性、多灾种、全要素的数据信息。这次普查有很多个第一次：第一次进行风险全要素的调查，第一次对主要灾种全面调查，第一次对全国房屋等承灾体全面调查，第一次对全国减灾资源和能力全面调查。正是普查要素的全面和完整，并开展科学的评估和区划工作，才能实现普查最初的三个目标：摸清底数、查明能力、认识风险。

二、房屋建筑等承灾体调查是普查的重要内容

第一次全国自然灾害综合风险普查涉及地震灾害、地质灾害、气象灾害、水旱灾害、海洋灾害、森林和草原火灾等主要灾害种类，这些灾害都有着各自孕育和发生的自然因素。自然灾害的起因可能是自然因素，但是，最终形成灾害对生命财产和经济社会造成损失和

影响，却不仅仅是自然因素。从历次重特大自然灾害的调查评估中，我们不难看出，小灾大害和大灾小害的区别，往往在于非自然因素的差异，这其中，房屋和基础设施的抗灾能力往往起着决定性的作用。

（一）第一次全国自然灾害综合风险普查的亮点之一就是对全国城乡居民房屋进行全面调查。

普查中需要摸清楚底数的重要内容之一是承灾体的底数，即可能承受自然灾害打击的对象情况，我们常说的房屋建筑、基础设施、人口经济、资源与环境等，都是承灾体需要调查的对象。这其中，人口、经济、资源等信息在历次人口普查、经济普查、地理国情普查中有所涉及，而房屋建筑和基础设施还没有进行过全面的调查。从技术上来说，不仅要掌握房屋建筑和基础设施的数量，更要将它们的地理空间信息进行定点定位，同时，赋予必要的跟灾害风险相关的属性，如建筑物的结构类型、建筑年代、公共设施中的常规人数以及应急处置设施情况等。这次普查也将首次形成一套具备准确空间信息的完整房屋建筑和基础设施数据库。

（二）通过历史灾害调查还原房屋建筑等承灾体损失特征，构建不同尺度下的承灾体脆弱性模型。

这次普查将对历史灾害情况进行全面调查，特别是1978年以来我国各县级行政区的历史自然灾害事件，以及1949年以来重大自然灾害事件的调查，通过回溯灾害事件，利用各部门记录记载的灾害数据资料，构建起要素完整、内容翔实、数据规范的灾害数据集。之所以以灾害事件为对象进行调查，就是要将每场灾害的损失和影响尽可能调查清楚，特别是其中房屋建筑、基础设施这些构成承灾体主要损失的主体，尽量真实还原，掌握不同类型的自然灾害对这些承灾体造成损失的特征。根据历史灾害的样本量和分布特点，在不同尺度单元内构建典型承灾体的脆弱性模型，这也是为实现灾害风险的定量化评估迈出的坚实一步。

（三）通过重点隐患调查与评估识别出房屋建筑等承灾体的隐患分布，实现对承灾体重点隐患的分区分类分级管理。

这次普查针对重点隐患进行调查和评估，特别是针对主要承灾体的隐患进行分级分类。这里的隐患调查和评估不仅针对地震灾害、地质灾害、洪水灾害、海洋灾害、森林和草原火灾等主要灾种开展，还拓展至因自然灾害引发的次生生产安全事故，涉及次生危化事故、次生煤矿生产安全事故、次生非煤矿山生产安全事故、次生核与辐射安全事故。在隐患调查和评估中，一是要对承灾体所处自然灾害高暴露性或高危险性进行调查评估，主要涉及承灾体所处的地理环境特征，如地处山区极易遭受山洪侵袭的集镇，地处高危险活动断层的房屋建筑等；二是要对承灾体自身高脆弱性、设防不足或不达标进行调查评估，特别是集中成片的老旧房屋，在自然灾害作用下极易造成重大人员伤亡；三是要对一些自身承载重要功能和意义或经济价值特别巨大的房屋建筑和基础设施进行调查评估，存在一旦出现损毁将对社会造成重大负面影响的隐患；四是要对可能由于次生灾害对房屋建筑等承灾体形成重大威胁的隐患进行调查评估，识别可能由于自然灾害 - 生产事故灾害链可能波及的承灾体隐患。

（四）通过对房屋建筑等主要承灾体进行单灾种和多灾种的风险评估，客观认识各级行政区的风险水平和空间格局。

这次普查将对地震灾害、地质灾害、洪水灾害、海洋灾害、森林和草原火灾等主要灾种的风险进行评估，房屋建筑和基础设施是重要的评估对象，既涉及各单一灾害对承灾体的风险评估，也涉及针对某一类型承灾体（如房屋建筑）在指定评估单元上的多灾种综合风险评估。从单灾种风险到多灾种综合风险的完整评估也是这次普查的一大特色，更有利于我们从不同角度认识全国各地不同尺度下的风险特征。

三、技术进步对普查的积极作用

这次普查的开展也是建立在近二十年我国涉灾相关部门灾害科学技术和业务能力上的长足进步。

第一，这次普查将实现所有调查要素的空间化，包括房屋建筑承灾体在内的所有要素（致灾孕灾要素、承灾体要素、历史灾害要素、减灾能力要素等）都将具备空间属性，实现空间的定点定位。这得益于近些年地理信息系统技术的发展，以及各行各业基于这项技术的信息化和业务化工作开展，使得普查从准备到实施再到成果展示，具备在同一底图和统一的地理信息平台上实现的可能。

第二，遥感技术的发展，使得普查能够充分运用高分辨率的遥感影像，这对于我们确定建筑物轮廓、核查承灾体对象、识别隐患等都能起到关键作用。

第三，地震、地质、水利、海洋等涉灾领域专业勘探勘察等技术进步也使得相应调查工作效率提升，住建、交通、环境等部门开展的大量调查评估工作积累了丰富的数据和经验。

第四，灾害风险领域的灾害模拟、风险评估等技术近些年有了长足进步，灾害致灾孕灾因素的分析建模更为精准，风险评估的方法更趋于科学严谨，展现形式更丰富多样，也便于管理者和公众的理解。

最后，云计算和互联网技术发展，也使得普查的内业和外业调查趋于同步，效率极大提升，任务分配、数据核查、成果汇交等都能在云端完成，移动端 App 的使用也将极大提升这次普查的效率和效果。

四、结语

第一次全国自然灾害风险普查覆盖的灾害种类多、涉及部门多、成果形式丰富、任务综合性极强，因而在组织实施上进行了全面统筹。涉及各种自然灾害的调查，就离不开多部门的参与，不仅是水利、气象、地质、海洋等主要灾害的管理部门，还包括住建、交通、环境等管理承灾体的部门，当然，应急管理部门除承担牵头组织任务外，还在历史灾害调查、部分承灾体调查、减灾资源和能力调查、综合隐患评估、综合风险评估和区划等方面承担任务。这次普查构建了一个自然灾害综合风险调查评估的大框架，相关部门一定程度上在这个框架下开展普查工作。需要说明的是，普查工作并不替代各部门原本开展的常态化灾害防治和隐患排查工作，普查还是围绕"摸清底数、查明能力、认识风险"的目标，遵循相对统一的技术体系，在国务院第一次全国自然灾害综合风险普查领导小组和相关机构的组织和统筹下，多部门一起推动完成普查任务。

这次普查将会对未来全国自然灾害防治和应急管理工作产生积极影响。一是形成一套全面的共享数据、一套认识灾害风险的科学技术体系和一系列丰富的普查成果，这也将推动中央和地方应急管理工作创新；二是建立起全社会全民对灾害风险的正确认识，提升风险意识；三是在普查过程中锻炼出一支知晓灾害风险、具备相应技术技能的专业队伍。普查成果将为我国社会经济可持续发展的科学布局和功能区划提供科学依据，也将为我国开展防灾减灾救灾、综合风险防范、自然灾害防治等工作提供根本支撑。

13 新时代智慧消防建设思考与平台框架设计

王大鹏 蔚世鹏 王 楠
（中国建筑科学研究院 北京 100013）

引言

互联网技术迅速发展，智慧消防等顺应时代的发展模式被人们所关注并认可[1]。信息技术渗透到社会生活的方方面面，移动信息技术、地图定位技术、网络传输技术、大数据、云计算、火警智能研判、物联网、手机 App 开发等技术日益成熟，智慧消防的建设也随着科学技术的不断发展而日益完善。从中央到地方各级政府均提出了新时代消防建设的新要求，消防建设要在大数据、云计算等的信息技术支持下，实现消防业务信息化[2]、灭火救援智能化[3]，提升传统消防工作效果，实现传统消防业务转型升级，将隐患消灭在萌芽状态[4]。为了实现此目标，智慧消防建设备受关注，但是怎样建设好智慧消防，依然是当下重点研究的课题。

一、当前智慧消防建设面临主要问题及发展趋势

智慧消防建设经过多年的探索与实践，在取得一定成绩的同时，逐渐显现在标准化、智慧化方面的不足[5]，在精准防控、协同共治、服务实战、服务民生、多方融合方面还有诸多需要解决的问题。

（1）软件开发层面。智慧消防建设缺少统一规划，协议标准不统一，应用软件不能互联互通，大量数据冗余；在不同系统中，信息资源未得到有效整合，利用率不高，在执法监督、灭火救援时缺乏信息支撑。有些地方调查研究不够，盲目推动"多功能性消防软件"开发，重复建设，未从根本上解决软件通用和兼用问题。

（2）设备使用层面。我国市场上在流通、使用的火灾报警器和消防联动设备品牌、型号各不相同，甚至同一厂家不同批次的通信协议不统一，软件和硬件对接困难，传输格式不一致，系统集成度低，兼容性差，阻碍消防信息标准化建设。

（3）数据利用层面。数据处理系统独立分散，收集的数据储存在不同处理系统当中，相互之间关联性较差，存在信息壁垒、信息孤岛现象，跨应用软件的数据调用不便，难以分析利用，可用价值小，有些数据采集人工录入，缺乏时效性、准确性，甚至有的数据存在虚假、过期现象，数据立法迟缓。

（4）外部对接层面。有些消防应用软件模块之间缺乏信息联通，数据处理不能纵向贯通、横向交换，不同层级的数据在打通共享通道，并与消防平台兼容过程中面临许多结构性障碍，有些消防救援部门未与公安、交通、供水等部门建成信息联动机制，灭火救援等数据分析与决策有时陷入困境，有些消防物联网企业以商业利益为最高目标，制约着消防信息化发展。

在未来，智慧消防应充分运用大数据、云计算、移动互联网、地理信息等技术，坚持以数据建设为根本[6]，在此基础上逐步开发数据挖掘与软件应用，集中精力做好数据汇集、数据清洗与沉淀[7]，推进智慧消防工作；要实现最终的"智慧"目标，应统一数据标准，实现多源数据汇聚，消除网络壁垒、行业壁垒，用数据分析研判、预知预警、辅助决策、指导实战，加强数据汇聚、数据共享、数据应用等方面[8]，实现消防安全信息网上录入、巡查流程网上管理、检查活动网上监督、整改质量网上考评、安全形势网上研判[9]。

二、智慧消防建设原则

智慧消防平台应按照"纵向贯通、横向交换"的原则，统一数据标准、规范数据来源[10]，建立考核标准、奖惩制度，对消防内部、外部数据资源进行汇聚和挖掘分析，建成高集成、高智能、高效率、高稳定性，同时战略规划与智慧城市建设各个系统之间应实现数据互联互通、系统整体联动[11]。结合实际，笔者提出"智慧消防"建设与发展十大原则，如下：

（1）严格遵守国家标准原则。智慧消防建设严格按照国标《城市消防远程监控系统技术规范》GB 50440—2007、《建筑消防设施维护管理》GB 25201—2010以及其他建筑防火、建筑消防设施的设计、建设和验收规范。

（2）系统网络化监控与优化的原则。目前，国内许多大型的消防控制系统仍然处于分散报警阶段，没有统一的消防管理。无法完成消防设备管理、消防报警管理、安全防范管理等功能，同时，不能很好地对设备报警情况和工作状态进行有效的监控，关键原因在于技术水平低、系统化程度低。我们要求的系统已不再是过去意义上的封闭式单功能的火灾报警系统和单纯的自动消防系统，而是一个开放式的跨区域计算机综合自动化控制管理系统，为人们的生命财产安全真正起到保驾护航的作用。

（3）系统的先进性原则。系统采用的物联网技术、报警联网控制技术、远程视频监控技术以及网络通信技术均为目前正在蓬勃发展的技术，并具有成熟的应用经验，这些技术的采用能够保证火灾的早期预报、快速响应和有效控制。

（4）开放共享原则。智慧消防平台的建设要建立内外共建的格局，提供数据质量管理功能，制定各种数据质量检测规则，对数据交换流转过程进行实时监控，对照统一的数据交换标准进行清洗转换，以整合到统一的信息资源共享库。

（5）经济适用原则。以满足实际应用为原则、坚持先进、兼容传统，实现系统集成、系统互联、资源整合与数据共享。把实用性放在第一位，可边建设边试用边调整，把系统建设成"实用工程"。系统应具有良好的兼容性和可扩展性，便于用户对系统的扩展和升级。在产品选用方面，按照可靠、适用、适度、适当的原则进行配置，在保证系统安全可靠的前提下，保证系统具有高的性能价格比，充分保证入网业主和投资方的利益。

（6）数据安全原则。网络环境下的信息传输和数据存储应注重安全，以保障系统网络的安全可靠性，避免遭到恶意攻击及出现数据被非法提取的现象。

（7）可扩展原则。现阶段的消防管理工作平台还处在一个发展阶段，建设智慧消防平台是一个持续性的过程，消防系统在设计的同时，一定要为后期的发展留出可拓展的空间，系统容量应该有可持续发展的考虑。

（8）易操作原则。应遵循以人为本的设计理念，适应多功能、外向型的需求，对于来自内外的各种信息可进行便捷的收集、处理、存储、传输、检索、查询，为实际使用者和管理者提供有效的信息服务的同时，为用户和管理人员提供安全、舒适、方便、快捷、高效、节约的操作流程和应用环境。

（9）先进性原则。系统的架构和技术应符合高新技术的发展趋势，在满足功能的前提下，系统的网络平台、硬件平台、系统软件平台技术应代表当今计算机技术发展的方向，并经实践证明具有很强的实用性，能够保证火灾的早期预报、快速响应和有效控制并符合当今计算机科学的发展潮流。系统各平台提供二次开发接口，应保证各项技术可以不断地更新和升级以维持系统的先进性。

（10）标准化原则。系统的标准化程度越高、开放性越好，系统的生命周期越长。系统的控制协议、传输协议、接口协议、视音频编解码、视音频文件格式等均应符合相关国家标准或行业标准的规定，实现数据的标准采集、处理、管理、调度等全自动化管理流程。

三、智慧消防系统框架设计

针对当前对市场多系统接口不一和多用户差异化需求的现状[12]，提出插件化智慧消防平台架构，初步架构为一个平台、四大系统、九项应用的消防业务综合应用平台。该平台打破当前软件应用受到的硬件接入局限性，开放平台接口，新开发的功能以插件的形式给出，最大限度地展开功能扩展。

1.一个平台

主要解决消防大数据汇总、处理、互联互通和数据分析的问题，充分整合、管理各层的消防数据，通过建设消防大数据平台，可以解决消防数据目前存在数据少、数据死、数据壁垒等问题。

2.四大系统

四大系统包括"智慧火灾预防系统""应急救援调度系统""综合战勤保障系统""公众消防服务系统"，涵盖了"防、战、训、宣"四项主要工作，是智慧消防平台的组成要件，同时也是消防管理信息化建设的核心。四大系统涵盖了九项应用，解决消防工作在不同领域、不同方向上的问题，这些应用既彼此独立，又相互配合，同时其数据共建于实战指挥大数据中心之上，可有效实现业务层面的互联互通和数据层面的有效复用。其四大系统分别指：

（1）智慧火灾预防系统

智慧火灾预防系统依托大数据技术、物联网技术实现对消防重点部位主要消防设施运行状态远程监控，依靠户籍化管理的数据积累实现对重点部位与重点岗位的监督管理，依靠开放的软件端口实现防火监督方面的共管共治。智慧火灾预防系统可能涉及以下一些子系统：消防资源规划系统、消防户籍化管理系统、消防安全监督管理系统、消防设施监测系统、消防移动巡检系统、消防物联网综合管理系统、统一视频监控系统、危险源监测系统、重点部位监控系统、消防安全智能预警系统等。

（2）智慧应急调度系统

智慧应急调度系统依托有线、无线、卫星等指挥网络，以PGIS平台为基础，可实现火警地点的智能定位，自动将火场周边视频切换至指挥中心大屏，GIS地图可显示火场周边各类可用消防力量和设施的分布；指挥中心可参照着火部位的数字化灭火预案，一键调集最近的先期处置力量和后期增援力量，与各处置单位实现实时多向通信，对火场动态、战斗员生命体征、水枪阵地布局进行动态管控，实现扁平化指挥、高效化处置。智慧应急调度系统可能包括以下子系统：可视化智慧防控指挥管理平台、4G单兵作战平台、消防移动指挥平台、智能定位平台、车辆智能导航系统、绿波疏导系统、数字化应急预案系统等。

（3）综合战勤保障系统

综合战勤保障系统包含队伍管理功能、装备管理功能和作战训练功能，可将消防员的作战训练情况、消防装备的生命周期及完好情况、可用消防力量的数量及分布情况纳入统一管理，通过完善的基础数据记录，支撑整个智慧作战系统的运作。综合战勤保障系统可能包含以下子系统：消防车辆管理系统、作战装备及生命周期管理系统、灭火药剂管理系统、VR 视觉模拟训练系统、电子沙盘推演及战评总结系统、消防战士训练系统、微型消防站管理系统和队伍正规化管理系统等。

（4）公众消防服务系统

公众消防服务系统是大兴机场消防部门对外提供消防安全宣传和消防服务的平台，可直接建设在互联网平台之上，更进一步实现政务公开和资源共享，提升人员消防意识。公众消防服务系统可能包括消防服务网站、消防微博和微信公众平台及消防宣传培训系统等。

3. 新技术运用

智慧消防建设还处于发展阶段，笔者认为智慧消防建设不仅仅包含物联网数据感知以及感知数据的简单应用，应结合火灾方向专业数据分析算法，开发出一系列火灾发生、发展以及蔓延的分析计算模块，实现精准预测、智能疏散以及科学规划。目前火灾风险评估技术、烟气流动分析技术、疏散模拟分析技术、火灾区域蔓延分析技术、三维地图技术、BIM 技术、数据挖掘技术、图像识别技术等都取得新的突破且已经在实际中应用。在智慧消防建设中，应该在战略规划层面保证新设备、新技术、新应用现状和趋势高度契合，结合消防专业分析模型，保持智慧消防系统的先进性。

四、结论

智慧消防是与智慧城市建设互相匹配的环节，是智慧城市建设中的重要部分。通过消防设备、物联网、大数据、人工智能等技术，加强"消防产品＋物联网＋数据技术"的融合，推行"网格化、准确化、精细化"的管理理念，建立人、地、物、事、组织协同联动机制，让整个火灾预防、发现、扑灭形成闭环，促进信息化技术与消防工作结合发展，提升灭火救援作战能力、突破现有消防监督检查工作瓶颈，实现被动消防向主动消防转变、火灾驱动向风险驱动转变，做到全流程可追溯。科学发展消防执行与监管能力，智能分析消防监控数据，及时评价工作的执行状况，提高防患于未然的能力，提升政策执行能力和决策水平，使安全隐患无处逃遁。解决政府、行业、企业的痛点、盲点问题，形成户籍化、网格化、标准化、痕迹化的大数据分析，提高监管效率，有效解决"有限警力难以承担无限责任"的问题，有效降低火灾对经济发展和百姓生产生活带来的损失，有效提升老百姓体验和获得感。

参考文献

[1] 石慧刚 . 基于物联网技术的智慧消防建设探讨 [J]. 消防界：电子版，2019（18）.

[2] 李强 . 从业务应用和数据应用的关系把握当前消防信息化建设 [J]. 武警学院学报，2018，34（6）：82-85.

[3] 李栋，张云明 . 智慧消防的发展与研究现状 [J]. 软件工程与应用，2019，8（2）：52-57.

[4] 徐丹丹 . 智慧消防创新技术应用浅析 [J]. 科学与信息化，2019（18）：9-10.

[5] 刘洪杨，王欢，唐雪萍，等 . 新时代智慧社区建设与服务标准化问题研究：以烟台市为例 [J]. 中外企业家，2018，609（19）：237-238.

[6] 梁家溪 . 智慧消防应用中多设备联动火灾报警系统 [J]. 电子技术与软件工程，2018（12）：79-80.

[7] 邓志明 . 基于物联网的智慧消防服务云平台 [J]. 江西化工，2017（3）：225-227.

[8] 李国生 . 智慧消防平台建设探讨 [J]. 消防科学与技术，2018，37（5）：116-119.

[9] 李园园 . 智慧消防系统监控分机软件的设计与实现 [D]. 重庆邮电大学 .

[10] 陈蕾，季良丹，杨敏红 . 基于电网大数据质量标准化的主配网一体化故障检测技术研究及应用 [J]. 中国科技纵横，2019.

[11] 许彬彬 . 淮安市智慧城市建设的对策研究 [D]. 华东政法大学，2016.

[12] 朱蕾，张妙双 . 插件化平台在智慧消防中的应用 [J]. 消防界：电子版 .2018.

14 高烈度区高层隔震结构研究新进展与应用

李爱群[1, 2, 3]　解琳琳[1, 2]　曾德民[1, 2]　杨参天[1, 2, 3]　刘立德[1, 2]
(1. 北京未来城市设计高精尖创新中心　北京100044；
2. 北京建筑大学土木与交通工程学院　北京100044；
3. 东南大学土木工程学院　南京210096)

引言

近年来，功能可恢复已逐渐成为地震工程领域的研究热点。隔震技术是实现高烈度区高层结构震后功能可恢复的重要手段。研究团队完成了高烈度区高层隔震建筑群的工程设计实践，并以此为基础，针对高烈度区高层隔震结构相关的关键问题开展了系列研究。

该高层建筑群位于高烈度近断层地区，设计中需引入近断层系数以考虑近断层影响，若采用传统抗震设计方案，设计难度大，且使用性和经济性难以满足需求。为了提升建筑群的安全性、使用性和经济性，研究团队采用基础隔震技术完成了该高层建筑群的隔震设计。

地震作用下，关键工程需求参数（主要包括上部结构最大层间位移角 $MIDR$、顶层最大位移 MRD 和楼面最大加速度 MFA 以及最大隔震层位移 MBD）是评价该类结构是否满足功能可恢复需求的重要指标。合理的地震动强度指标是预测结构响应和评价结构地震功能可恢复能力的重要基础。目前，地震动强度指标研究多针对框架结构，高层结构和超高层结构，针对隔震结构的研究则相对较少。不同于框架结构，高层结构与多层结构的结构响应特性存在显著差异，因此适用于高层隔震结构的地震动强度指标的研究具有重要意义，研究团队针对这一问题开展了相关研究。

传统的隔震结构设计方法主要通过反复迭代确定上部结构周期和隔震层布置方案。这使得传统方法虽然流程清晰，但需要反复迭代，导致设计周期长、效率低。研究团队针对上述问题，提出了相应的解决方法，并提出了适用于高烈度区 RC 框架—核心筒高层隔震结构的高效设计方法。

本文简要介绍了研究团队完成的隔震建筑群设计案例，以及针对高烈度区高层隔震结构相关的关键问题开展的系列研究。

一、高烈度区高层隔震建筑群设计

该建筑群抗震设防烈度为 8 度 (0.30g)，场地类别为Ⅲ类场地，设计地震分组为第二组，断层距 7.5km，考虑近断层影响，专家委员会建议近场影响系数为 1.25。建筑群包括 29 栋 RC 高层隔震结构，其中 10 栋采用框架—核心筒结构体系，13 栋采用框架—剪力墙结构体系、6 栋采用剪力墙结构体系。结构地上部分层数为 17~22 层，高度为 61.5~79.2m,

图 14-1 高烈度区高层隔震建筑群

地下部分层数为 3~5 层，深度为 10.4~19.6 m。高宽比为 1.91~3.69（图 14-1）。

对于该建筑群的高层隔震结构，若采用传统的 ±0 隔震方案，难以满足建筑使用功能需求；若整体结构在地下室基础底部隔震，由于设计地震力较大，控制支座拉应力将超过 1 MPa，设计难度大。因此，本研究团队提出了局部地下室下沉隔震方案并获得专家委员会认可。具体而言，剪力墙或核心筒部分下沉至地下室底部隔震，而框架在 ±0 处隔震。为控制隔震层的位移响应满足隔震沟宽度要求（600mm），上述结构在隔震层中均设置了多个黏滞阻尼器。典型案例 C1、B1 和 D6 的隔震布置方案如图 14-2 所示。

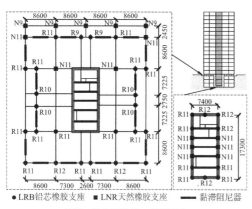

(a) 框架—核心筒结构C1隔震方案

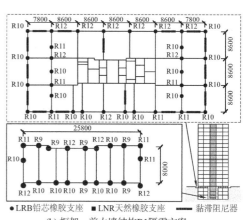

(b) 框架—剪力墙结构B1隔震方案

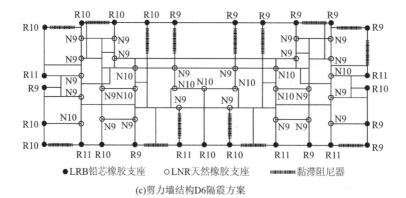

(c)剪力墙结构D6隔震方案

图 14-2 典型楼型隔震方案

经设计，各高层隔震结构均通过了隔震层恢复力、抗风、偏心率验算和罕遇地震下结构整体抗倾覆验算，支座长期面压、减震系数罕遇地震下支座位移和极值面压均满足相关规范要求。典型案例 C1、B1 和 D6 的关键指标见表 14-1，从表中可以看出原型结构设计方案可满足各项要求。

典型楼型隔震设计相关关键指标　　　　　　　　　　表 14-1

楼型	C1	G1	D6
高度（m）	79.2	78.9	70.4
高宽比	2.3	3.06	3.69
隔震前周期（s）	1.585	1.673	1.562
隔震后周期（s）	4.44	4.274	3.876
减震系数	0.37	0.36	0.37
支座大震位移（mm）	429	429	444

二、高层隔震建筑地震动强度指标

1. 分析关键内容简介

基于实际工程案例，考虑 2 种常见的高层结构体系（包括框架—核心筒结构和框架—剪力墙结构）、2 个不同的结构高度、2 种常见的隔震设计方案和 6 种屈重比，形成了 48 个高层隔震结构案例，用于研究适用于该类结构的地震动强度指标。

选取了 59 条脉冲型地震动和 80 条非脉冲型地震动，采用云分析方法研究适用于该类结构的地震动强度指标。本研究评估了 25 个已有地震动强度指标与 4 个关键工程需求参数（MIDR、MRD、MFA 和 MBD）的相关性。

2. 地震动强度指标相关性评价

工程需求参数（EDP）与地震动强度指标（IM）之间近似满足指数关系，其关系式形式如式（1）所示。

$$EDP = a \cdot (IM)^b \tag{1}$$

式中：a 和 b 是目标回归系数。对上式做自然对数变换，可变换成式（2）所示的对数线性关系式。

$$\ln(EDP) = \ln(a) + b \cdot \ln(IM) \tag{2}$$

由于式（2）满足古典的线性回归模型，可采用最小二乘原理对云分析获得的 n 个离散点（EDP_i，IM_i）进行回归分析，进而获得 $\ln(EDP)$ 与 $\ln(IM)$ 的相关性系数 ρ。

对建立的 48 个高层隔震结构案例进行 139 条地震动下的云分析，获得框架—核心筒高层结构和框架—剪力墙高层结构各 IM 与各 EDP 的相关性系数 ρ，其范围分别如图 14-3 和图 14-4 所示。可见，综合考虑不同的高层结构类型、不同的结构高度、不同的隔震设计方案和不同的屈重比时，对于每一个工程需求参数，显然分别存在与其相关性良好的地震动强度指标。具体而言：

（1）MBD：14 个地震动强度指标与 MBD 具有良好的相关性，其中与结构动力特性相关的地震动强度指标 MVSI 与 MBD 之间存在最好的相关性（相关性系数均不小于 0.942）。此外，与结构动力特性不相关的 PGV 与 MBD 之间也具有极好的相关性（相关性系数均不小于 0.893）。值得注意的是，MVSI 和 PGV 与 MBD 的相关性系数的上、下限值的差值分别为 0.029 和 0.031，这表明各影响因素（包括结构类型、结构高度、隔震方案类型、屈重比和地震动类型）对 MVSI、PGV 与 MBD 的相关性影响基本可以忽略。

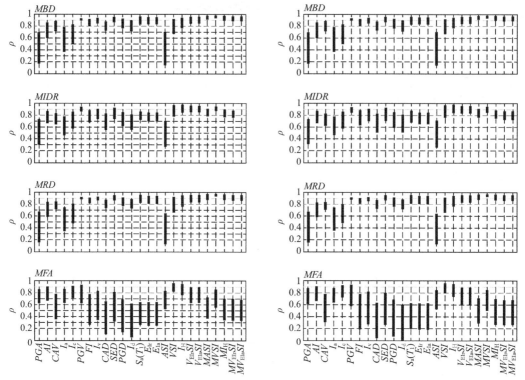

图 14-3　框架—核心筒高层隔震结构各 *IM* 与
EDP 相关性系数范围

图 14-4　框架—剪力墙高层隔震结构各 *IM* 与
EDP 相关性系数范围

（2）*MIDR*：5 个地震动强度指标与 *MIDR* 具有良好的相关性，其中与结构动力特性不相关的地震动强度指标 I_H 与 *MIDR* 之间存在最好的相关性（相关性系数介于 0.841~0.972 之间）。此外，*MVSI* 和 *PGV* 与 *MIDR* 间也具有良好的相关性。与 *MBD* 相类似，*MVSI* 和 *PGV* 与 *MIDR* 的相关性系数的上、下限值的差值分别为 0.092 和 0.083，这表明各影响因素对 *MVSI* 和 *PGV* 与 *MIDR* 的相关性影响基本可以忽略。

（3）*MRD*：与 *MBD* 具有极好相关性的 15 个地震动强度指标也与 *MRD* 具有良好的相关性。与此同时，*MVSI* 也是与 *MRD* 相关性最好的地震动强度指标（相关性系数均不小于 0.935），*PGV* 与 *MRD* 之间也具有极好的相关性（相关性系数均不小于 0.887），并且 *MVSI* 和 *PGV* 与 *MRD* 的相关性系数的上、下限值的差值分别为 0.033 和 0.030，这表明各影响因素对 *MVSI* 和 *PGV* 与 *MRD* 的相关性影响也基本可以忽略。

（4）*MFA*：25 个 *IM* 中仅有与结构特性不相关的 *VSI* 和 I_H 与 *MFA* 具有良好的相关性。其中 *VSI* 与 *MFA* 之间具有最好的相关性（相关性系数介于 0.808 和 0.965）。I_H 的相关性系数则相对较低，在部分分析案例下其相关性系数略小于 0.8。*VSI* 和 I_H 与 *MFA* 的相关性系数的上、下限值的差值分别为 0.153 和 0.207，这表明各影响因素对 *VSI* 和 I_H 与 *MFA* 的相关性存在一定的影响。

综上所述，*MVSI* 和 *PGV* 是与隔震层最大位移和结构顶层最大位移相关性最佳的两种地震动强度指标；I_H、*MVSI* 和 *PGV* 是与上部结构最大层间侧移角相关性最佳的三种地震动强度指标；*VSI* 和 I_H 则是与楼面加速度相关性最佳的两种地震动强度指标。

无论是基于性能还是基于功能可恢复的结构抗震设计均需要选取一个合适的地震动强度指标，该指标应该和各个与结构损伤程度密切相关的关键工程需求参数均存在较好的相关性。I_H 与各 EDP 均具有较好的相关性，是具有较好综合平衡性的地震动强度指标。

对具有不同基本周期的 48 个案例进行云分析得到的 I_H 与 MBD、$MIDR$、MRD 以及 MFA 的相关性系数如图 14-5 所示。可见，（1）结构体系、结构高度和隔震设计方案对 I_H 与各 EDP 的相关性系数影响基本可以忽略；（2）隔震结构的周期对相关性系数存在一定影响，对于 MBD、$MIDR$ 和 MRD，随着基本周期的增大，相关性系数呈一定的减小趋势，对于 MFA，随着基本周期的增大，相关性系数呈一定的增大趋势；（3）地震动类型对相关性系数的影响最大，非脉冲波作用下 I_H 与各 EDP 的相关性系数基本均在 0.90 以上，且不同结构基本周期下相关性系数差别较小，而脉冲波作用下，I_H 与各 EDP 的相关性系数显著降低且不同结构基本周期下相关性系数差别较大，脉冲波与非脉冲下相关性系数的差值最大达 0.203。

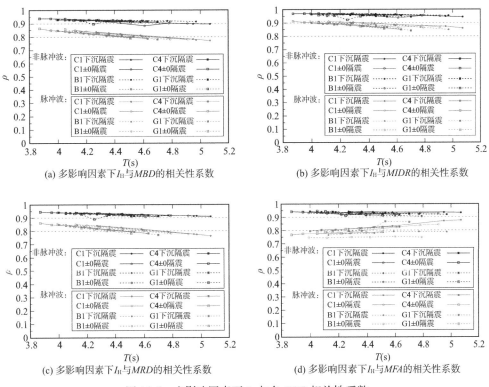

图 14-5　多影响因素下 I_H 与各 EDP 相关性系数

三、基于屈重比的高烈度区 RC 框架—核心筒隔震结构高效设计方法

传统的隔震结构设计方法存在以下三个问题：（1）上部结构周期不易确定；（2）支座直径和数量不易确定，这主要是目前暂无长期面压的建议取值范围；（3）铅芯支座位置和数量不易确定，这主要是由于目前对于铅芯支座布置原则和屈重比（所有铅芯支座屈服力与上部结构重力比值）取值范围暂无相关建议。这使得传统方法虽然流程清晰，但需要反复迭代，设计周期长，效率低下。

研究团队针对上述三个问题，提出了相应的解决方法，并提出了适用于高烈度区 RC 框架—核心筒高层隔震结构的高效设计方法。

1. 上部结构周期建议取值

高层隔震结构的上部结构周期 T_f 取值直接影响隔震结构设计的难度。然而，对于高层框—筒隔震结构，上部结构周期的取值方法尚相对较少。因此，本研究对 13 栋框架—核心筒隔震结构的上部结构周期 T_f 和结构高度 H 进行回归分析），建议了 T_f 与 H 的关系式 (3)。

$$T_f=0.193H^{0.5} \tag{3}$$

2. 支座长期面压建议取值

支座长期面压 σ^g 的取值与支座的型号和数量直接相关。值得注意的是，不同位置的隔震支座（如框架柱底隔震支座和核心筒角部隔震支座）的合理面压取值并不相同。

框架—核心筒结构在地震作用下会产生显著的倾覆效应，框架柱底部和核心筒角部隔震支座更容易处于受拉状态。因此，位于这些位置的支座的 σ^g 取值通常应大于其他位置的支座。然而，框架—核心筒隔震结构各类位置支座的 σ^g 的相关研究罕见报道。因此，本研究对 13 栋框架—核心筒隔震结构的隔震支座长期面压进行了统计分析，建议了外框架柱底支座和核心筒剪力墙角部支座长期面压取值范围，分别为 10~12MPa 和 8~10MPa。

3. 屈重比合理取值范围和铅芯支座布置建议

屈重比是决定隔震层力学性能、整体减震效果和结构抗震性能的重要参数，与隔震层中铅芯支座的数量直接相关。本研究以具有不同高度的两栋设计案例为原型结构（高为 79.2m 和 65.8m 的 C1 和 C4），考虑不同隔震设计方案（核心筒下沉隔震方案和 +0 隔震方案）的影响，基于精细模型，研究了屈重比对该类结构减震系数和隔震层位移的影响规律，具有不同屈重比的各案例的减震系数和 MBD 在 3 条地震动作用下的包络值如图 14-6~图 14-9 所示。

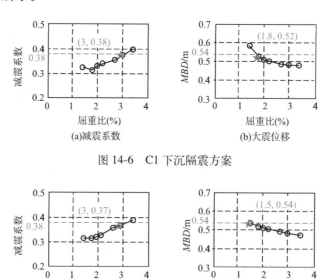

图 14-6 C1 下沉隔震方案

图 14-7 C1±0 隔震方案

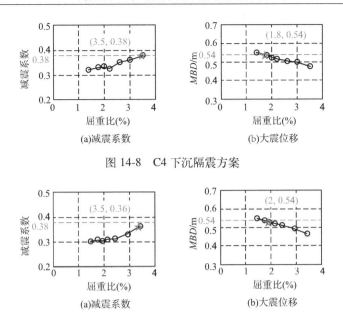

图 14-8　C4 下沉隔震方案

图 14-9　C4±0 隔震方案

研究表明：（1）减震系数的限值要求决定了屈重比上限值，建议取为 3%；（2）隔震沟尺寸限值要求决定了屈重比下限值，建议取为 2%；（3）结构高度小于 80m 或采用 ±0 隔震方案，屈重比上限可适当提高。

根据上述屈重比合理取值范围的建议值，即可确定铅芯支座的数量。同时，本研究给出了铅芯支座的布置建议，即建议将铅芯支座设置于框架柱底部以及核心筒角部。

4. 基于屈重比的高效设计方法

基于上述研究，本研究提出了一种高层框架—核心筒隔震结构的高效设计方法，如图 14-10 所示。

该设计方法主要包括以下步骤：

（1）明确隔震目标。根据实际工程特点与相关规范要求，确定隔震结构的隔震沟宽度和减震系数限值。

（2）确定上部结构周期并设计上部结构。根据建筑高度，采用本文建议的式（3）确定 T_f。

（3）根据使用面压建议值，确定支座直径和数量。

（4）根据屈重比推荐值设置铅芯支座。建议将铅芯支座设置于框架柱底部、核心筒角部。

（5）关键指标验算。

（6）黏滞阻尼器设计。若支座位移不满足要求，可在隔震层中设置黏滞阻尼器，控制结构位移。通常经过 2~3 次迭代计算即可确定黏滞阻尼器的参数和数量。本研究采用该方法对一 84.1m 的框架—核心筒高层隔震结构进行了设计，验证了该方法的高效性和合理性。

本研究提出的基于屈重比的高效设计方法大幅减少了高层隔震结构设计中迭代试算的次数，可显著提升设计效率，对高层框架—核心筒隔震结构设计方法的相关研究和工程应用具有一定参考价值。

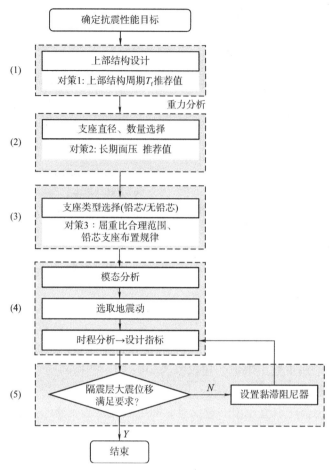

图 14-10　高层框架—核心筒隔震结构的高效设计方法

四、结论

近年来，功能可恢复已逐渐成为地震工程领域的研究热点。隔震技术是实现高烈度区高层结构震后功能可恢复的重要手段。研究团队完成了位于高烈度区的高层减隔震建筑群的工程设计实践，并以此为基础，针对高烈度区高层隔震结构相关的关键问题开展了系列研究，包括高层隔震建筑地震动强度指标研究和基于屈重比的高烈度区 RC 框架—核心筒隔震结构高效设计方法研究。系列研究成果对高层隔震结构的工程设计实践和后续相关研究具有参考价值。

致谢：本研究受到国家重点研发计划课题（2017YFC0703602）和市属高校基本科研业务费项目（X18128）资助，特此感谢！

15　混凝土结构抗震加固技术与方法

唐曹明[1,2]　吴乐乐[1]　罗瑞[3]

（1.中国建筑科学研究院　北京 100013；2.住房和城乡建设部防灾研究中心
北京 100013；3.多维创作集团有限公司中国香港特别行政区 999077）

引言

地震是世界上最大的自然灾害之一，具有巨大的破坏力，且伴随着较多的次生灾害，对人民的生命财产造成巨大损失。而我国处于两个地球最活跃的地震带，是地震多发的国家之一。因此如何在地震发生过程中保护人民的生命财产安全，是一个永恒的话题。地震中建筑物的破坏是造成生命财产损失的主要原因之一。我国既有建筑面积超过 400 亿 m^2，且大部分建成于 20 世纪 80 年代前，已进入了"老年期"。限于当时的经济、技术条件，设计标准偏低，因而该类建筑存在着抗震能力弱、能耗高、使用功能不足等缺陷。若对这些进入"老年期"的建筑全部进行拆除重建，则将带来巨大的经济损失并产生大量的建筑垃圾，造成环境污染，因此，提高早期既有建筑的抗震能力、改善使用功能、降低能耗显得尤为重要[1]。目前主要的解决办法是对这类建筑物进行加固和改造。早期既有建筑结构类型主要是混凝土结构、砌体结构和少量钢结构工业厂房。混凝土结构占比较大，其抗震加固技术的研究得到了广泛的关注。本文结合既有混凝土结构的特点，归纳总结目前主要的抗震加固技术与方法，为工程技术人员提供参考。

一、检测与鉴定[2,3]

（一）检测

混凝土结构的检测主要包括四个方面的内容：1.结构现状调查。主要针对结构构件实际尺寸与偏差、表面缺陷（如蜂窝、孔洞、露筋等）、裂缝、实际变形程度和损伤情况等进行调查。2.结构中钢筋性能。主要是对钢筋材质、配筋数量、碳化深度、规格以及锈蚀程度等进行检验。3.混凝土强度。4.结构构件性能的实荷实验。主要用于对工程结构加固后的承载力、刚度或抗裂性能进行检验。检测流程如图 15-1 所示。

（二）鉴定

混凝土结构的鉴定主要包括两个方面的内容：1.结构可靠性鉴定[4]。按层次可以依次分为构件的可靠性鉴定、子单元的可靠性鉴定和鉴定单元的可靠性鉴定，每个层次的鉴定又均分为安全性鉴定和正常使用性鉴定。2.抗震鉴定。指所有既有建筑都应按照现行国家标准《建筑抗震鉴定标准》GB 50023—2017 或《构筑物抗震鉴定标准》GB 50117—2014 规定进行抗震鉴定。鉴定流程如图 15-2 所示。

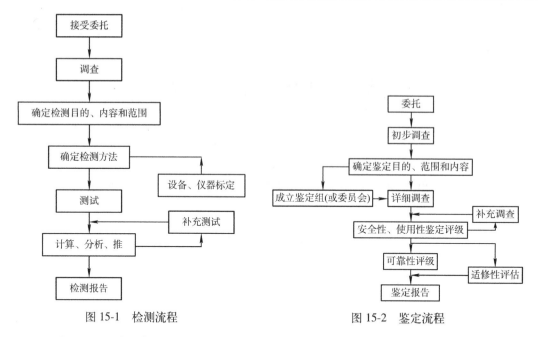

图 15-1　检测流程　　　　　　　图 15-2　鉴定流程

二、抗震加固技术与方法

（一）基本原理

$$m\ddot{x}+c\dot{x}+kx=-m\ddot{x}_g \tag{1}$$ [8]

式中：$\ddot{x}$、$\dot{x}$、x 分别为房屋结构的地震加速度、速度和位移反应，$\ddot{x}_g$ 为房屋底部地面运动加速度时程，m、c、k 分别为房屋的质量、阻尼和刚度。

由上述动力方程知道，可通过减小质量（m），增大结构刚度（k）、附加阻尼（c）以及减小地震动输入（$\ddot{x}_g$）来减小建筑物在地震作用下的反应，从而达到抗震加固的目的 [8]。

（二）主要技术与方法

1. 直接加固梁、柱构件 [1][5]

该方法主要是针对结构构件承载力不足而进行的加固。如可采用增大截面、外粘型钢、粘贴钢板或纤维复合材、钢丝绳网片—聚合物砂浆外加层、增设支点以及外加预应力等方法。对偏压承载力不足的钢筋混凝土柱及受弯承载力不足的钢筋混凝土梁进行加固时，可采用增大截面、外粘型钢、钢丝绳网片—聚合物砂浆外加层、增设支点和外加预应力等方法；对受剪承载力不足的梁、柱构件进行加固补强时，可采用增加箍筋、包钢板箍、粘贴纤维箍、钢丝绳网片—聚合物砂浆外加层以及缠绕钢丝等方法；当受压区混凝土强度偏低或有严重缺陷时，可采用置换混凝土方法对构件进行加固 [4]。这里，粘贴纤维复合材和钢丝绳网片—聚合物砂浆外加层两种加固方法具有轻质高强、不占使用空间、施工方便、作业空间小、无污染等优点，是目前较常用的构件加固方法 [1]，同时也符合我国绿色设计的理念。如唐曹明等 [6]，在中国国家博物馆老馆的加固改造结构设计中即贯彻绿色设计理念，对屋面板采用钢丝绳网片—聚合物砂浆进行加固处理，增加了屋面的承载能力和耐久性，取得了良好效果。

2. 改变结构受力体系 [1]

这是一种减小构件荷载效应的间接加固方法，主要是改变结构受力体系，调整结构传力途径，改善结构的整体性能和受力状态。如通过在建筑原有围护墙及分隔墙位置增设一定数量的抗震墙或在框架柱两侧设置翼墙，使原来的柔性框架结构改变为框架—抗震墙结构或壁式框架结构；也可采用在原有框架中新加支撑，使原柔性框架结构改变为框架—支撑结构。该方法降低原有框架分担的地震作用，从而在减少加固原框架梁、柱工作量的同时，提高结构整体抗震能力，达到抗震设防要求。本方法关键是要解决好新增墙体或支撑与原有框架的连接问题，应确保新增抗侧力构件与原有框架能共同工作。该方法具有不影响建筑使用功能、保持建筑原有风貌、工程量小、施工简单、理论成熟的特点，因而得到广泛的应用。如唐曹明等 [6]，在中国国家博物馆老馆的加固改造结构设计中，为保持历史建筑风貌，沿结构纵向将原框架柱两侧的原有黏土砖围护墙换成钢筋混凝土翼墙，使之成为壁式框架，沿横向在两端分隔墙位置将原来砌体墙换成抗震墙，使原来的柔性框架结构转变为框架—抗震墙结构，提高了整体结构的抗震能力。程绍革在《中国抗震鉴定加固五十年回顾与展望》[9] 中，提及在全国政协礼堂部分框架间增设钢筋混凝土抗震墙，对北京火车站候车大厅四角增设钢筋混凝土抗震墙，提高结构抗震能力。

此外，对于少数既有单向框架，可通过加强梁端钢筋的锚固方式将其改变为双向框架体系，同时增强楼盖的整体性和增设抗震墙、抗震支撑等，提高另一方向的抗震能力。对于不符合抗震鉴定要求的单跨框架结构，可在不大于框架—抗震墙结构的抗震墙最大间距内增设抗震墙、翼墙、抗震支撑等抗侧力构件或将对应轴线的单跨改为多跨。

3. 取消建筑物间的伸缩缝，将原来相互独立的单体结构连成整体 [1]

早期的公共建筑很多由伸缩缝分割成多个单体结构，由于伸缩缝间距过小，在地震作用时，往往会造成单体之间的碰撞破坏甚至倒塌。对各个单体进行加固，工作量大，且在伸缩缝部位加固，空间小，施工困难，故可在伸缩缝处设置钢筋混凝土抗震墙，将两个甚至多个单体连成整体，从总体上综合考虑结构加固方案。如在国家博物馆的改造中，由于博物馆大楼体积庞大，各区功能又不相同，为尽可能减少加固现场作业量，将某几个独立区之间原伸缩缝取消，增设抗震墙将两侧结构连成一体，以达到整体加固的目的 [9]。

4. 卸荷 [1]

在早期的公共建筑中，隔墙多为高大厚重的砌体墙，将其拆除换成轻质墙体，可以减轻结构的总重量，从而减小地震作用；另外，隔墙基本是根据建筑功能要求进行布置的，常常平面不对称，结构刚心与质心不一致，在地震作用下，造成扭转效应增大。将原刚度较大的砖墙换成轻质隔墙，也可减小地震作用下的扭转效应。该方法不会对建筑使用功能造成影响，是一种行之有效的方法。如唐曹明等，在中国国家博物馆老馆的加固改造结构设计 [6] 中，将原建筑物内上下层位置不对齐、高大厚重的黏土砖分隔墙拆除，换成轻质墙体，既减轻重量、减小地震作用，又减轻了因质心和刚心不一致造成的建筑在地震作用下的扭转反应。

5. 消能减震 [1]

消能减震是在结构的适当部位附加耗能减震装置，小震时减震装置如消能杆件或阻尼器处于弹性状态，建筑物具有足够的侧向刚度以满足正常使用要求；在强烈地震作用时，随着结构受力和变形的增大，消能杆件和阻尼器首先进入非弹性变形状态，产生较大的阻力，耗散输入结构的地震能量并迅速衰减结构地震反应。这样，极强地震能量的主要部分可不借助主体结构的塑性变形来耗散，而由控制装置耗散，从而使主体结构避免进入明显的非弹性状态而免遭破坏。另外，控制装置不仅能有效地耗散地震能量，而且可改变结构的动力特性和抗侧力性能，减少由于结构自振频率与输入地震波的卓越频率相近引起共振的趋势，从而减少建筑的地震反应。消能元件作为非承重构件，其损伤过程也是对主体结构的保护过程。该技术属于一种兼顾抗侧刚度提高和抗侧能力增大的被动控制技术，在大震时表现尤为突出。消能减震技术主要是通过设置一定数量的阻尼器来实现，目前常用的是速度相关型阻尼器和位移相关型阻尼器。速度相关型阻尼器，其耗能能力与结构的速度反应相关，这类阻尼器主要包括黏滞阻尼器和黏弹性阻尼器两类，其恢复力模型可表示为：

$$F = C \cdot V^{\alpha} \tag{2}{}^{[8]}$$

式中：F 为阻尼器的阻尼恢复力（kN）；C 为阻尼系数（kN/mm/s）；V 为阻尼器活塞的速度（mm/s）；α 为速度指数，根据设计需要确定，一般为 0.2~1.0，当为 1.0 时则为线性阻尼[8]。位移相关型阻尼器主要是当结构进入较大变形时，阻尼器进入弹塑性阶段或克服初始摩擦力进行耗能，常见的有屈曲约束支撑阻尼器、金属剪切型阻尼器和铅摩擦阻尼器等。消能减震技术需根据阻尼器的布置来确定结构附加阻尼比是加固的关键，消能部件的附加阻尼比可以根据《建筑抗震设计规范》GB 50011 相关公式确定[8]。

如图 15-3 所示为中国国家博物馆老馆的加固改造结构设计消能支撑的设置[6]。中国国家博物馆老馆通过消能装置的设置，各楼层剪力减小约 30%~40%，楼层层间位移角和加速度均有不同程度的降低，抗震能力得到提高[6]。如图 15-4 所示为北京火车站消能支撑的设置。北京火车站采用消能减震加固技术，经过分析消能器能吸收大量的地震能量，无需对框架进行加固，结构在地震作用下的变形明显减少，与周边结构的位移较协调，减少了发生碰撞的可能[9]。图 15-5 所示为北京展览馆采用的黏性流体阻尼器—消能支撑。

该方法构造简单，无需外部能量输入和无特殊的维护要求，且对原有建筑布局影响甚小，在公共建筑的抗震加固上应用前景广阔。同时消能装置减震技术的应用为既有框架建筑的性能化设计，为各个性能水准的实现提供了有效的技术支持。

图 15-3　消能支撑示意图及局部详图

图 15-4　火车站黏性流体阻尼器 - 消能支撑

图 15-5　北京展览馆采用的黏性流体阻尼器—消能支撑

6. 隔震

隔震技术是在建筑物基础（下部）与上部结构之间设置一层隔震层，把上部结构与基础（下部）隔离开，隔离地面运动能量向建筑物上部传递，减小地震反应[7]。

对其抗震动力分析，可以将结构隔震体系简化为图 15-6 所示模型，根据达朗伯原理可以得出结构的整体运动方程和上部结构各个质点的相对运动方程，分别见公式（3）、公式（4）：

$$m_0(\ddot{x}_g + \ddot{x}_b) + \sum_{i=1}^{n} m_i(\ddot{x}_g + \ddot{x}_b + \ddot{x}_{si}) + c_0\dot{x}_b + k_0 x_b = 0 \qquad (3)^{[17]}$$

$$M\ddot{x}_s + C\dot{x}_s + Kx_s = (\ddot{x}_g + \ddot{x}_b)M\{1\} \qquad (4)^{[17]}$$

其中 $x_s = x_g + x_b + x_{si}$。式中：m_0 为结构底板质量；k_0 为隔震装置（隔震支座）水平总刚度；c_0 为隔震装置（隔震支座）的总阻尼；$\ddot{x}_g$ 为地面运动加速度；$\ddot{x}_b$、$\dot{x}_b$、x_b 分别为结构底层与基础面之间的水平相对加速度、速度、位移；$\ddot{x}_s$、$\dot{x}_s$、x_s 分别为上部结构第 i 层对结构底层的加速度反应、速度和水平相对位移；矢量 {1} 的各元素皆为 1；C 为上部结构的阻尼矩阵；M 和 K 分别为质量和刚度矩阵。

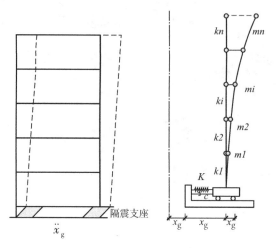

图 15-6　隔震动力分析简化模型

　　通过上述两方程，采用逐步积分数值法可以得到隔震结构在地震作用下的动力响应[17]。隔震技术在混凝土结构加固过程中应用，其涉及的关键元件为隔震支座。隔震支座具有很大的竖向刚度和较小的水平刚度，在地震作用下，支座发生较大变形，进入塑性状态，使结构具有较大的基本周期，从而减小了地震作用[1]。

　　如图 15-7、图 15-8 所示，分别为传统抗震结构与隔震结构地震时建筑物的反应。在计算分析时要确定隔震支座的性能指标以及混凝土结构的水平向减震系数，其中对原有结构的托换顶升是隔震加固设计的关键。隔震加固的施工是整个抗震加固工程成败的关键，需严格按照流程进行，其一般的施工流程如图 15-9 所示[8]。该技术在南京博物院老大殿隔震加固和都江之春隔震加固中得到了良好的应用[9]。同时隔震装置具有可更换、便于检修的特点，属于可回收材料和污染小的新型材料，也是一种绿色环保的加固措施。

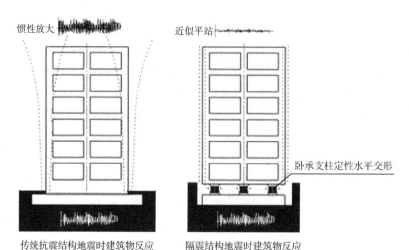

图 15-7　传统抗震结构与隔震结构地震时建筑物的反应

图 15-8 传统抗震结构与隔震结构地震时建筑物内人及物的反应

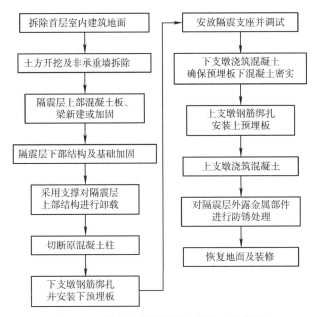

图 15-9 混凝土结构隔震加固施工流程图

7. 附加子结构

附加子结构加固就是利用附加子结构与原有结构的协同工作，增强原结构的整体抗震能力，或改变原结构的结构体系，进而改善原结构的受力状态和变形模式，从而提高结构的整体抗震性能，也是一种结构体系的加固方法[14]。外部附加子结构加固方法，就是在既有建筑外部附加一部分子结构，将外部附加子结构作为第一道抗震防线，提高整体结构的抗震性能[15]。该加固方法主要有附加整体钢支撑子结构加固、附加摇摆墙加固、既有结构之外再建造新的钢筋混凝土框架并与原结构相连以进行抗震加固、采用贯通结构全高的附加斜拉柱进行加固等[14]。尹保江等通过对外部附加带框钢支撑强连接与弱连接两种模式加固框架结构抗震性能的试验研究，认为外部附加带框钢支撑加固法能大幅度提高框架结构抗震承载力，并能有效限制结构的层间位移，钢支撑作为抗震第一道防线，增加了结构整体抗震的冗余度。但试验中，加固模型钢支撑底部锚固失效，影响了钢支撑承载能

力的发挥，下一步需要对钢支撑基础锚固问题加强研究。[15, 16]

尹保江等[10]，在外部附加带框钢支撑在既有建筑抗震加固中的应用中，如图15-10所示，通过对新西兰某建筑，在建筑平面南北两侧对称地设置带框钢支撑，底部三层新增剪力墙，钢支撑通过钢框梁与楼层框架梁之间利用高强螺栓锚固连接的加固方法，大幅度提高结构的抗侧刚度和抗震承载力，同时减少了结构扭转反应。

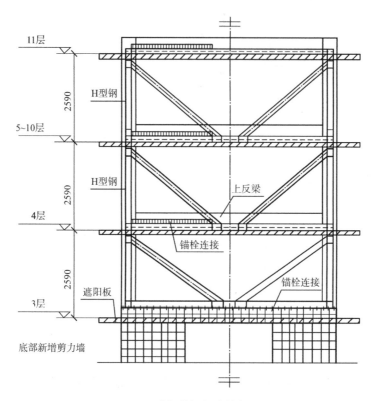

图 15-10　外加带框钢支撑加固图

该方法最大特点就是在建筑外部进行施工，重量轻，几乎不影响建筑内部使用功能，从而达到降低施工成本、缩短施工周期的目的，同时外部子结构易于维修和更换，其子结构的造型可以配合装饰，使既有建筑呈现出现代感，提升结构的使用价值，这也体现了减少建筑加固工程量、最大限度地节约资源、贯彻绿色设计的理念。

8. 增设摇摆墙

摇摆结构也是一种外部附加子结构的新型抗震结构体系。通过释放某些部位的约束，允许结构相应位置发生相对位移，从而改变构件的受力状态，改善结构的抗震性能[11]。摇摆结构体系分为摇摆及自复位钢筋混凝土框架结构、摇摆及自复位钢框架结构、摇摆及自复位剪力墙结构、摇摆框架—核心筒结构等[13]。框架—摇摆墙结构是摇摆结构的一种，摇摆墙能够绕着墙底连接件发生面内转动，墙体底部约束的释放降低了对基础的承载力需求，同时能有效避免地震作用下墙体的损伤。具有较大刚度的摇摆墙能有效地控制结构的变形模式，防止出现变形和损伤集中。在框架—摇摆墙结构中增设阻尼器和预应力钢筋可分别增加其耗能能力并减少震后残余变形[12]。其简化模型如图 15-11 所示。

董金芝等[19, 20]对两种摇摆墙结构（基于 SMA 装置的框架—受控摇摆墙结构和框架—预应力摇摆墙结构）进行了抗震性能试验研究。研究表明，摇摆墙结构承载能力和耗能能力均显著增加，耗能连接件有效发挥了延性变形特性，显著提高了试件的耗能能力，有效减轻了梁端、柱端以及梁柱节点区的损伤，且制作成本较低，安装方便，损坏后便于更换。框架—预应力摇摆墙能有效改善框架结构的变形模式，

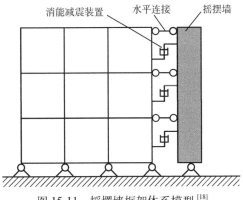

图 15-11　摇摆墙框架体系模型[18]

使得各层的层间位移趋向均匀，实现了结构整体性破坏模式，避免了层倒塌模式。但试验中摇摆墙未进行局部加强，出现了整体结构较早发生性能退化，以及摇摆墙底部局部压溃的现象。

吴守军等[11]给出了在特定假设条件下（框架采用剪切梁代替，剪切刚度为常数，仅考虑梁的剪切变形而忽略弯曲变形；摇摆墙采用弯曲梁代替，抗弯刚度为常数，仅考虑梁的弯曲变形而忽略剪切变形；两根梁之间紧密接触，轴向力在交界面连续分布）框架—摇摆墙结构的分布参数模型。该模型能系统地分析框架—摇摆墙结构的受力性能，并给出外荷载作用下摇摆墙、框架的内力分布。但分布参数模型基于弹性假定。在强震下，结构会进入塑性阶段，框架—摇摆墙结构受力状态可能出现一定程度的改变。因此，分布参数模型并不适用于框架—摇摆墙结构进入弹塑性后的受力分析。在山东某医院增设摇摆墙和阻尼器的方法对其进行了加固，如图 15-12 为某医院摇摆墙加固框架结构方案，图 15-13 为摇摆墙施工图。

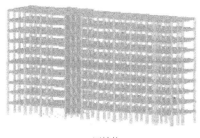

(a)原结构　　　　　　　　　　(b)摇摆墙加固方案

图 15-12　摇摆墙加固方案对比图

通过 ABAQUS 对加固模型进行了分析，可知摇摆墙能有效控制结构变形，使塑性铰的分布更加均匀。摇摆墙中预应力的施加有助于减小残余变形，实现结构自复位能力。

三、抗震加固技术选用原则

1. 在安全、可靠、经济的前提下，挖掘既有结构构件的潜力，充分利用原结构构件、施工场地中现有材料。

2. 选择加固体积小、可循环利用、易于更换、耐久性高、环保的材料。

3. 抗震加固方案应根据鉴定结果经综合分析后确定，以加强整体性、改善构件受力状况、提高结构综合抗震能力为目标。

(a)摇摆墙整体   (b)阻尼器和墙底连接件

图15-13　摇摆墙加固工程图

4.宜采用简约、功能化、轻量化装修。有条件时，优先采用消能减震、隔震等结构控制技术。

总之，加固方法的合理选用，应充分了解各种加固技术的原理和适用范围。一般来说，直接加固结构构件的方法成熟，可以处理各类加固问题，但工程量大，施工影响面广，施工周期长；方法2~方法8对原结构损伤较小，其中方法4~方法8还便于今后更换与拆卸，可用于有可逆性要求的保护性建筑的加固与修缮。在加固设计中，应尽可能地保留和利用原有结构构件，减少不必要的拆除和更换，使所采用的加固措施发挥综合效益，提高加固效率。

四、结语

1.结构抗震加固设计前需对原结构进行检测和鉴定。混凝土结构加固宜按照其技术选用原则，考虑不同后续使用年限、受力特点与功能需求，兼顾环境影响，以便在材料消耗、施工功效、环境影响和抗震能力提高之间取得最佳。

2.消能减震和隔震技术是通过调整结构阻尼和减小地震输入的途径达到减小结构在地震中的振动反应，从而保护建筑以及建筑内部的设备、仪器、管线和装饰物等不受损坏，且装置可实现更换，因而在抗震加固中得到越来越广泛的应用。

3.外部附加子结构加固方法是将附加子结构在建筑物外部与原结构结合，形成一个新的整体结构，提升整体结构抗震能力。由于对建筑内部影响小，对于医院等需尽最大可能不干扰内部环境的建筑物是一种行之有效的加固方法。

参考文献

[1]唐曹明.既有建筑抗震加固方法的研究与应用现状[J].施工技术资讯，2010（5）：6-10.

[2]黄兴棣，田炜，王永维，娄宇，等.建筑物鉴定加固与增层改造[M].北京：中国建筑工业出版社，

2008.

[3] 王清勤，唐曹明．既有建筑改造技术指南 [M]．北京：中国建筑工业出版社，2012.

[4] 混凝土结构加固设计规范：GB 50367-2013[S]．北京：中国建筑工业出版社，2013.

[5] 混凝土结构设计规范：GB 50010-2010[S]．北京：中国建筑工业出版社，2010.

[6] 唐曹明，黄世敏，等．中国国家博物馆老馆加固改造结构设计 [J]．建筑结构，2011（6），31-35.

[7] 彭凌云，苏经宇，等．我国建筑减隔震技术标准化现状与展望 [J]．城市与减灾，2016（5）：11-19.

[8] 程绍革．消能减震与隔震技术在抗震加固工程中的应用 [J]．城市与减灾，2016（5）：19-23.

[9] 程绍革．中国抗震鉴定加固五十年回顾与展望 [J]．建筑科学，2018，34（9）：26-32.

[10] 尹保江等．外部附加带框钢支撑在既有建筑抗震加固中的应用 [J]．工程抗震与加固改造，2019，41（2）：84-87.

[11] 吴守君等．框架—摇摆墙结构受力特点分析及其在抗震加固中的应用 [J]．工程力学，2016，33（6）：54-60.

[12] 曲哲等．摇摆墙在框架结构抗震加固中的应用 [J]．建筑结构学报，2011，32（9）：11-19.

[13] 周颖，吕西林．摇摆结构及自复位结构研究综述 [J]．建筑结构学报，2011，32（9）：1-10.

[14] 曲哲，叶列平．附加子结构抗震加固方法及其在日本的应用 [J]．建筑结构，2010，40（5）：55-58.

[15] 尹保江，等．外部附加带框钢支撑加固框架结构抗震性能试验研究 [J]．工程抗震与加固改造，2019，41（3）：114-119.

[16] 尹保江，等．外部附加带框钢支撑弱连接模式加固框架结构抗震性能试验研究 [J]．工程抗震与加固改造，2019，41（3）：111-113.

[17] 盛宏玉．结构动力学 [M]．第二版．合肥：合肥工业大学出版社，2007.

[18] 曲哲，叶列平．摇摆墙—框架体系的抗震损伤机制控制研究 [J]．地震工程与工程振动，2011，31（4）：40-50.

[19] 董金芝，张富文，等．框架—预应力摇摆墙结构抗震性能试验研究 [J]．工程力学，2019，36（4）：167-176.

[20] 董金芝，李向民，等．基于 SMA 装置的框架—受控摇摆墙结构抗震性能试验研究 [J]．土木工程学报，2019，52（4）：41-51.

16　韧性理论视角下的城市安全减灾

郭小东[1,2]　苏经宇[1,2]　王志涛[1]
(1.北京工业大学建筑与城市规划学院;
2.中国城市规划学会城市安全与防灾规划学术委员会)

一、韧性的概念

"韧性"一词来源于物理学,与之相关联的是弹性。物理学中的弹性,指物体发生弹性形变后可以恢复原来状态的一种性质。韧性,指材料在塑性变形和断裂过程中吸收能量的能力。城市问题研究者把"弹性"一词移植于城市规划建设领域,提出"弹性城市"概念,指城市能够适应新环境,遭遇灾难后快速恢复原状,而且不危及其中长期发展。然而,城市作为一个复杂的系统,完全弹性的城市是不可实现的。2005年的卡特里娜飓风使得美国新奥尔良家园被毁、城市陷入瘫痪,政府经历几年才逐步从灾难中走出(图16-1)。

图 16-1　新奥尔良市被"卡特里娜飓风"破坏

因此,一些学者、政府机构开始从经济、社会、生态、防灾等不同的角度提出韧性城市建设的理念。美国国土安全部(Department of Homeland Security,DHS)在2001年"9·11"事件以后,开始研究城市要害系统在遭受自然灾害和突发事件期间以及之后的功能运转,并对韧性城市、社区以及要害基础设施系统进行了大量研究。表16-1整理了部分学者从防灾减灾的角度提出的韧性概念。

与防灾减灾有关的韧性概念　　　　　　　　　　表 16-1

提出者	时间	概念
Mileti	1999	韧性指"某个地区经受极端自然事件而不遭受毁灭性损失、破坏、生产力下降、正常生活且不需要大量地区外援助的能力"
Tobin G.	1999	韧性指"一种社会组织结构，能够尽量减少灾害的影响，同时有能力迅速恢复社会经济活力"
Adger W N.	2000	韧性指"社区公共基础设施抵御外部冲击的能力"
Paton D, et al.	2001	韧性指"利用物质或经济资源有效地帮助承灾体从危险中恢复原状的能力"
GodschalkD R	2002	韧性城市指"一个可持续的物质系统或人类社区，其具备应对极端事件的能力，包括极端压力下具备生存和功能运转的能力"
Bruneau M, Chang S E,et al.	2003	韧性指"社会单元具备减轻灾害危险性，包括灾害发生的影响，并且可以采用对社会影响最小和减轻未来地震影响的恢复活动的一种能力"
U.S.Department ot Homeland Security	2006	韧性指"一种资产、系统或网络，在发生某一特定的突发事件时，系统能够在设定的目标功能水平下，高效地减轻灾害（或突发事件）对系统损伤程度和持续时间的能力"
Tierney and Bruneau	2007	韧性指"环境突变或破坏性事件发生后系统潜在灵活的和自适应的能力"
Twigg	2007	韧性指"在灾难性事件中管理、保持某些功能和结构的能力"
U.S.Department of Homeland Security Risk Steering Committee	2008	韧性指"某个系统、基础设施、政府、商业或公民对灾害发生导致显著损伤、破坏或损失而具有的抵御、吸收、恢复或适应的能力"
Cutter L S, Barnes L,et al.	2008	韧性指"一个社会系统对灾害响应和恢复的能力，包括系统本身具备的吸收事件影响和应对能力"
UNISDR （联合国国际减灾署）	2009	韧性指"暴露于危险中的系统、社区或社会，具有抵御、吸收、适应和及时高效地从危险中恢复的能力，包括保护和恢复其重要基本功能"

　　可以看出，韧性的概念基本涵盖了三个要素：一是具备减轻灾害或突发事件影响的能力；二是对灾害或突发事件的适应能力；三是从灾害或突发事件中高效恢复的能力。

　　为此，本文提出"防灾韧性城市"的理念，即城市在遭受适度水准的灾害或突发事件后，能够保持正常运行，并可完全恢复原有功能；城市在遭受超过适度水准下的灾害或突发事件后，城市不应瘫痪或脆性破坏，部分设施可能受到破坏，但城市能够承担足够的破坏后果，具备较强的自我恢复和修复功能。简单地可以称为"低风险下的弹性城市、高风险下的韧性城市"。

　　韧性城市具备较高的灾害承载能力，其内涵主要包括两个方面：一是城市具备较低的易损性，即灾害的发生不易对城市造成破坏；二是城市具备高效的可恢复性，即灾害发生后城市易恢复或修复。

二、国内城市缺乏韧性的原因

　　当前我国的城市化水平已经超过 50%，但大部分城市面对灾害时都显得韧性不足，其原因主要有四个方面。一是人类对自然资源的过度索取，造成了许多新的灾害源在城市发生，如对地下水的过度开采，造成城市出现采空区、漏斗区；对植被的破坏，造成崩塌、滑坡、泥石流等地质灾害；对工业原料的过度需求，造成城市重大危化品大量集中存贮。二是过快的城镇化进程导致诸多历史遗留问题，如城市老城区老旧房屋密集，基础设施老化，开敞空间缺乏；过快的城市扩张还使得城市逐步向处于灾害潜在威胁的地区要地，例如城市的蓄滞洪区、塌陷区等；部分原先位于城市郊区的重大危险源也逐步成为城市的中心地带。三是城镇化进程一味追求经济增长，缺少对安全减灾设施的投资，在监测预警、防灾减灾、应急救援等方面的建设严重滞后。如2007年北京的"7·21"暴雨，突出显示了城市在突发灾害下的脆弱性以及城市在防灾减灾设施方面的缺乏。四是城市的规模化效应使得城市内部复杂的基础设施之间的依赖性越来越强，导致灾害的发生易出现连锁放大效应，即城市中某一子系统的破坏很容易造成其他相关系统的连锁破坏，使得灾害的损失呈现非线性递增的趋势。

三、评估城市防灾韧性能力的方法

城市通常由居民生活空间，众多的机构、组织、设施以及一些建筑环境组成，关注的重点是那些对保持灾后城市福祉必不可少的组织和设施，如供水供电设施、急救医院、消防救援组织、应急管理机构等。这些组织和设施构成了城市防灾韧性能力的"骨架"。

为此，从性能角度出发，把城市任一时刻的功能状态作为多维空间中的一个点，在灾害或突发性事件发生时，城市的功能状态将发生退化，这种退化有可能是持续性的（如洪水），也有可能是突发性的（如地震）。灾害发生后，为了逐步恢复城市的正常功能，需要投入一定的资源去恢复遭受灾害破坏的街区或基础设施。城市功能恢复时间的长短、恢复的效率，将取决于投入资源的多少以及城市现有"骨架"组织或设施的韧性能力。

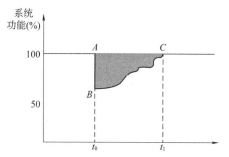

图 16-2 城市系统防灾韧性能力的量化概念图

如图 16-2 所示，用横坐标表示时间，纵坐标表示城市某一系统的功能，如供水能力、供电能力，也可以是多个单一系统功能的综合度量。在灾害或突发性事件发生以前，可以假定城市维持100%正常运转的功能。在 t_0 时刻，由于城市遭受了某种灾害或突发性事件，系统功能将从100%的运转功能降低到某一程度（例如图 16-2 中的50%~100%之间）。而灾后恢复重建工作将把系统功能从一个较低的水平在一定时间内（t_1~t_0）恢复到系统初始状态（100%）。因此，可以把城市在遭遇特定灾害下的预期功能损失（如某一系统失效概率）和系统功能恢复时间作为评估城市防灾韧性的指标，用 R 来表示。则韧性能力损失指标 R 可用公式表示为：

$$R = \int_{t_0}^{t_1} \left[100 - Q(t) \right] \mathrm{d}t \tag{1}$$

其中 $Q(t)$ 表示 t 时刻某系统的功能水平。

显然从公式可以看出，R 可以用图 16-2 中 ABC 围合区域的阴影面积 S_{ABC} 来表示，灾害发生后预期功能损失越小、系统功能恢复的时间越短，则城市韧性损失越小，说明城市的韧性越好。

需要说明的是，公式（1）中忽略了一个问题，即城市日常对防灾减灾能力建设的投入以及灾后救援期间对功能恢复的投入，如果一个城市投入巨量的资金去进行防灾设施建设，并且在遭受灾害破坏后，倾全城之力（乃至全国之力）去集中救援，这虽然能够缩短灾后功能恢复的时间，但在某种程度上并不能说明城市具备较高的韧性能力。因此考虑防灾救灾投入后，公式（1）可修正为：

$$R = \int_{t_0}^{t_1} \left[100 - Q(t) \right] \mathrm{d}t + \int_0^{t_1} S(t) \mathrm{d}t \to min \tag{2}$$

式中 $S(t)$ 表示在 t 时刻防灾减灾活动的投入（如资金、人员或救援设备等），因此一个城市具有较好的防灾韧性能力，可以表示为在一定的灾害风险水平下，城市遭受预期损失较小，并用较少的投入使得城市恢复到预期功能所持续的时间最短。

四、对城市功能恢复力曲线的分析

图 16-2 中的 BC 段可以定义为功能恢复力曲线。不同的城市形态在应对灾害时，将体现出不同的功能恢复力曲线。以近年国内外发生的一些典型灾害案例，来说明不同城市的韧性能力差异性，如表 16-2 和图 16-3 所示。

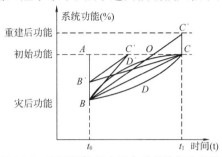

图 16-3　不同韧性能力城市功能恢复力曲线

典型城市在灾害中的表现及韧性能力表现形式　　表 16-2

灾害事件	城市名称	灾害后果描述	城市防灾韧性描述	韧性表现形式（图 16-3 中）
2005.8.29 美国卡特里娜飓风	新奥尔良	3 级飓风，平均风速 280km/h。死亡 657 人，有 230 万居民受到停电的影响，部分城市 90% 的建筑物遭到了毁坏，出现了无政府状态的混乱局面	城市灾害设防能力较低，灾后救援能力迟缓，应急能力不足，经过数年才逐步恢复	S_{ABC}
1999.9.21 台湾集集地震	南投县	震级 ML7.3 级。死亡 2415 人、受伤 8722 人；台湾岛内火车全部停驶，高压输电线塔毁损、台湾全岛停电。经济损失 92 亿美元	城市具备较强的灾害设防能力，缺乏应急预案和防灾救灾组织，恢复期较长	$S_{AB'C}$
1995.1.17 日本阪神地震	大阪神户	震级 ML7.3 级。死亡约 6434 人，伤 43792 人，经济损失 1015 亿美元。震后，水电煤气、公路、铁路和港湾都遭到严重破坏	城市民房设防较差，公共建筑设防较好，专业救援人员和社会组织较多，居民自救意识强	$S_{ABC'}$
2008.6.14 日本宫城岩手地震	宫城县	震级 ML7.2 级。11 人死亡，12 人失踪，450 人受伤，2000 多座房屋不同程度受损。震源区的警报提前 2s 发布，仙台提前 14s 发布预警	城市设防能力高，灾害监测预警系统完备，应急救援和管理体系发挥作用，疏散场所迅速启用	$S_{AB'C'}$
2008.5.12 四川汶川大地震	汶川	震级 ML8.0 级。69227 人死亡，374643 人受伤，17923 人失踪，直接经济损失 8452 亿元人民币，其中基础设施占到总损失的 21.9%	城市灾害设防能力较低，无灾害监测预警系统，灾后救援迅速，恢复重建后比原有城市韧性更好	$S_{ABO}\text{-}S_{OCC'}$
2010.1.12 海地地震	太子港	震级 ML7.3 级。22.25 万人死亡，19.6 万人受伤，灾后政府瘫痪，城市极度混乱	城市基本没有设防，空间布局不合理，房屋密集，无避难场所，应急预案和救援组织	S_{ABDC}
2011.3.11 东日本海大地震	宫城岩手福岛	震级 ML9.0 级。约 15885 人死亡，2636 人失踪。1 年后瓦砾才基本清理完成，教育和医疗设施完全修复；3 年后近 23 万灾民处于"避难"状态	城市有一定设防能力，震灾初期应急救援组织和避难设施发挥了一定作用，但受次生灾害影响，后期进展缓慢	$S_{ABD'C}$

五、提高韧性城市建设的主要举措

联合国国际减灾署在 2013 年 3 月提出，各城市必须在制定低碳可持续发展路线的同时，采取措施提高其韧性应对灾害的能力[13]。日本为了应对大规模灾害，在 2012 年提出了《国土强韧化基本法》和《国土强韧化规划》，重点包括紧急工程的建设和老化基础设施的更新改造。美国在国家防灾减灾战略发展的后期，也提出了应对灾害危机的 4R 体系，即灾害减除（Relief）、灾害准备（Ready）、灾害响应（Response）、灾害恢复（Recovery）。因此，根据对城市在灾害前缺乏韧性的原因分析，借鉴国外发达国家建设韧性城市的理念，在城镇化进程的新常态下，为了提高城市抵御自然灾害和突发事件的能力，提出韧性城市建设的主要举措如下。

1. 减轻城市灾害源的危险性

对应于图 16-3，即减少 t_0 时刻出现灾害或突发性事件的概率。

为了改变城市灾害的外部环境，需要在城市总体规划的前期，对城市潜在发生的灾害源进行一次全面的风险评估，从而确定影响城市的主要灾害源是什么、影响的程度如何、城市在潜在灾害源下的高风险区处于什么地方，从而可以采取一系列措施去减轻灾害源的影响。例如，对城市漏斗区应停止开采地下水，将城市重大火灾和爆炸危险源迁往安全的地带，停止荒山毁林以减轻地质灾害的发生可能性，加强对城市地下输油管线、气管线的监测等。

2. 降低城市灾害易损性

对应于图 16-3，即减少 AB 段的长度，也就是发生灾害时，尽可能减小灾害对城市承载体的影响和破坏。

所谓城市灾害易损性，指城市在遭受灾害时容易受到损伤的程度。同样大小的灾害，在不同的国家、不同的城市甚至城市内不同的街区造成的损失都不尽相同，其主要原因就在于承灾体的易损性不一样。韧性城市建设要多修炼内功。一般说来，一个布局合理、灾害设防程度高、基础设施健全的地区，其灾害易损性较低。降低城市灾害易损性的对策主要包括工程性的措施和非工程性的措施。工程性的措施，例如加强城市新建工程的设防、对城市老旧街区的防灾改造、对老化地下管网的更新、对城市重大危险源防护工程的建设等；非工程性的措施，包括城市灾害预警系统的建立、社会防灾思想的宣传、个人防灾意识的提高等。

3. 提高城市对灾害发生时的自适应性

对应于图 16-3，体现的是 BC 段曲线的形式。一个城市如果空间布局合理、次生灾害源管控良好，灾后发生次生灾害的可能性将降低，灾后功能将在初期即可迅速得到恢复。此外，城市如果具有高效的灾害应急预案，灾前储备有可调用的应急救灾物资，有冗余的供水供电设施，有随时可以启用的应急避难场所，这些都将在灾后初期大大提高系统的功能恢复程度，呈现出如图 16-2 中曲线 BD'C 的形式。

4. 提高城市灾后的可恢复能力

对应于图 16-3，即缩短 AC 段的时间，也就是使得城市灾后恢复到原有功能的时间尽可能短。

灾害发生后城市是否有能力迅速恢复正常，是衡量城市韧性能力的一个重要标准。城市可恢复能力的建设，首先应是城市各类应急设施的建设，包括应急保障设施（如城市应急水源、应急供电设施、应急交通设施等）和应急服务设施（如急救医院、应急消防、应急物资体系、应急避难场所等）的规划建设。我国目前正在大力推进的海绵城市建设，正是体现城市在应对洪涝灾害时提高可恢复能力的一个重要举措。衡量城市可恢复能力还包括社会软恢复能力的建设，包括灾后政府救助、社会捐赠、司法救助、心理援助、保险理赔等。最后城市可恢复能力的建设还包括经济的恢复能力（例如产业的多元化、模块化和复合性将更有助于灾后经济的恢复）、生态环境的恢复能力等。

六、新常态下韧性城市建设对规划师的要求和挑战

我国城市发展正处于城镇化加速发展的中后阶段，城市的发展方式将从数量增长为主转向质量提升和结构优化为主，城市的信息化水平、多元化程度、人文魅力、生态环境以及应对灾害下的韧性能力将成为新时期城市的核心竞争力。作为规划师，应该传承规划之"道"，变革规划之"术"，以改善人居环境为核心，以提高城市韧性为目标，在城市规划的全过程贯彻韧性城市建设的理念，具体来讲包括四个方面：

1. 充分认识城市灾害风险评估的重要性

规划师充分认识和确切了解城市所面临的灾害综合风险，是科学合理地制定城市综合防灾规划的前提与基础。通过灾害风险评估掌握城市不同区域所面临的灾害风险程度，摸清楚城市在安全方面存在的问题及其对城市发展的影响，合理确定城市在规模扩大、空间拓展、结构调整方面所面临的城市安全门槛，进而可以有针对性地避开城市不利于发展的地段，为优化城市的发展规模、用地布局方案提供技术支撑，对各类防灾基础设施进行合理的布局和配置，集中力量防备那些风险高的区域，降低城市灾害风险，从而更有效地提高城市的韧性能力。目前，我国已在深圳等城市开展总体规划编制时，预先进行了城市灾害风险和韧性能力的评估，并作为城市总体规划以及相关政策制定的依据。

2. 强化城市安全线的划定

当前我国城乡规划中规定了红、绿、蓝、紫、黑、橙和黄 7 种控制线。其中城市橙线作为一种空间管制手段，是保障重大危险设施与周边建筑的安全间距，实现重大危险设施周边用地安全规划的重要手段，是城市的安全线。2015 年 8 月 12 日的天津港大爆炸事故再次表明，在城市总体规划阶段，务必明确城市安全线的范围，合理设置好橙线的限制建设区、安全保护区和协调管控区。

3. 韧性社区的规划

社区是城市空间和社会组织的基本单元，社区防灾是城市灾害防治的基础性环节。韧性社区是一种自上而下的防灾社区，其注重防灾的主动性，强调在没有外部支援的情况下，通过强化自身系统的防灾能力，达到促进应急救灾活动、提高灾后恢复能力的目的。事实证明，社区韧性能力的高低是社区应对各类风险的关键因素。一个良好韧性的社区，包括社区物质空间环境具有较高的抗灾可靠性、高效的社区组织、完善的应急响应机制等。

4. 大数据的应用

当前我国已处于"互联网＋"的时代，大数据的多源、量大、实时性等特征能帮助政府部门预测灾害的发生发展，决定救灾的轻重缓急。规划师应该充分利用大数据技术辅助进行城市防灾规划的编制，通过对城市灾害源、承灾体相关信息的采集，利用 GIS 等平台

的强大数据集成、仿真、分析、处理、评估功能，制订科学、合理、有针对性、操作性强的防灾减灾规划和防灾减灾辅助决策系统。

七、结语

城市的发展建设与城市对各种灾难灾害的抵御始终相伴，城市公共安全是国家安全和社会稳定的基石，是经济和社会发展的重要条件。实践证明，持续的低碳城市并不能满足未来的发展需求，城市必须在制订低碳可持续发展路线的同时，采取措施提高其韧性应对的能力。而城市规划者在我国城市建设处于新常态的背景下建设韧性城市，还有很长的路需要探索，任重而道远。

17 城市社区风险治理若干问题探讨

丁　辉

（北方工业大学教授
清华大学应急管理研究基地学术委员会委员
全国风险管理标准化技术委员会副主任）

引言

城市是由一个个或大或小的社区组成的。社区是城市运行的基本单元，城市的活动都是在一个个具体的社区内进行的，社区治理的水平关乎整个城市治理水平。习近平总书记在考察唐山市祥富里社区时指出，社区是党和政府联系、服务居民群众的"最后一公里"，要健全社区管理和服务体制，整合各种资源，增强社区公共服务能力。

目前，我国社区治理存在亟待解决的一些基础性问题，如居民参与性不足、信息共享能力不足、社区风险治理能力不足等。其中，社区风险治理是社区治理的底线思维，应该贯穿社区治理的全过程，否则社区在突发事件面前经不起考验。像武汉百步亭社区就在2020年1月18日，武汉宣布关闭离汉通道的前几天，举办了一场"万人宴"聚会。媒体报道，百步亭下辖的怡康苑，分为5个单元网格，其中一个网格已出现新冠肺炎确诊及疑似病例。可见，社区在强调便民服务、信息化建设时，要把社区风险治理摆在突出位置上。可以认为，社区治理成功的关键在于社区风险治理，社区风险治理水平体现在社区应急水平和应急能力上。本文将对社区与社区风险、社区风险的复杂性及社区风险治理中的关键问题进行探讨，以期为社区风险治理提供有启发性的创新思路。

一、社区与社区风险

1. 社区及社区风险

"社区"是中国学者在20世纪30年代自英文community意译而来，一直沿用至今。"社区"一词目前还没有统一的定义，分析已有的近百种定义的表述可知，社区构成的共同要素有地理要素（区域）、经济要素（经济生活）、社会要素（社会交往）以及社会心理要素（共同纽带中的认同意识和相同价值观念）。因此，这里"社区"的定义采用"具有某种互动关系的和共同文化维系力的，在一定领域内相互关联的人群形成的共同体及其活动区域"[1]。从风险的定义可推出：社区风险是指某一危险情况发生的可能性和后果的组合。本文的社区风险主要指社区安全风险，它是对社区安全造成威胁的各类风险的统称，它直接作用于社区，影响社区的安全与稳定，从而降低社区居民的安全感、幸福感和获得感[2]。

社区类型很多，从纵向角度，有传统社区、发展中社区、现代社区或发达社区；从横向角度，有法定的社区（地方行政区）、专能的社区（如大学、矿区等）、自然的社区等[3]。社区类型不同反映出的社区特色不同，社区所面临的风险也不同。如传统社区，它的特色是历史较长，老年人居多，邻里熟悉、互动多，但社区也面临建筑、设施老旧等问题，相对而言，用火、用电、用气的危险性较高，人群聚集风险和老年人摔伤风险较高。随着社会变迁和城镇化的推进，社区风险在不断变化，如社区内的一些建筑、设施可能会超出其设计要求的运行极限，也可能出现社区周边新建了工厂或加油站等。另外，受到地域、历史原因、传统因素、行政干预等多因素的影响，城市被划分成多个社区，这种社区划分方式不一定与居民的互动格局相关联，也无法充分反映社区中社会关系的动态性和复杂性，这将阻碍社区实现居民自治、安全宜居的目标。因此，科学合理地划分社区是社区治理的关键。

2. 社区风险的多样性和复杂性

社区风险并不是单一存在的，而是相互影响、发展变化的。一种类型的风险可能会随着时间、空间、环境的变化发展为链式效应。社区风险是由人的因素、物的因素、环境的因素引起的。其中人的因素主要指社区内重点人群、特殊人群的不安全行为；物的因素一般指社区内的基础设施等的不安全状态；环境的因素可以指暴雨、地震、台风等。这些因素并非必然会引起社区突发事件，只有在特定条件下才会引发，而且相同的影响因素对不同社区的影响也是不同的，如地震、台风对于脆弱社区将会是重大打击，而对应急准备充分的韧性社区，影响会大大降低。特别要注意的是，各种因素的叠加可能引发后果严重的突发事件，如地震给靠近潜在滑坡地点的社区带来更大的威胁。可见，社区中的风险源是无处不在的，但风险源是否会产生危险并引发严重后果，并非取决于风险源自身，更多的取决于与社区中的其他因素相互作用的结果。如一把菜刀可以看作是一个风险源，但它在社区居民家中仅作为日常工具使用，在一名暴力型精神病患者手中，却有可能成为凶器[2]；一个散布谣言的人是制造不安全的风险源，谣言经过人的传播可能会造成恶劣影响。

社区风险种类繁多，关系复杂。有因果关系清楚并达成共识的社区风险，如楼外消防通道被占用，楼内通道堆放杂物等；有因果关系不清晰，识别困难的社区风险，如社区燃气使用与安全；有可能性未知的不确定的风险，例如地震等。还有些风险是新兴风险，人们对其认识有一个过程，可接受的风险界限短期存在争议，例如：电动自行车如何充电？经过不断学习交流提高认知，发现电动自行车不能在楼内、室内充电停放。社区安全风险的辨识可基于历史数据和经验，但更应该在现实及当前数据的基础上加以分析，获得风险的动态特征和规律。采取措施降低社区风险发生的可能性或减缓突发事件所造成的人员伤亡及财产损失。

另外，还要特别关注风险人群和人的风险。风险人群指社区一些居民本身是风险源，如在疫情期间，社区内的确诊患者的密切接触者和无法排除感染可能的发热患者，还有社区内的流动人员、有吸毒史的居民、社区内的空巢老人等。不同的社区，社区居民的构成不同，风险人群不同，人的风险也不同。如对于一个老年人占比高的社区，需要考虑老年人摔伤的风险，老年人用电、用水、用气的风险；对于流动人员占比较高的社区，治安风险和疫情传播风险较高；对于一些社区风险，经过网络的传播，可能会迅速放大，影响不断聚集升级，再加上社区居民自身认知能力的限制，会造成新的人群风险，如群体聚集行为、抢购行为等。社区风险防控工作的难点，就在于"社区居民的风险"的辨识：人作为风险源，如何研判？什么样的高风险人群会导致什么突发事件？原因是什么？以疫情为例，医院的"早诊断"和"早治疗"固然好，但社区的"早发现"和"早隔离"则更好。但是，一个社区要辨识排查社区内几千人乃至上万人是非常困难的。社区内的风险人群及人的风险如果搞不清，社区工作人员又少，就会出问题。

二、社区风险治理中关键问题探讨

1. 社区风险治理重在社区居民参与网格化管理

1）社区风险治理队伍建设

社区风险治理是一项复杂且长期的过程，需要一支稳定的社区风险治理队伍。社区风险治理队伍在党建引领下，在"平时"要负起社区管理的职责，在"战时"要协助解决社区居民的很多问题，成为居民的依靠。在本次新冠肺炎疫情中，这支队伍以多种形式存在，如一个个专项协同工作组等，承担了许多防控工作，包括老弱病残等特殊人群的生活需求服务、对社区进行消毒杀菌工作、社区封闭管控工作等。可见，这支队伍应当具有"本地化"的特点，要由社区工作者、社区应急志愿者、社区网格管理员和社区居民等共同组成，共同承担社区风险治理的责任。

（1）社区工作者

社区工作者是以社区为基本服务区域，为社区内的各类人群提供各类公共服务与其他公益服务的专职工作人员[4]。在"平时"，社区工作者的职责就是"服务"或"办事"，似乎什么事都管，我们常称他们为"小巷管家"；在"战时"，社区工作者会面临肩负起统筹协调应急资源、应急响应等诸多职责的巨大挑战，这时，他们变成了"小巷应急指挥"。

（2）社区应急志愿者

社区要把社区应急志愿者作为一支重要力量，要在社区建设用于社区应急志愿者的备勤、信息联络、培训交流等活动的应急志愿服务站。不能一说应急志愿者队伍就是去发生大地震的地方救援，这里强调的是本地化应急志愿者队伍的建设和本地化应急志愿行动。社区应急志愿者的行动不仅包括应急救援，更包括预防与准备、监测与预警、隐患排查与风险识别等日常行为，因此，在社区里要建设社区应急志愿者队伍，就要发挥本地社区力量，鼓励社区居民，甚至是健康老年人加入社区应急志愿者队伍，这些志愿者应针对自己的社区开展帮扶弱势人群工作，做好本社区的就近服务，特别是为空巢老人和弱势群体提供帮助。社区应急志愿者来自于本社区居民，更应该得到社区居民的尊重和信任。

（3）社区网格管理员

我国社区网格管理员数以百万计，有专职的，有兼职的，可以是社区工作者，也可以是社区应急志愿者等。社区网格管理员在社区划分的网格单元中发挥着公共管理和服务的作用，如文明创建、门前三包等，也承担着安全、消防等工作。在本次新冠肺炎疫情中，社区网格管理员走街串巷、嘘寒问暖，冒着被传染的风险，化身居民身边的防疫员。

2）鼓励居民积极参与社区风险治理

（1）鼓励居民积极参与社区风险辨识

社区风险辨识是社区居民参与发现、识别、描述风险的过程，包括风险源识别、突发事件识别、潜在后果和原因的识别。社区风险辨识是社区风险治理最基本和最难的环节，要防止"认不清、想不到、管不到"情况发生，达到"我知道、你知道"。社区风险辨识既是社区每一户居民自我风险辨识的过程，也是动态排查、筛选并记录各类社区安全风险点、危险源的过程。风险识别不全，社区预防与应急准备就没有方向和针对性。社区风险辨识应基于"全面、全员、系统"的原则，这一原则体现在全体社区居民参与的基础上，不同居民发挥不同作用，从而系统全面掌握社区风险的种类、数量和分布状况。

居民参与社区风险辨识应确定为社区风险治理的必要程序。社区居民的风险感知能直接或间接反映社区的状态及存在的问题。开展社区居民社区风险感知情况的系统研究，对社区风险进行及时有效的监测和分析，作出预判，找出社区治理的薄弱环节。因此社区工作者应将居民的社会风险感知调查列为一项常态工作，可采用问卷调查、登门访谈、讲座问答等形式定期开展。

社区风险类型不同，处理方式也不同。对于因果关系清楚并达成共识的社区风险，要人人参与，坚决铲除此类风险隐患；对于因果关系不清晰，识别困难的社区风险，需要邀请专家参与进行研判，做到知情；对于可能性未知的不确定的风险，如地震等，必须做好应急准备；有些风险是新兴风险，要加强学习和认识。社区的风险承受力跟社区居民的风险认知、应急能力、价值评判等因素有关，可以说，居民参与社区风险辨识的程度越深，对社区风险的认识越全面和深刻，社区的风险承受力就越高。

（2）鼓励具有职业素养与个人能力的社区居民参与社区风险治理

鼓励社区内具有职业素养与个人能力的社区居民利用其专业知识和能力在社区层面发挥作用，是医生就要救死扶伤，是教师就要传播科教知识，是工人就要运用技能发挥作用。每位有职业素养与个人能力的社区居民都要在社区风险治理和应急管理中发挥自己的特长和优势，为所在社区提供支持和帮助。社区要让更多的社区居民成为社区风险治理者，在突发事件面前成为应急处置者。

突发事件发生时，很多由家庭、社会和市场解决的问题变成了政府责任，并最终都由社区承担，但是社区的工作人员一般不到10人，只能提供最基本的服务。新冠病毒肺炎疫情中，不少社区动员机关党员干部、国企职工和教师下沉到社区，但即便如此，数量也不够。要解决这个问题，只有将社区居民动员起来，将社区中具有职业素养与个人能力的居民动员起来，最终形成人多力量大的社区风险防范化解的治理局面。

3）社区风险治理用好网格化管理

健全社区管理和服务机制，推行网格化管理和服务。科学有效划分网格，必要时拓展网格，并要建立健全网格化风险研判机制、网格化风险防控协同机制、网格化风险防控责任机制等。网格不能仅按行政区域划分，要从人群结构与功能考虑划分，如"合二为一"与"一分为二"等。所谓"合二为一"是指把功能不全的社区和相邻社区重新划分网格；所谓"一分为二"是把功能强的社区分为2个社区。从安全风险角度，社区网格化管理的重要性不仅在于日常的社区风险管理，例如社区治安秩序管理、社区火灾隐患排查等，同时也在于对突发事件发生时的及时响应，例如排查网格内传染病人并做好居家隔离观察服务；自然灾害发生时，可通过网格化管理进行不留空白的预警和人群疏散等。总之，有效实现对社区网格单元的安全风险管理和服务，可提升社区居民"我要安全"的意识和"我会应急"的能力，提高社区安全韧性。

2. 科技支撑和法制建设保障社区风险治理

1）科技支撑社区风险治理

创新社区风险监测监控、预测预警、智能防范的理论方法与技术，科技创新支撑社区风险治理，为解决社区风险治理提供新思路、新方法、新技术和新装备，为社区安全保障能力和水平的持续提升提供重要支撑。

（1）信息化支撑社区风险治理

通过物联网、云计算、大数据信息技术手段，可以实现社区资源整合和统一共享、智能防范，促进社区突发事件精准预警和快速响应。目前，信息化在社区应用并不充分，一方面是由于对发展社区信息化的重要性、必要性和紧迫性认识不够，另一方面是资金、技术等客观条件的制约，影响了社区信息化建设的进程。信息技术手段应用于社区治理要力求简约和低成本，不是动辄斥巨资上设备与平台，关键技术要明确有效，借鉴中医望闻问切的科学方法，而不仅是吃药打针做手术等技术手段。

社区信息化建设要有统一标准。标准包括数据采集的基本要素、数据的来源、数据采集的方法及要求等[5]。统一标准有利于各个系统间的融合贯通，使社区信息化做到标准化、程序化、规范化，使社区居民感到实用好用。目前，我国社区信息化建设还远远没有完成，很多社区面临软硬件的升级，且缺乏掌握基本信息化应用技术的工作人员等。

围绕社区治理的信息化关键技术有：社区特殊人群和重点人群安全风险预警技术、社区重点人员与特殊人群异常行为预警技术等；信息技术手段支持社区风险进行监测和防范；对社区运行系统的数据表象及时空变化规律进行动态监测，通过数据挖掘与分析，建立社区风险态势数据分析模型，实现关联结果分析、趋势预判分析、模拟预测分析；通过大数据挖掘分析，探索社区突发事件发展规律，构建突发事件预警指标体系等。

（2）科技促进社区基础设施安全可靠

社区基础设施包括社区交通、供水供电供气、商业服务、园林绿化等市政公用工程设施和公共生活服务设施等，它与社区居民生活紧密相连，是社区风险治理的重要对象，社区基础设施不能存在不安全的状态。因此，要采用科技手段全面提升社区基础设施安全保障能力，特别要加强对社区生命线系统的管理与维护，确保社区水、电、气、热的安全性、稳定性和持续性。

当生命线系统进入社区和家庭后，生命线安全就和社区千家万户紧密相连，要特别针对燃气进入社区、进入百姓家庭的风险开展研究，要对老旧小区燃气管网的常见风险隐患进行排查治理，这主要是由于一些老旧小区燃气管道建设工程起步较早，缺乏统一的规划，燃气管网布局混乱；老旧小区燃气管道工程设计所执行的规范与设计理念较为落后；此外，对老旧小区地下燃气管线的具体分布情况掌握不足，一旦发生燃气泄漏事故，无法采取及时有效的措施；有的老旧小区燃气管道使用年限已经达到使用寿命等。另外，还要研究社区燃气安全中人的风险认知，全面提升社区燃气安全保障能力。

2）法治建设保障社区风险治理

社区治理是在法治化、规范化的前提下，由社区党组织、社区自治组织、社区非营利组织、辖区单位以及社区居民等多元主体共同管理社区公共事务。社区治理需要正规化和专业化，但不意味着行政化，而应该是法治化。社区风险治理要坚持依法管理，运用法治思维和法治方式提高风险治理的法治化、规范化水平。社区风险治理涉及很多法律法规，如突发事件应对法、安全生产法、消防法、传染病防治法等，这些法律法规可提高社区依法应对突发事件的能力，及时有效控制、减轻和消除突发事件引起的社区危害，保护居民生命财产安全。另外，社区相关人员也要学法懂法，准确把握所承担的职责及突发事件应对办法，包括突发事件应对的基本原则、制度、内容等。通过学法普法建立风险治理宣传教育的长效机制。在突发事件发生时，不能仅仅依靠政府，只有学好突发事件的应对办法，提升自救和互救的能力，才能减少人员伤亡和财产损失。另外，要从立法和组织、机制角度，充分发挥社区应急志愿者作为第一响应者的作用；要创新公共法律服务模式和提升基层执法能力；要推动公共法律服务科技信息化建设的内涵创新和公共法律服务的模式创新；要应用智能技术，积极推动律师、公证、司法鉴定、仲裁、司法所、人民调解等各业务领域法律服务资源的加速聚集整合，提升公共法律服务的系统性。

三、结论

本文给出社区与社区风险的概念，分析了社区风险的复杂性和多样性，并指出社区风险治理队伍建设，社区居民的积极参与，网格化管理的应用，信息化技术、科技水平及法制建设的支撑作用是提升社区风险治理水平的重要因素。

参考文献

[1] 柳文臻. 西安市社区居家养老服务存在问题与对策研究 [D]. 长春：长春工业大学，2019.

[2] 吴永超. 中美社区安全风险防控比较研究 [D]. 北京：中国人民公安大学，2019.

[3] 周小龙. 社区营造视野下的客家民间信仰：以于都寒信村水府庙会为考察中心 [J]. 嘉应学院学报，2014 (3)：22-27.

[4] 王燕. 社区工作者队伍建设现状及对策研究 [J]. 现代商贸工业，2017 (14)：66-67.

[5] 张良礼，童隆俊. 南京市社区信息化建设实践 [J]. 中国信息界，2006 (15)：32-34.

18 建筑防雷设计技术简介
——天津国家会展中心防雷设计

胡登峰 尤红杉 郝晓龙

（中国建筑科学研究院有限公司 北京 100013）

引言

项目展馆区总建筑面积约为 135.2 万 m^2。室内展厅均为单层，建筑高度 23.9m；整个展馆区的中央大厅建筑高度最高，为 33.9m。展馆区仅中央大厅区域设置一层地下室，东西展馆区除沿东、西向设置的综合主管沟（高度 5.5m）、每组展馆主管沟（高度 2.19m）及次管沟（高度 0.8m）位于首层标高以下，其他区域均为地面建筑。

项目展厅、通廊屋顶均为金属屋面，中央大厅屋顶由采光玻璃与金属屋面相结合；展厅、通廊、中央大厅均采用钢框架结构，中央大厅地下一层采用钢筋混凝土框架结构；基础型式为桩基础＋抗水板。本项防雷设计包括外部防雷和内部防雷。充分利用建筑本体结构，打造雷电引入的安全通道。

一、建筑物雷击风险及防雷类别

1. 建筑物雷击风险按预计年均雷击次数确定；

本建筑预计年均雷击次数计算：

$$N=N_g \times A_d \times C_d \times 10^{-6}$$

式中：N——建筑预计年均雷击次数，次/a；

N_g——平均地闪密度，次/（$km^2 \cdot a$），每年每平方公里雷击大地的次数可从 N_g 的分布图（或从地区的 N_g 记录，或当地有关部门地闪定位网络系统数据）查取；当无 N_g 数值时，可按 N_g 约等于 $0.1T_d$ 获得（T_d 为当地的年均雷暴日；天津 $T_d=29.3$）；

A_d——建筑的等效雷击接受面积，m^2；计算 $A_d=756459m^2$；

C_d——建筑的位置因子；本建筑位于海河边，$C_d=1.5$。

经计算本建筑预计年均雷击次数 $N=3.32$（次/a），雷击风险高。

2. 按《建筑物防雷设计规范》GB 50057—2010，本项目为特大型展览建筑，按第二类防雷建筑物设计。

二、直击雷防护

1. 接闪装置

（1）屋顶防雷接闪装置设计

根据《雷电防护 第 2 部分：风险管理》GB/T 21714—2015/IEC 62305-2：2010，每次

直击雷造成建筑物物理损害的概率与建筑物采取 LPS 防雷装置型式有关系，见表 18-1；

P_B 与 LPS 防雷装置类型的关系　　　　　　　　　　　　　　表 18-1

LPS 特性	P_B
Ⅱ类 LPS（滚球半径 30m，网格 10m×10m）——对应二类防雷	0.05
Ⅰ类 LPS（滚球半径 20m，网格 5m×5m）——对应一类防雷	0.02
建筑物安装有Ⅰ类 LPS 的接闪器，采用连续的金属框架或钢筋	0.01
建筑物以金属屋面作接闪器或安装有接闪器（可能包含其他的自然结构部件）使所有屋面装置得到完全的直击雷防护，连续金属框架或钢筋混凝土框架作自然引下线	0.001

本项目展厅全部屋面、中央大厅局部屋面采用钢桁架支撑的金属铝镁锰板，厚度 0.9mm，屋面下方均无易燃物。

根据表 18-1，本项目雷击风险高，为降低雷击建筑物的损坏概率，充分利用金属屋面作为防雷接闪装置是唯一合理的选择。

按防雷规范要求，采用铝板材质的金属屋面作为接闪器时，厚度不小于 0.65mm；因为铝镁锰合金导电性能优于铝，所以采用 0.9mm 的铝镁锰金属板完全满足雷电接闪的要求。

（2）金属屋面防雷实施方案

金属屋面的连接：屋面板采用肋高 65mm、有效宽度 400mm 的金属模块拼接，连接采用卷边压接＋螺钉连接的组合方式。相邻两块金属板采用内外包合的方式压接在间距 400mm 的金属支座上，如图 18-1 所示。

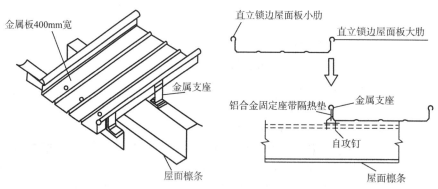

图 18-1　雷电流泄放——0.9mm 金属板、金属支座连接

按 GB 50057-2010 第 5.2.7 条第 1 款，金属屋面的卷边连接、螺钉连接可以满足持久的电气贯通要求。

屋面接闪电流通道：展厅为大跨度（横向约 80m）空间，屋面接闪电流无法就近泄放，只能通过金属屋面沿连接的金属支座位置泄放至屋面的金属檩条上，为保证金属支座与金属檩条之间的电气贯通连接，专设雷电流的导电片，导电片采用 40mm×4mm 的扁钢，两端分别与金属支座、金属檩条采用螺钉的连接方式。如图 18-2 所示。

与主体结构的连接：屋顶金属板、支座、檩条均属于金属屋面的结构系统，上述连接还不能将电流分散至接地系统。只有将屋面接闪系统导入展厅主体的钢结构中，才能完成屋顶雷电接闪电流引下的转换。

屋面板：1.0mm厚直立锁边铝镁锰合金板

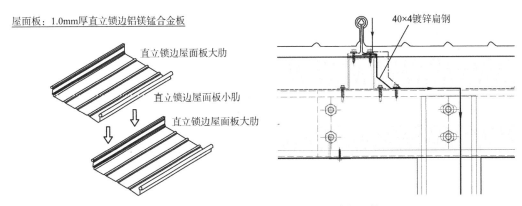

图 18-2 雷电流泄放——金属支座与檩条连接

展厅屋顶主体结构为钢结构桁架，金属桁架简支弦杆之间的连接均为焊接，屋顶接闪系统的横向檩条（沿展厅短边平行布置）通过檩条的金属支座与桁架结构焊接，完成与主体结构的连接。如图 18-3 所示。

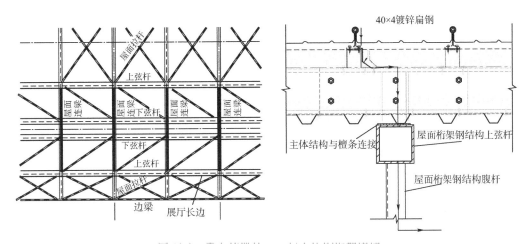

图 18-3 雷电流泄放——与主体钢桁架连接

（3）中央大厅屋顶防雷

整个展馆区的中间位置是中央大厅。中央大厅在大型展会期间是登录大厅，同时也是发布新闻、举办开幕式等重要活动的公共空间，中央大厅屋面由 36 组"伞"面（29m×29m）和连接相邻两组伞面的屋面（29m×8m）组成，36 组"伞"面除中心位置为尺寸 5.5m×5.5m 的玻璃天窗外，其他区域均是金属屋面，构造同展厅；两组"伞"之间的屋面均为玻璃屋面。

为保证玻璃屋面防雷的安全，采用屋面明敷接闪带的方法；综合考虑建筑方案方的意见，接闪带不考虑在玻璃屋面位置敷设，考虑沿"伞"形屋面四周布设，同时通过加强接闪带的支架强度（8mm 厚钢板），提高接闪带的安装高度，形成"短接闪杆"的保护效果。如图 18-4 所示。

（4）屋顶太阳能光伏板防雷条件安装预留

为打造绿色节能的会展中心，充分利用大面积屋顶，考虑设置光伏发电系统；为保护太阳能光伏发电板及系统设备，在屋面已预留雷电防护条件。

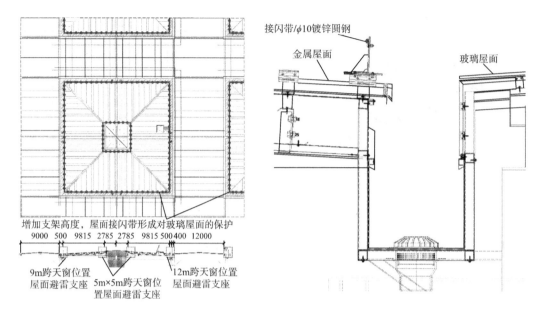

图 18-4 中央大厅明敷设接闪带

太阳能光伏板的雷电防护方案考虑在光伏板支架上设置防雷接闪短杆的方式，具体做法在本系统深化阶段确定，本次设计及施工将光伏板的支架与金属屋面的防雷系统进行可靠连接。如图 18-5 所示。预留连接卡件与光伏板的支架连接，此连接卡件将屋面金属支架、屋面金属板紧密压接在一起，保证电气贯通通路。

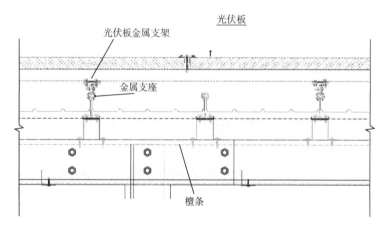

图 18-5 光伏板防雷连接预留

2.防雷引下线

（1）展厅防雷引下线的设置采用两种方案的组合

方案一：充分利用主体钢结构构件作为防雷引线，每组展厅设置 20 组"人"字钢柱作为防雷引下线，如图 18-6 所示。

方案二：利用 +13.20 标高位置以上的幕墙主龙骨，主龙骨上端与屋顶主体桁架结构可靠连接，幕墙主龙骨下端与夹壁墙内钢结构相连，形成完整的引下系统。如图 18-6 所示。

（2）中央大厅防雷引下线设置方案同展厅

（3）防雷接地

整个会展项目采用桩基础＋抗水板的基础型式。防雷接地系统的设计充分利用大底盘基础，利用桩基基础、抗水板内上下两层的主筋按不大于 10m×10m 网格进行焊接。

本项目采用综合接地系统。要求接地电阻不大于 1Ω。

所有钢结构柱在地下 1m 处均采用不少于 2 根大于 $\phi16$ 的圆钢焊接，圆钢另一端与基础接地钢筋焊接。如图 18-7 所示。

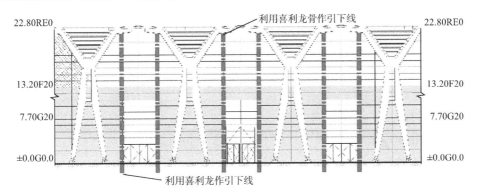

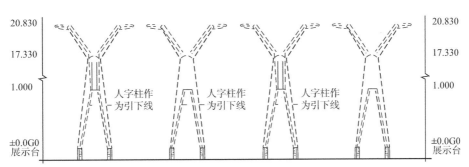

图 18-6　展厅引下线

图 18-7　基础接地

三、防闪电电涌侵入设计

（1）雷电作为损害源，是一种高能现象。闪电释放数百兆焦的能量，这与建筑物内电气和电子系统中敏感设备所能耐受的毫焦数量级的能量不是一个量级，因此对建筑内的电气和电子设备进行保护很有必要。

（2）本项目雷击风险较高，通过充分利用金属屋面、金属幕墙、主体钢结构形成完善的直击雷防护措施，很大程度上降低了雷击建筑物及其附近可能造成的建筑物内电气和电子设备的损耗风险。应该加强雷击入户线路及其附近的防护，以免闪电电涌侵入建筑物内，造成建筑物内电气和电子设备的损害。

（3）本项目20路10kV电源自专用变电站沿室外电缆排管引入室内10kV开关站，10kV进线柜位置均设置避雷器。室外箱式变电站的10kV进线侧也设置避雷器。

（4）低压电源系统按三级设置闪电电涌保护装置。主要设置部位：低压主进开关柜内；第一级区域配电柜内、室外配电柜及室外重要设备的控制柜；重要弱电机房配电柜（如数据中心、应急指挥中心、安防控制室等）。

设置原则：

①变电所低压母线上、室外展场电源柜、室外箱式变电站低压母线上均装设浪涌保护器（SPD），且SPD应满足耐受典型波形10/350μs，冲击试验电流为20kA，最大持续运行电压440V，电压保护水平不应大于2.5kV。

②室内总配电柜（动力柜／总电源柜，馈线回路不出室外）装设浪涌保护器（SPD），且SPD应满足耐受典型波形8/20μs，冲击试验电流为40kA，最大持续运行电压385V，电压保护水平不应大于2.0kV。

③数据中心及重要的弱电机房电源柜应装设浪涌保护器（SPD），且SPD应满足耐受典型波形8/20μs，冲击试验电流为20kA，最大持续运行电压385V，电压保护水平不应大于1.2kV。

四、等电位及安全隔离

等电位接地及安全隔离主要保障建筑物内人员安全以及电气设备的安全与正常运行。本项目为会展建筑，部分功能区域比较特殊。

1. 综合管沟区域

综合管沟承载主要机房联通各个展厅的机电管线通道，管沟内环境相对潮湿、空间有限，各种管线集中，需要设置等电位接地，以保证运用维护人员安全。综合管沟区域的等电位接地直接利用人工敷设50×6热镀锌扁钢，扁钢下端与接地极可靠焊接，扁钢上端甩头与沟内通长敷设的接地扁钢可靠焊接；综合管沟内主管沟内的10kV金属桥架，强、弱电金属桥架，金属管道，金属支架等金属构件均就近与通长敷设的接地扁钢连接。连接基础接地极人工敷设50×6热镀锌扁钢，按综合管沟内的柱距间距设置。

50×6镀锌扁钢

1号展厅主管沟

图18-8 展厅主管沟等电位接地

2. 展厅主管沟

每组展厅沿展厅两侧设置主管沟。主管沟高度2.19m，管沟内除不设置10kV电缆桥架外，其他管线同综合管沟，等电位接地做法同综合管沟。如图18-8所示。

3. 展厅次管沟

每组展厅按展位区域划分均设置 15 条管沟，管沟深度 1.0m，宽度 0.8m；展厅次管沟为水电气同沟，电气展位箱、用水和用气的展位箱在沟两侧的地面安装。考虑展览设备的接地要求及运行维护安全，在每处展位设置等电位接地端子板，端子板直接利用人工敷设 50×6 热镀锌扁钢，扁钢下端与接地极可靠焊接，扁钢上端预留接地端子；次管沟内的展位箱外壳及金属线槽、金属管道、管沟金属沟盖板等金属构件均就近与接地端子可靠连接。

4. 安全隔离

展厅照明主灯具均安装在屋顶结构桁架上，考虑雷电流的下引通道对灯具的影响，将灯具金属支架与桁架焊接，灯具金属外壳考虑与支架等电位连接。

参考文献

[1] 中国建筑科学研究院，中国建筑标准设计研究院有限公司. 防雷与接地：15D500-505[M]. 北京：中国计划出版社，2015.

[2] 广东省防雷中心. 雷电防护. 第 2 部分：风险管理 GB/T 21714.2-2015[S]. 北京：中国标准出版社，2016.

[3] 工业和信息化部通信计量中心. 雷电防护. 第 3 部分：建筑物的物理损坏和生命危险：GB/T 21714.3-2015[S]. 北京：中国标准出版社，2016.

[4] 机械工业部设计研究院. 建筑物防雷设计规范：GB 50057-2010[S]. 北京：中国计划出版社，2011.

[5] 中国建筑标准设计研究院，四川中光防雷科技股份有限公司. 建筑物电子信息系统防雷技术规范：GB 50343–2012[S]. 北京：中国建筑工业出版社，2012.

[6] 王时煦等. 建筑物防雷设计 .2 版. 北京：中国建筑工业出版社，1985.

19 适应与再生：基于风险防控的城市韧性研究进展与实践综述

范 乐[1] 张靖岩[1、2] 王燕语[3] 韦雅云[1]

(1.中国建筑科学研究院有限公司 北京 100013；2.国家建筑工程技术研究中心 北京 100013；3.哈尔滨工业大学建筑学院 哈尔滨 150006)

引言

城市防灾的研究和实践经历了抵御性防灾到适应性防灾，再到韧性防灾的发展历程。采用堤坝加固的手法阻挡洪水，是城市工程防御灾害的典型手段。1927 年密西西比河大洪水摧毁堤坝的案例说明，单一抵抗手段在灾害多变性、突发性特征的影响下难以发挥预计效果。之后，研究人员开始尝试根据地域灾害特性制定适应性防灾策略。包括根据地理位置特点和易发灾害种类限制地块开放力度及类型；要求建筑满足防洪、防火、抗震等规范要求；城市生命线相关基础设施和建筑类型布置远离灾害侵袭的区位；划定灾害易受损区域，对已建成建筑及人群进行改造和迁离。韧性概念在城市防灾领域的应用，强调了城市对灾害抵抗力、适应力和恢复力的需求，涵盖了灾害对城市破坏阶段和恢复阶段的时间区间，实现了抵御性防灾和适应性防灾的升华。

本文在理论研究方面梳理了城市韧性的发展现状，总结了当下城市公共卫生事件对城市韧性建设带来的启示和挑战。在城市韧性测度方面，根据现有文献得到主要量化方法。在实践方面，探讨了城市韧性政策以及相关策略在社区层面的实践成果。

一、城市韧性研究现状与动态发展

韧性概念从最初的"工程韧性"到"生态韧性"再到"社会—生态韧性"，体现出了涉及领域、时间尺度、参与角色不断丰富的发展特征，以及韧性判定标准由单一准则向多元复合准则发展的变化趋势[1]。这一历程也引发了城市韧性研究领域的认知演变，并且不断衍生出新的时代需求。

1.城市韧性的研究热点

根据知网对"城市韧性"的检索结果，国内针对该领域的研究起步于 1996 年，2015年后关注度呈现稳步上升的趋势，并于 2020 年达到热度峰值（图 19-1）。外文论文检索网站 Web of Science 中对"Urban Resilience"的检索结果表明，国外城市韧性研究起步时间与国内相近，2007 年后的关注点有所增加，2014 年后产出了大量研究成果，之后维持稳步增加的趋势（图 19-2）。

城市韧性研究成果的聚类分析结果表明，该概念带动了城市防灾减灾领域的认知更新、

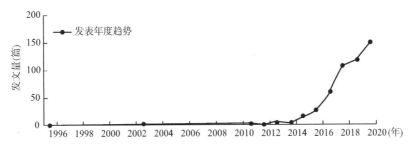

图 19-1 国内城市韧性研究论文发表量年度趋势（图片来源：知网）

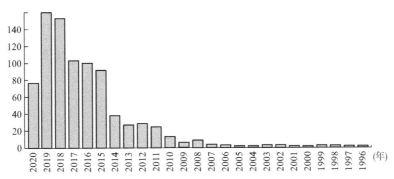

图 19-2 国外城市韧性研究论文发表量年度趋势（图片来源：Web of Science）

打破了固有思维模式，不仅在城市规划和工程建设等方面进行了单一方向的深入探讨，并且促进了防灾领域学科交叉的统筹发展（图 19-3）。在城市规划领域，实现了城市设计、韧性规划、风景园林、韧性社区等研究框架的视角更新。Allan 等学者提出通过城市空间形态实现对突发灾害的有效缓冲，同时依靠空间节点设计提高灾后人群生活的适应能力[2]。在工程建设领域，促进了海绵城市、结构抗震等基础设施建设项目的融合统筹。陆新征提出了既有建筑韧性抗震的技术手段和工程损耗[3]。在学科融合的研究中，范乐根据灾后人群的疏散行为模式，为区域安全韧性规划提供了数据支持[4]。同时，在城市韧性理念的倡导下，有学者尝试搭建学科融合、技术集成的应用平台，推动多灾种、多阶段、多元素集成系统的开发[5]。

2. 韧性需求的时代更新

在灾害认知逐渐深入、技术手段不断创新、韧性理论日趋完善的背景下，城市韧性的建设需求体现出快速革新的发展特征。新冠疫情的爆发促使学界针对公共卫生事件进行了城市韧性需求的更新。

（1）应急交通与软性连接

传染性公共卫生事件带来了城市应急模式的改变。城市规模的封闭管理导致物资需求及运输量急速增加；人群行为由外出型疏散向居家型隔离转变，造成物资集散线路的大幅扩充[6]。在应急道路为灾时物流运输提供硬件设施的同时，也需要增强城市应急交通的软性连接，建立灾时物资供应链和高水平物流仓储体系，提高物资供给、物资调配和物资运输能力。

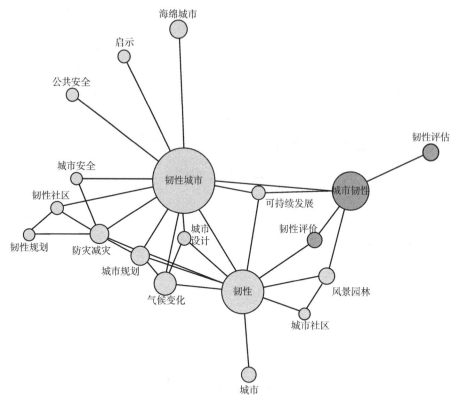

图 19-3 城市韧性研究成果聚类分析（图片来源：知网。已重绘）

（2）空间留白与复合利用

城市防灾措施的制定往往以历史灾害数据为依据，得到潜在灾害的预判信息，从而实施城市防灾规划策略、制定应急预案。该类做法虽然能够满足常规情况下的安全需求，但非常规、超强度的新型灾害从韧性角度对城市适应性提出了考验。面对城市运行的复杂性和风险性，规划留白机制能够有效加强城市韧性，发挥空间弹性[7]。雄安新区在用地分类中，提出了发展备用地的概念，在适应国家战略调整、保障人群服务需求的同时，增加了城市空间应对灾害的灵活性。对于城市既有区域，在规划肌理完善、规划留白机制难以实现的情况下，可以增加空间利用的复合性，加强空间使用性质的转化能力[8]。

（3）科技创新与数据集成

当下科技创新成了城市的核心发展力，如何依靠技术更新和数据集成推动防灾策略的精准定位，成了提高城市韧性的核心力量。2020 年 4 月，国家发改委首次明确了"新基建"的范围，强调了信息通信、数据采集等基础设施建设、融合及创新的重要性。该政策有利于城市信息平台的完善和建立，同时为城市韧性各学科的深度挖掘和相互连接提供了可能。

二、城市韧性的测度方法

灾害背景下，多元化、多领域、多需求的构成特征成为城市韧性测度研究的难点。当下主要的定量分析方法可以划分为区域韧性的指标评价、系统韧性的模型推演和承灾韧性的平台模拟。

1. 区域韧性的指标评价

指标评价的方法多用于一定空间范围的区域韧性量化研究。在社区尺度上，Orencio 通过专家打分法和层次分析法对海滨社区的安全韧性进行了评价；Jonas 通过问卷调查和焦点小区讨论，探讨了气候灾害影响下的社区韧性程度[9, 10]。在城市尺度上，彭琳建立了针对中小城市的灾害韧性评价体系，并由此推导出提高城市韧性的规划策略；白立敏采用熵值法和空间自相关分析对中国城市进行了韧性特征的对比研究[11, 12]。区域韧性评价研究的指标构成具有涉及领域广泛、维度差异较大的特征，该类方法有助于定性和定量不同维度指标的统一量化，实现了空间构成、经济、环境、生命线等多领域要素的综合评判（表 19-1）。

区域韧性指标评价研究 表 19-1

量化方法	研究对象	指标体系	评价方法
指标评价	社区 [9]	环境及自然资源管理、居民健康、可持续居住环境、社会安全、经济机构、结构保护、区域规划	专家咨询、层次分析
	社区 [10]	物理、社会、经济、制度、环境	问卷调查、焦点小组讨论
	城市 [11]	人文、生命线系统、经济、生态环境、灾害准备	专家咨询、层次分析
	城市 [12]	经济、社会、生态、基础设施	熵值法、空间自相关分析

2. 系统韧性的模型推演

基于数学模型推演的城市韧性量化方法主要针对单一系统或相近类别的复合系统。该方法在城市生命线韧性研究中的应用较为广泛，Fang 建立了自适应鲁棒模型探讨城市电力、天然气系统的韧性情况；Kong 根据网络理论结合数值分析手段，得到了基础设施在多灾种影响下的韧性特征[13, 14]。另外，利用数学模型实现对韧性曲线的转译构成了模型推演方法中的重要类型。李瑞奇通过 Monte Carlo 展现建筑、交通、能源、通信、供水多系统性能随时间变化的情况；Cimellaro 利用非线性微分方程建立韧性曲线的表达模型，并将模型应用于医疗系统的韧性计算中（表 19-2）[15, 16]。该类方法的优势在于综合考虑城市承灾和恢复的全时间周期，充分表达抵抗力、恢复力等韧性特征。

系统韧性模型推演研究 表 19-2

量化方法	研究对象	模型	构成
模型推演	生命线（电力、天然气）[13]	自适应鲁棒优化模型	灾害特性算法、易损性模型、恢复时间模型
	生命线（燃气、电力）[14]	网络理论数值分析	单一灾害韧性模型、多灾害韧性模型、基础设施修复模型
	基础设施、生命线（建筑、交通、能源、通信、供水）[15]	韧性曲线 Monte Carlo	结构组成、结构功能函数与安全韧性函数、破坏性函数、功能恢复函数
	建筑运维（医院系统）[16]	韧性曲线非线性微分方程	损失函数、恢复函数、机械类比、脆弱性函数

3. 承灾韧性的平台模拟

由于目前城市安全韧性的研究并未形成固定的评判标准，同时模拟平台多以单一要素的灾害性能为研究对象，因此承灾性能平台模拟方面的韧性量化研究多以某一元素或空间作为切入点，形成了自下而上的研究机制。其中，Yang 强调除管理、经济等要素之外，基础设施的硬件防灾性能构成了增强韧性的关键，依靠模拟平台构建雨水排水及道路交通相关模型，实现相应系统的韧性水平判定[17]；Wu 利用 ArcGIS 对城市潜在洪水威胁进行了分析，利用 CityEngine 进行了基于规则的 3D 动态建模实践[18]；Leon 以重大灾害下的人群疏散作为研究对象，利用 Agent Analyst 平台建立人群疏散模型，探讨城市路网的拥堵区域分布，并提出优化方法[19]；Makhoul 依靠模拟平台得到了建筑地震损伤信息，从而为城市抗震能力的韧性评判提供依据[20]（表 19-3）。该类方法提高了单一要素的韧性研究深度，通过可视化的研究结果和不利区域的精准定位，有利于基础设施建设、城市规划等优化策略的提出。

承灾韧性的平台模拟研究 表 19-3

量化方法	对象	平台	分析方法
平台模拟	雨水排水、道路交通[17]	SWMM VISSIM	雨水管网排水模型 微观车流心理物理模型
	洪水[18]	Arch GIS City Engine	洪灾风险地理信息分析 基于规则的建模方法
	道路疏散[19]	Agent Analyst	Agent-based Model
	能源[20]	ArchGIS、 Ergo	建筑地震损伤

三、城市韧性实践

当前城市韧性实践仍然处于起步阶段。部分城市颁布了韧性相关文件和计划，凸显了提高城市韧性的重要性，拓展了韧性的维度，与研究领域形成了相互促进的反馈机制。另一方面，社区由于基层参与、切实解决直接问题的特点成了城市韧性实践的基石。

1. 自上而下的政策引导

城市韧性建设理念的全面推行依赖于各部门、机构的协同调整，因此，自上而下的政策传导能够明确发展目标、引导发展方向，在城市韧性实践中扮演着至关重要的角色。洛克菲勒基金会"100RC"韧性城市网络中的成员相继推出韧性计划，提出韧性发展目标和操作措施。现有计划体现出三点共性（表 19-4）。第一，维护社会稳定、保障种族平等、促进经济协调是改善城市韧性的基本任务；第二，提高城市防灾、适灾能力是城市韧性发展的共性目标；第三，创建美好家园、推动低碳节能生活是提高城市韧性的重要手段。上述目标的着眼点不仅是自然灾害、人为灾害等直接伤害，还将平等、经济等社会矛盾，能源、污染等环境危害纳入风险防控的范畴，扩大了城市安全影响因素。

城市韧性计划相关案例 表 19-4

城市	时间	文件 / 计划	目标
墨尔本	2016 年	《韧性墨尔本》	居民团结，社会平等，活力经济，健康环境[21]
伯克利	2016 年	《伯克利：韧性战略》	提高社区防灾能力，使用清洁能源，适应气候，保护生态，种族平等，社会平等[22]
芝加哥	2019 年	《韧性芝加哥：为一个包容性增长和连接性城市而规划》	满足经济保障、生活需求的社区，实现数据支持、区域协调、低碳排放的基础设施，具备可持续生活方式和防灾能力的社区[23]

2. 自下而上的社区推动

早期的城市防灾研究中，社区作为社会结构的基本构成要素，得到了一定的重视。美国的"减灾型社区"，日本的"防灾生活圈"，台湾地区的"救灾避难圈"，都是对社区防灾重要性的回应。而韧性概念的提出，给社区带来了全新的建设需求。美国选取试点社区推行韧性社区计划，为空间构成、管理机制、应急行动等要素提供指导[24]。同时，为了提高社区民众韧性意识，北墨尔本地区联合高校科研机构，组织疏散演习，为居民提供应急住宿、心理辅导、急救物资配置、正确应急行为等多方面信息普及。与原有社区防灾措施相比，韧性社区的建设强调了通过增加各项机能的冗余度应对灾害的不确定性，同时利用科技手段提高防灾决策的准确性[25]。

四、结语

风险防控背景下的城市韧性研究正在向着多学科融合、多视角挖掘的方向发展，公共卫生等突发事件对城市韧性提出了增强软性连接、落实空间留白和倡导科技决策的需求。为了解决城市韧性定性和定量元素交织、系统构成复杂的量化难点，测度研究形成了指标评价、模型推演、平台模拟三类主要方法。在城市韧性实践方面，大量城市推出了韧性建设计划，并且在社区建设层面做出了一定的回应。如何突破学科壁垒，实现韧性系统对城市规划形态的直接反馈，落实韧性策略，成了今后研究中亟待解决的问题。

参考文献

[1] 臧鑫宇，王峤.城市韧性的概念演进、研究内容与发展趋势 [J].科技导报，2019，37（22）：94-104.

[2] Allan，Penny，Bryant，Martin. Resilience as a framework for urbanism and recovery[J]. Journal of Landscape Architecture，2011，6（2）：34-45.

[3] 陆新征，曾翔，许镇，杨哲飚，程庆乐，谢昭波，熊琛.建设地震韧性城市所面临的挑战 [J].城市与减灾，2017（4）：29-34.

[4] 范乐，王燕语，张靖岩，韦雅云.基于人群疏散行为的西南山地城镇住区安全韧性提升对策 [J].清华大学学报（自然科学版），2020，60（1）：32-40.

[5] 黄弘，李瑞奇，丁盈才，季学伟，周睿.安全韧性城市构建的若干问题探讨 [J].武汉理工大学学报（信息与管理工程版），2020，42（2）：93-97.

[6] 李晔，刘兴华，何青.面向防疫的城市交通系统韧性特征及提升策略 [J].城市交通，2020，18（3）：80-87+10.

[7] 左为.城市规划的"留白"之道 [J].城市规划，2018，42（1）：83-91.

[8] 黄建中，马煜箫，刘晟.城市规划中的风险管理与应对思考 [J].规划师，2020，36（6）：33-35+39.

[9] Orencio P M，Fujii M.A localized disaster-resilience index to assess coastal communities based on an analytic hierarchy process（AHP）[J]. International Journal of Disaster Risk Reduction，2013（3）：62-75.

[10] Jonas Joerin，Rajib Shaw，Yukiko Takeuchi，Ramasamy Krishnamurthy. Assessing community resilience to climate-related disasters in Chennai，India[J]. International Journal of Disaster Risk Reduction，2012.

[11] 彭琳，杨应迪，张珂，刘学通.中小城市灾害韧性评价体系研究 [J].安徽理工大学学报（自然科学版），2019，39（6）：77-82.

[12] 白立敏，修春亮，冯兴华，梅大伟，魏冶.中国城市韧性综合评估及其时空分异特征 [J].世界地理研究，2019，28（6）：77-87.

[13] Fang Y P，Zio E. An adaptive robust framework for the optimization of the resilience of interdependent infrastructures under natural hazards[J]. European Journal of Operational Research，2019，276.

[14] Kong J，Simonovic S P . Probabilistic Multiple Hazard Resilience Model of an Interdependent Infrastructure System[J]. Risk Analysis，2019，39（8）：1843-1863.

[15] 李瑞奇，黄弘，周睿 . 基于韧性曲线的城市安全韧性建模 [J]. 清华大学学报（自然科学版），2020，60（1）：1-8.

[16] Cimellaro G P，Reinhorn A M ，Bruneau M . Framework for analytical quantification of disaster resilience[J]. Engineering Structures，2010，32（11）：3639-3649.

[17] Yang Y，Ng S T，Zhou S，et al. A physics-based framework for analyzing the resilience of interdependent civil infrastructure systems：a climatic extreme event case in Hong Kong[J]. Sustainable Cities & Society，2019.

[18] Wu C L，Chiang Y C. A geodesign framework procedure for developing flood resilient city[J]. Habitat International，2018：78-89.

[19] León，Jorge，March A. Urban morphology as a tool for supporting tsunami rapid resilience：A case study of Talcahuano，Chile[J]. Habitat International，2014，43：250-262.

[20] Makhoul N，Navarro C，Lee J，et al. Assessment of seismic damage to buildings in resilient Byblos City[J]. International Journal of Disaster Risk Reduction，2016，18（Complete）：12-22.

[21] 王江波，苟爱萍 . 墨尔本的韧性城市战略与行动计划 [J]. 安徽建筑，2019，26（10）：9-10+69.

[22] 王江波，张凌云，苟爱萍 . 美国伯克利韧性城市行动计划与启示 [J]. 城市建筑，2020，17（4）：20-22+125.

[23] 王江波，沈天宇，苟爱萍 . 美国芝加哥韧性城市战略与启示 [J]. 住宅与房地产，2020（4）：3-5.

[24] 彭翀，郭祖源，彭仲仁 . 国外社区韧性的理论与实践进展 [J]. 国际城市规划，2017，32（4）：60-66.

[25] 蔡竹君 . 气候变化影响下城市韧性发展策略的国际经验研究 [D]. 南京工业大学，2018.